KB037649

솔 뫼 선 생 과 함 께

산 속에서 배우는 몸에 좋은 식물 150

Green Home

산 속에서 배우는

몸에 좋은 식물 150

글쓴이 | 솔 뫼
펴낸이 | 유재영
펴낸곳 | 동학사
책임편집 | 이화진
디자인 | 임수미
사 진 | 솔 뫼

1판 1쇄 | 2007년 6월 15일
1판 9쇄 | 2017년 7월 31일
출판등록 | 1987년 11월 27일 제10-149

주소 | 04083 서울 마포구 53 (합정동)
전화 | 324-6130, 324-6131 · 팩스 | 324-6135
E-메일 | dhsbook@hanmail.net
홈페이지 | www.donghaksa.co.kr
www.green-home.co.kr

ISBN 978-89-7190-217-2 03480

솔뫼선생과함께

산속에서 배우는 몸에 좋은 식물 150

글 · 사진 **솔뫼**

Green Home

산 속에서 배우는
CONTENTS 몸에 좋은 식물 150

과명별 식물 분류의 순서는 〈암이나 성인병 등 현대인이 많이 걸리는 병에 사용하는 약초 ➞ 꼭 알아야 할 약초 ➞ 주변에서 구하기 쉬운 약초〉 등으로 우선순위를 정해 구성하였다. 물론 모든 약초는 나름대로 훌륭한 약효를 지니기 때문에 그 중요도를 분류하는 것은 힘들다. 그러므로 독자 여러분은 자기가 가장 관심 있는 식물부터 차근차근 공부해 나가는 것도 좋을 듯하다.

버섯

• 일러두기 •

1. 개화기, 결실기, 채취기 _ 직접 현장에서 체득한 정보입니다.
2. 기호 설명
   - 약 약으로 쓰이는 식물
   - 식 먹을 수 있는 식물
   - 독 독성이 있는 식물
3. 생태에서 설명한 유사종은 식물학적인 유사종입니다.

산 속에서 얻은 지혜

저자 솔뫼 선생이 25년간 산 속 생활을 하면서
체득한 살아있는 정보를 정리하였다.

과명별 특징을 파악하면 어떤 식물인지 보인다

자연 약재를 공부할 때 사람들은 식물이름을 익히는 것도 쉽지 않지만, 이 식물이 과연 무슨 과에 속하는지를 판단할 수 없다는 점이 제일 난감하다. 특히 초보자들은 산에 갔을 때 이것이 어떤 식물인지 감조차 잡지 못하는 경우가 많다.

식물은 보통 과명(科名)으로 분류하는데, 대략 과명이라도 파악하면 나중에 도감을 보고 식물 이름을 알아내기 쉬워진다. 필자는 25년간 산 속 생활을 하면서 약초를 공부해온 결과, 과명을 정리하면 잘 몰랐던 식물에 대해서도 훨씬 빨리 파악할 수 있다는 것을 깨닫게 되었다. 예를 들어, 초롱처럼 생긴 꽃이 땅 쪽으로 고개 숙여 피는 종류는 초롱꽃과 식물, 줄기와 잎에서 미나리 냄새가 나는 종류는 미나리과 식물인 것이다.

사실, 오랜 경험이 밑받침되지 않으면 식물 '과명'의 특징을 한마디로 정리하기란 아주 힘들다. 하지만 누군가는 손대어야 할 일이기에, 그 동안 수많은 식물을 관찰해온 필자의 경험을 바탕으로 식물 과명의 특징을 간단 명료하게 정리해 보았다. 필자가 소개한 과명별 특징을 잘 숙지한다면 누구라도 쉽게 식물을 공부할 수 있다. 더불어 이 책에 앞서 약초가 자라는 산 속의 자연생태를 함께 소개한 『산 속에서 만나는 몸에 좋은 식물 148』을 함께 공부한다면 그야말로 알찬 약초 공부가 될 것이다.

특히, 이 책에서는 나무의 겨울 모습을 넣어 나무의 특징을 한눈에 알아볼 수 있게 하였다. 보통 일반인들은 겨울에 나무 종류를 거의 구분하지 못한다. 잎이 떨어지면 그 나무가 그 나무처럼 보이기 때문이다. 우리나라 산에는 약재로 쓰이는 나무들이 많은데, 나무를 공부할 때는 자라는 모습과 가지가 뻗어나가는 특징을 알아놓는 것이 중요하다. 이 점을 잘 파악해 두면 겨울에도 약용 나무를 쉽게 알아볼 수 있다.

우리나라에는 4천 종이 넘는 식물이 서식하고 있지만, 현대인들은 이 좋은 자원을 제대로 활용하지 못하고 있다. 조상 대대로 전수되어온 우리 약초인데 지금은 그 이름조차 잊혀져가고 있다. 이렇게 되면 결국 외국산 약재에 밀려 식물의 대가 끊어질 수밖에 없다. 필자가 이 책을 내는 것도 잊혀져가는 우리 식물, 우리 약초들이 다시 복원되기를 바라는 마음이 크기 때문이다. 기름지고 맛난 음식을 잘 먹는다고 건강을 지키는 것이 아니다. 좋은 물, 좋은 공기, 적당한 수면을 취하면서 우리 땅에서 난 우리 식물로 채식을 하는 것이야말로 건강을 지키는 비결이다.

:: 솔뫼노트 — 산 속에서 얻은 지혜

01 약효를 제대로 보려면 깨끗한 공기와 물, 바람을 맞으며 자연 속에서 자란 약재를 써야 한다. 특히, 자동차가 많이 다니는 도로 가장자리에 심은 나무는 공해에 오염되어 있으므로 먹어서는 안 된다. 똑같은 나무라도 도로변에서 채취한 나무를 달이면 기름이 둥둥 뜨고 냄새가 나서 먹을 수 없는 경우가 많기 때문이다. 농약이나 방부처리를 심하게 한 수입산도 되도록 피하는 것이 좋다.

02 껍질을 약재로 쓰는 경우에는 봄에 물이 올라올 때 채취하여 말려서 사용한다. 식물 전체를 이용하는 약재는 꽃이 피기 전에 채취하여 말려서 사용한다. 열매를 약재로 이용하는 경우에는 씨앗이 여물 무렵 채취하여 말려서 사용한다. 뿌리를 약재로 사용하는 경우에는 뿌리에 양분이 축적되는 가을에 채취하여 말려서 사용한다. 독이 있는 식물을 약재로 사용하는 경우에는 햇빛에 말려서 사용하고, 독이 없는 식물은 그늘에 말려서 사용한다.

03 동물이 식물의 잎을 자주 뜯어먹는 경우에는 식물이 자기방어 본능이 강해져 자체의 맛이 강해진다. 예를 들어, 맛이 쓴 쑥을 자주 뜯으면 쓴 맛이 더욱 강해지고, 단맛이 강한 풀을 자주 뜯으면 맛이 더욱 달아진다. 또한, 향기가 강한 꽃을 자주 건드리면 그 향이 더욱 짙어진다. 같은 이치로 벌이 꿀을 자주 따가는 꽃은 오히려 꿀이 더 많이 생긴다.

04 나무는 원래 위로 가지를 뻗는 성질이 있는데, 윗줄기를 잘라내면 밑둥치가 굵어지고 옆으로 가지가 많이 퍼지는데, 나무가 위기를 느끼고 스트레스를 받아 열매를 많이 맺는다. 보통 나무는 10년 이상이 되어야 열매를 맺는데 5년생 미만의 어린 나무도 줄기를 잘라주면 열매를 빨리 맺는다. 예를 들어, 가지가 위로 뻗어 올라가는 은행나무의 윗줄기를 잘라주면 가지가 옆으로 많이 퍼지면서 열매가 아주 많이 달린다. 사과나무, 감나무, 배나무 등과 같은 과실나무를 이렇게 관리하면 열매가 많이 맺혀 채취도 많이 할 수 있다.

05 봄꽃은 밑에서 위로 북상한다. 가을꽃은 높은 산에 가을이 빨리 오므로 꽃이 빨리 피고 열매를 많이 맺는다. 같은 종이라도 높은 산과 낮은 지역이 다르다. 낮은 곳은 일조량이 많아 식물이 게을러져서 꽃도 늦게 피고 씨앗도 적게 맺힌다. 예를 들어, 산비장이는 바람이 많이 불고 척박한 땅에서는 가을을 빨리 감지하여 빨리 피고, 산 밑에 있는 것은 늦게 피고 꽃이 오래가며 열매도 적다.

06 가로등 밑에 있는 식물들은 밤낮으로 빛을 받아 생태계가 교란되기 때문에 주변에 있는 식물보다 열매를 많이 맺지 못한다.

07 민들레나 할미꽃처럼 씨앗에 솜털이 붙어 있는 종류를 파종할 때는 씨앗을 그냥 땅에 뿌리면 바람에 날아가게 된다. 그러므로 이런 씨앗들은 모래나 마사토에 섞어서 땅 위에 가볍게 뿌려주면 좋다.

08 덩굴식물의 덩굴손은 스프링처럼 식물의 무게를 지탱하는 완충작용을 하기 때문에, 자연 상태로 땅 위를 기어가게 하기보다는 기둥을 세워주면 열매를 훨씬 많이 맺는다. 열매가 계속 맺히므로 열매를 자주 따주면 식물이 위기를 느껴 열매가 더 빨리 자라고, 더 많이 맺는다.

09 예전에는 시골에서 논두렁이나 못둑에 풀이 자라면 소를 먹이려고 수시로 낫으로 베었기 때문에 딱지꽃처럼 땅 위로 퍼져 자라는 식물이 햇빛을 잘 받아 번식하기 좋은 환경이었다. 하지만 지금은 꼴을 베는 일이 별로 없어 잡풀이 높다랗게 자라서 딱지꽃 같은 풀이 햇빛을 받기 힘들어 지금은 많이 사라진 상태이다. 이처럼 자연 환경은 사람의 생활과 밀접하게 연관되어 변화를 가져오기도 한다.

10 산불이 나면 다른 식물은 다 소멸하지만 참나무 종류는 뿌리의 윗부분이 깊이 들어 있어서 지상부가 모두 타더라도 뿌리에서 다시 새순이 옆으로 나와 그 자리를 유지한다. 산불이 난 후에는 주로 고사리, 싸리나무 등 생명력이 아주 강한 종류가 많이 올라와 숲을 이루는데, 이것은 자연 스스로 복원하려는 자생력을 갖고 있기 때문이다.

11 송이는 2종류가 있는데, 갓이 퍼진 것을 '갓송이', 아직 땅 속에 있는 송이를 '동자송'이라 한다. 송이가 나는 토양은 송이한테 양분을 빼앗겨 흙이 부석부석하고 허옇게 변한다. 송이가 발견된 곳에서는 한 달 동안 계속해서 송이가 난다. 송이는 한나절 만에 자라므로 매일 매일 채취할 수 있으며 그 다음해에도 그 부근에서 채취할 수 있다. 송이가 난 자리에 사람이 많이 다녀서 땅이 딱딱해지면 버섯은 소멸한다. 송이를 채취할 때는 도구를 이용하여 아래쪽을 살살 흔들어 뽑은 다음 다시 흙을 덮어주어야 다음에 또 채취할 수 있다. 송이는 난 자리에서 포자가 날아가 자리를 옮기기도 하므로 주변을 잘 살펴보는 것이 좋다.

12 식용 버섯은 주로 땅에서 나기 때문에 채취해 보면 흙이나 이물질이 많이 붙어 있다. 하지만 날것인 채로 이물질을 제거해 버리면 버섯 형태가 망가지고 살도 잘게 부스러진다. 그러므로 반드시 끓는 물에 삶은 다음 찬물에 담가 살살 다듬듯이 손질하는 것이 좋다. 그런데 자연산 버섯에는 약하게나마 독이 들어 있어서 그냥 먹으면 설사하는 경우도 간혹 있다. 그러므로 자연산 버섯은 찬물에 몇 시간 담갔다가 요리하는 것이 좋다. 버섯을 따서 곧바로 먹고 싶을 때는 물에 굵은 소금을 한 줌 툭 털어 넣고 삶아서 먹는다. 찬물에 우려낸 것만큼 해독이 되기 때문이다.

13 버섯이 자랄 때 사람이 건드리면 순간적으로 몸 안에 있던 방어물질이 위쪽으로 올라오는데, 이 때 맨손으로 채취하면 간혹 피부에 알레르기가 생길 수 있으므로 반드시 장갑을 끼는 것이 좋다. 채취한 후 시간이 조금 지나면 위쪽에 몰려 있던 방어물질이 희석되어 맨손으로 만져도 괜찮다. 또한 자연산 식용 버섯은 재배산과는 달리 독성이 소량 들어 있을 수 있으므로 굵은 소금을 한줌 넣은 물에 삶는 것이 안전하다.

:: 약초 채취를 위해 산행할 때 주의사항

약초를 채취할 때 가장 중요한 것은 자연을 훼손하지 않고, 욕심을 내지 않는 것이다. 우리가 산과 들에서 접하는 약초는 원래 자연의 것이다. 무한히 베풀어주는 자연의 혜택을 우리뿐 아니라 미래의 후손들에게도 물려주어야 하기 때문이다.

01 줄기껍질이나 수액은 봄에 물이 오를 때 채취하는데, 나무도 생명체이므로 최소량만 채취해야 한다. 줄기껍질 대용으로 가지를 채취하는 것도 한 방법이다.

02 열매를 채취할 때도 마찬가지이다. 보이는 대로 따는 사람이 있는데 적어도 새나 다람쥐, 잡식성 멧돼지가 먹을 것은 남겨두어야 한다.

03 뿌리는 주로 여름과 가을에 캐는데, 개체수가 줄지 않도록 일부만 캐야 한다. 이때 주변에 있는 다른 식물을 손상시키면 안 된다. 뿌리를 다 캔 뒤에는 원래 상태로 흙을 덮어서 복원해놓는 것도 잊지 말아야 한다.

04 약초나 나물을 채취할 때는 자신이 확실히 알고 있는 것만 따야 한다. 외관상 약초와 매우 비슷한 독초도 많기 때문이다.

05 나물 중에도 독성을 약간 갖고 있는 것들이 있다. 고사리만 해도 독성을 함유한다. 금낭화도 옛날 먹을 것이 귀한 시절에는 오랜 시간 물에 담갔다가 독을 우려낸 후 나물로 먹었는데, 현대에는 그 과정이 번거로워 잘 먹지 않아서 이 책에서는 식용으로 소개하지 않았다.

06 식물의 독성을 확인하는 방법은 잎을 혀끝에 대보는 것이다. 혀끝에 톡톡 쏘는 맛이 나면 독이 있는 것이다. 이런 식물은 피부에 닿으면 반점이 생기고 가려우며 따가워서 고생하게 되므로 주의한다.

07 약초산행을 할 때는 등산복을 입는 것이 좋다. 바위나 가파른 경사를 오를 수도 있으므로 발에 잘 맞는 등산화를 신고, 긴팔옷과 긴바지를 입어 독초나 가시덤불에 닿지 않게 보호해야 한다. 손을 보호하는 장갑과 작은 손곡괭이도 준비하면 좋다.

08 향이 짙은 화장품은 벌레나 독충을 불러들여 물릴 수도 있으므로 주의한다.

09 독초에 스쳤거나 옻이 올라 피부가 몹시 가렵거나 아플 경우에는 빨리 물로 씻어낸 후 병원에 가서 해독제를 맞는다.

10 깊은 산 속에 들어갔거나, 천둥 · 번개가 치고 비가 올 때는 빨리 하산한다.

두릅나무과 001

특징 잎이 오갈피나무처럼 5장으로 갈라지고, 가을에 둥글고 검은 열매가 맺히는 종류는 대개 두릅나무과 식물이다.

줄기와 잎 줄기와 잎 전체에서 신선한 향이 난다. 내륙에서 자라는 종류 중에는 몸체에 가시가 붙은 것이 있으며, 바닷가에서 자라는 종류는 몸체가 미끈하다. 잎은 주로 어긋난다.

꽃과 열매 꽃이 작고, 길다란 꽃대 끝에 여러 갈래로 퍼져서 달린다. 열매는 둥글다.

종류 한해살이풀, 여러해살이풀, 큰키나무, 작은키나무가 있다. 우리나라에는 두릅나무, 오갈피나무, 산삼, 장뇌삼, 인삼 등 14종이 자란다.

약효 두릅나무과 식물은 주로 기와 혈을 북돋운다.

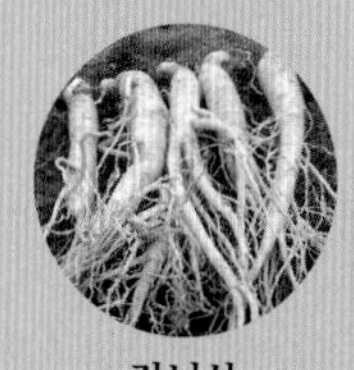
장뇌삼

장뇌삼 *Panax ginseng C. A Meyer*

약

■ 두릅나무과 여러해살이풀 ■ 분포지 : 전국 산 속

개화기 : 4~6월 결실기 : 6~7월 채취기 : 가을(뿌리 · 줄기 · 잎)

- 별 명 : 장뇌산삼(長腦山蔘), 장로(長蘆), 산양삼(山養蔘), 산양산삼(山養山蔘)
- 생약명 : 장뇌삼(長腦蔘)
- 유 래 : 산 속 외지고 반그늘의 부식토에서 산삼과 비슷하지만 사람이 잎을 따거나 주변을 손본 흔적이 있고, 뿌리가 굵고 뇌두가 큰 풀을 아주 드물게 볼 수 있는데, 바로 장뇌삼이다. 뇌두(腦頭)가 긴(長) 삼이라 하여 붙여진 이름이다.

생태

높이 약 50cm. 양지도 음지도 아닌 곳에서 낙엽이 두껍게 쌓인 습기가 많은 땅에서 잘 자란다. 산삼 씨앗을 산 속에 뿌리거나, 밭에 산삼 씨앗을 뿌려서 키운 후 산 속에 옮겨 심는다. 자라는 기간이 길어 10년이 지나야 채취할 수 있다. 산삼 뿌리가 ㄴ자로 구부러지고 크기가 작으며 잔뿌리가 빳빳한 것과는 달리, 장뇌삼 뿌리는 통통하고 줄기에서 일직선으로 내려오며 잔뿌리가 부드럽다. 뿌리 위쪽의 뇌두 역시 산삼과 달리 굵고 길다. 줄기는 하나만 올라오며 가지가 갈라져 나온다. 잎은 5장 정도 나고, 잎 가장자리에 잔 톱니가 있다. 꽃은 4~6월에 연초록으로 피고, 열매는 6~7월에 붉고 둥글게 여문다.

* 유사종 _ 산삼, 인삼

잎과 줄기

약용

한방에서는 뿌리를 장뇌삼(長腦蔘)이라 한다. 원기를 북돋우고, 면역력을 높이며, 독을 없애고, 피를 활성화시키며, 혈압을 낮추고, 장기를 튼튼히 하며, 노화를 막는 효능이 있다.

암, 심장이나 폐가 안 좋을 때, 간 이상, 당뇨, 병으로 기력이 쇠할 때, 양기가 떨어졌을 때 산삼 대용으로 처방한다.

민간요법

암, 결핵, 심장이나 간이 안 좋을 때, 중병으로 기력이 쇠했을 때, 여성 질환, 양기 부족	새벽녘 공복에 뿌리와 잎을 날로 가능한 천천히 씹어 먹는다.
노화 방지, 양기를 북돋울 때, 성인병 예방	뿌리째 캔 줄기 150g에 소주 1.8l를 붓고 1년간 숙성시켜 마신다.

주의사항

- 인삼 씨앗을 산 속에 뿌려 키운 것, 3대 이상 인공으로 키운 것은 장뇌삼으로서 효능이 없다.
- 장뇌삼은 뇌두에 독성이 조금 있으므로 나무칼로 잘라내고 먹는다. 이 때 쇠붙이와는 상극이므로 쇠칼은 사용하지 않는다.
- 먹기 2~3일 전부터 술, 담배, 콩, 해조류, 육고기, 커피 등을 금하고 하루 전날부터 먹는 날까지는 죽으로 식사하며 장을 비운다.
- 중국산은 뿌리가 거무스름하거나 검은 흙이 묻어 있고, 통통하고 짤막하면서 크기가 일정하며, 뇌두가 매우 크다. 나이테가 나이에 비해 많고, 입 안에 향이 오래 감돌지 않는다.

뿌리(6년근)

돌나물과 002

특징 식물 전체에 살이 많고 매우 부드러우며 손으로 만지면 잘 끊어지는 종류는 대개 돌나물과 식물이다.

줄기와 잎 줄기가 짧고 수분을 많이 저장하고 있다. 잎이 좁고 통통하다.

꽃과 열매 꽃은 꽃대에 수북이 모여 핀다. 열매가 익으면 껍질이 벌어져 씨앗이 나온다.

종류 한해살이풀과 여러해살이풀이 있으며, 작은키나무도 드물게 있다. 우리나라에는 바위솔, 돌꽃, 꿩의비름, 기린초, 돌나물 등이 있다.

약효 돌나물과 식물은 주로 피부병에 좋다.

바위솔(와송)

바위솔(와송) *Orostachys japonicus A. Berger*

■ 돌나물과 여러해살이풀 ■ 분포지 : 전국 산 속 바위나 오래된 기와지붕, 돌담 위

개화기 : 9월 결실기 : 10월 채취기 : 여름 ~ 가을(줄기 · 잎)

- 별 명 : 기와솔, 지붕지기, 범발자국, 암송(岩松), 탑송(塔松), 옥송(屋松), 와연화(瓦蓮花), 와화(瓦花)
- 생약명 : 와송(瓦松)
- 유 래 : 산 속 양지바른 곳의 마른 바위에 선인장처럼 잎이 통통한 풀이 붙어 자라는 것을 볼 수 있는데, 바로 바위솔이다. 바위에서 자라고, 탑처럼 층층이 자라는 모습이 소나무처럼 원뿔모양이어서 붙여진 이름이다. 오래된 기와지붕에서 자란다 하여 '와송' 이라고도 한다.

생태

높이 20~30cm. 원줄기에 물이 많고 부드럽다. 잎은 줄기를 둘러싸고 여러 개가 나오는데, 물기가 많아 통통하고 잎자루가 없다. 잎은 길쭉하고 끝이 뾰족하며, 물기가 많아 맑은 녹색을 띤다. 아래쪽에 나는 잎은 끝이 딱딱하지만, 위쪽에 나는 잎은 끝이 부드럽다. 꽃은 9월에 작고 하얀 꽃들이 길다란 꽃대에 촘촘하게 모여 핀다. 열매는 10월에 아주 작게 여무는데, 열매가 다 익으면 식물 전체가 시들어버린다.

＊유사종 _ 둥근바위솔, 난쟁이바위솔, 애기바위솔, 바위연꽃

전체 모습

약용

한방에서는 줄기와 잎을 와송(瓦松)이라 한다. 열을 내리고, 독을 없애며, 피를 멎게 하고, 종기를 삭히고, 습한 것을 없애는 효능이 있다. 〈동의보감〉에도 "바위솔은 피를 멎게 하고 통하게도 하여, 월경불순이나 여러 가지 병에 쓴다" 고 하였다.

말라리아로 혈변이 나올 때, 이질 설사, 고열일 때, 간염이나 습진, 악성 종양, 화상, 치질, 자궁암이나 유방암에 약으로 처방한다. 뿌리와 잎을 햇빛에 말려 사용한다.

민간요법

설사, 피를 토할 때, 코피, 간염, 자궁암이나 유방암, 목이 붓고 아플 때, 혈액순환이 안 되어 팔다리가 쑤시고 아플 때, 고혈압, 풍기, 간이 안 좋아 피로할 때, 위와 장이 안 좋을 때	말린 줄기와 잎 10g에 물 약 700㎖를 붓고 달여 마신다.
숙취 해소, 소화가 안 되고 속이 더부룩할 때	줄기와 잎으로 생즙을 내어 마신다.
습진, 종기가 나서 아플 때, 동상이나 화상, 아토피, 벌레에 물렸을 때	줄기와 잎을 날로 찧어 바른다.

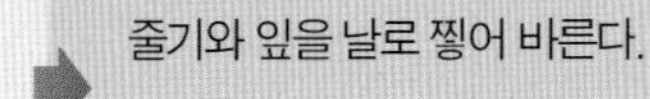

주의사항

- 9월 초에 채취한 것이 가장 약효가 좋다.
- 차가운 성질의 약재이므로 비장과 위장이 허하여 몸이 찬 사람은 먹지 않는다.

부처손과 003

특징 키가 작고, 잎이 작은 비늘처럼 촘촘하게 붙어 있으며, 비가 오면 펴지고 건조하면 오므라지는 종류는 대개 부처손과 식물이다.

줄기와 잎 줄기가 옆으로 자란다. 잔가지에 포자낭이 달려 있고, 잎자루가 칼집처럼 껍질에 싸여 있다.

꽃과 열매 양치식물의 한 종류로 포자로 번식하기 때문에 꽃과 열매가 없다.

종류 여러해살이풀이 있다. 우리나라에는 부처손, 바위손, 구실사리, 솔잎란 등 6종이 자란다.

약효 부처손과 식물은 주로 피에 작용한다.

부처손

부처손 *Selaginella tamariscina(Beauv.) Spring*

약

■ 부처손과 늘푸른 여러해살이풀 ■ 분포지 : 전국 높은 산 바위 절벽

개화기 : 꽃과 열매 없이 포자낭으로 번식 채취기 : 가을(잎 · 뿌리)

- 별 명 : 만년송(萬年松), 만년초(萬年草), 불사초(不死草), 회양초(回陽草), 교시(交時), 석상백(石上栢), 지측백(地側柏)
- 생약명 : 권백(卷柏)
- 유 래 : 산 속 서늘한 바위 절벽에 측백나무 잎과 모양이 비슷하고, 마른 날에는 말미잘처럼 오므라져 있다가 비가 오면 펴지며 겨울에도 살아 있는 작은 풀이 있는데, 바로 바위손이다. 건조할 때 잎이 말린 모양이 불상의 손과 비슷하다 하여 붙여진 이름이다. 잎이 주먹을 쥔 듯하고 측백나무처럼 생겼다 하여 '권백(券柏)' 이라고도 한다.

생태

높이 약 20cm. 뿌리가 무성한 수염처럼 길고 많으며, 서로 뒤엉켜 자란다. 뿌리에서 가짜줄기인 가지가 사방으로 퍼져 나와 옆으로 자란다. 가지에 작은 포자낭이 붙어 있어 포자로 번식한다. 잎은 4줄로 촘촘하게 나는데, 크기가 깨알처럼 작아서 마치 작은 비늘이 엉켜 있는 듯이 보인다. 잎 앞면은 선명한 녹색이고 뒷면은 조금 희끗희끗한데, 바위 곁이 마르면 잎이 바짝 오므라들지만 비가 오면 다시 싱싱하게 되살아난다.

＊유사종 _ 개부처손, 바위손

잎

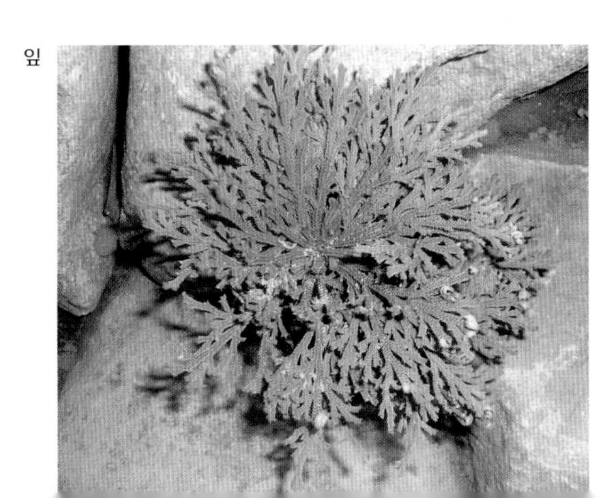

바위에 붙은 모습

약용

한방에서는 뿌리째 캔 줄기와 잎을 권백(卷柏)이라 한다. 어혈을 풀어주고, 기침과 피를 멎게 하는 효능이 있다. 〈동의보감〉에서도 "부처손은 월경이 오지 않는 것과 오래된 하혈을 치료한다"고 하였다.

생리가 끊어졌을 때, 상피암이나 폐암, 탈항, 혈변이나 혈뇨, 복통, 타박상, 천식, 피를 토할 때 약으로 처방한다. 줄기와 잎을 뿌리째 캐어 수염뿌리를 떼어낸 후 햇빛에 말리거나 볶아서 사용한다.

민간요법	
생리가 끊어졌을 때, 여성의 아랫배가 차고 아플 때, 천식이 낫지 않을 때, 기관지염, 노인이 힘이 없을 때, 정신불안	뿌리째 캔 줄기 40g에 물 약 700㎖를 붓고 달여 마신다.
소변이나 대변에 피가 섞여 나올 때, 피를 토할 때, 하혈, 치질 출혈	뿌리째 캔 줄기를 검게 볶은 것 15g에 물 약 700㎖를 붓고 달여 마신다.
암	뿌리째 캔 줄기 말린 것 20g에 물 약 700㎖를 붓고 달여 마신다.
타박상으로 아플 때	뿌리째 캔 줄기를 날로 찧어 바른다.
몸이 가려울 때	뿌리째 캔 줄기를 달인 물로 씻어낸다.

주의사항

- 채취할 때는 보드랍고 선명한 녹색이 가장 좋다.
- 임산부나 어혈이 없는 사람, 몸이 쇠약한 사람은 사용하지 않는다.

뿌리

삼백초과 004-005

특징 식물 전체가 고구마 줄기와 비슷하게 생기고, 습한 곳에서 잘 자라는 종류는 대개 삼백초과 식물이다.

줄기와 잎 잎은 1장씩 나고 잎 가장자리가 매끄럽다.

꽃과 열매 꽃은 꽃잎 없이 암술과 수술만 있다. 열매는 매우 작다.

종류 여러해살이풀이 있다. 우리나라에는 삼백초, 어성초 등 2종이 자란다.

약효 삼백초과 식물은 주로 독을 풀어준다.

삼백초

어성초

삼백초 *Saururus chinensis Baill.*

약 식

■ 삼백초과 여러해살이풀 ■ 분포지 : 전국 산 속

개화기 : 6~8월 결실기 : 8~10월 채취기 : 여름(꽃), 여름~가을(줄기 · 잎 · 뿌리)

• 별　명 : 삼엽백초(三葉白草), 삼점백(三點白), 수목통(水木通), 오로백(五路白), 백설골, 백면골, 물가삼백초, 사우르

• 생약명 : 삼백초(三白草), 삼백초근(三白草根)

• 유　래 : 산 속 물기 많은 곳에서 벼이삭처럼 생긴 흰 꽃이 필 때 잎이 꽃처럼 하얗게 변하는 풀을 매우 드물게 볼 수 있는데, 바로 삼백초이다. 뿌리, 잎, 꽃이 모두 하얗다고 하여 붙여진 이름이다.

생태

높이 50~100cm. 뿌리가 희고 옆으로 뻗는다. 줄기는 둥글고 곧으며 마디가 있다. 잎은 수북이 달리는데, 잎자루 밑이 넓어져 줄기를 감싼다. 잎은 큰 타원형으로 잎 가장자리가 매끄러우며, 앞면은 푸른색을 띠고 뒷면은 조금 허옇다. 꽃은 6~8월에 하얗게 피는데, 꽃잎 없는 작은 꽃술들이 솔처럼 돋아나며 꽃대 끝이 꼬리처럼 휘어진다. 꽃이 필 무렵 꽃 바로 아래쪽 잎 2~3장이 하얗게 변했다가 꽃이 지면 다시 푸르게 변한다. 열매는 8~10월에 작고 둥글게 여문다.

*유사종 _ 어성초

줄기와 잎

꽃 | 하얀 잎
열매 | 뿌리
군락

약용

한방에서는 뿌리째 캔 줄기를 삼백초(三白草), 뿌리를 삼백초근(三白草根)이라 한다. 열을 내리고, 소변을 잘 나오게 하며, 독을 풀어주고, 피를 맑게 하는 효능이 있다.

몸이 부었을 때, 황달, 종양, 종기, 피부병에 약으로 처방한다. 줄기와 잎은 그대로 햇빛에, 뿌리는 뜨거운 물에 담갔다가 햇빛에 말려 사용한다.

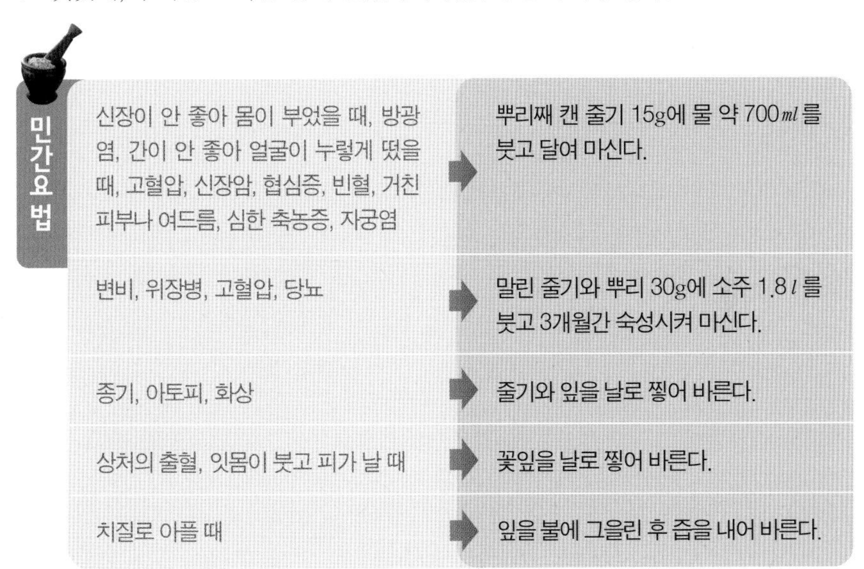

민간요법

신장이 안 좋아 몸이 부었을 때, 방광염, 간이 안 좋아 얼굴이 누렇게 떴을 때, 고혈압, 신장암, 협심증, 빈혈, 거친 피부나 여드름, 심한 축농증, 자궁염	뿌리째 캔 줄기 15g에 물 약 700㎖를 붓고 달여 마신다.
변비, 위장병, 고혈압, 당뇨	말린 줄기와 뿌리 30g에 소주 1.8ℓ를 붓고 3개월간 숙성시켜 마신다.
종기, 아토피, 화상	줄기와 잎을 날로 찧어 바른다.
상처의 출혈, 잇몸이 붓고 피가 날 때	꽃잎을 날로 찧어 바른다.
치질로 아플 때	잎을 불에 그을린 후 즙을 내어 바른다.

식용

플라보노이드, 수용성 탄닌, 아미노산, 유기산을 함유한다.

여름에 잎을 솥에 덖거나 햇빛에 말려 차를 끓여 마신다. 고기나 생선 요리에 잎을 넣거나 말린 것을 가루로 내어 넣는다. 맛은 씁쌀하다.

• 차가운 성질의 약재이므로 비장이나 위장이 약한 사람은 먹지 않는다.

어성초 *Houttuynia cordata Thunb.*

약 식

■ 삼백초과 여러해살이풀 ■ 분포지 : 전국 산 속

개화기 : 5~6월 결실기 : 9월 채취기 : 여름~가을(줄기 · 잎 · 뿌리)

• 별 명 : 약모밀, 멸, 즙채(蕺菜), 자배어성초(紫背魚腥草), 어성채(魚腥菜), 즙(蕺), 취저소(臭猪巢)

• 생약명 : 어성초(魚腥草), 즙채(蕺菜)

• 유 래 : 산 속 응달지고 물기 많은 곳에서 삼백초와 모양이 비슷하고, 잎과 줄기에서 생선 비린내 같은 냄새가 나는 풀을 볼 수 있는데, 바로 어성초다. 줄기와 잎을 꺾어 냄새를 맡으면 생선 비린내가 난다 하여 붙여진 이름이다. 잎이 메밀과 비슷하고 약으로 쓴다 하여 '약모밀'이라고도 한다.

생태

높이 20~50cm. 뿌리는 희고 약간 굵으며, 잔뿌리가 듬성듬성 나 있다. 줄기는 곧게 자라는데, 둥글고 매끄러우며 붉은색을 약간 띤다. 잎은 삼백초 잎보다 둥글며, 잎자루가 길게 올라오고, 잎 가장자리가 매끄럽고 불그스름하다. 꽃은 5~6월에 연노랗게 피는데, 십자모양으로 펼쳐진 하얀 꽃잎은 생물학적으로 꽃받침에 해당하며 원래는 꽃잎이 없다. 작은 강아지풀처럼 생긴 진짜 꽃은 꽃받침 위에 붙어 있다. 열매는 9월에 여문다.

＊유사종 _ 삼백초

새순 | 꽃

약용

한방에서 뿌리째 캔 줄기를 어성초(魚腥草)라 한다. 피를 맑게 하고, 열을 내리며, 독을 풀어주고, 나쁜 균을 죽이며, 소변을 잘 나오게 하고, 종기를 가라앉히는 효능이 있다.

폐렴, 열이 나고 설사할 때, 몸이 부었을 때, 치질, 습진, 종기나 피부병, 종양이 생겼을 때 약으로 처방한다. 뿌리째 캔 줄기를 햇빛에 말려 사용한다.

급성 폐렴, 심한 기침과 가래, 각혈, 열이 나고 설사, 몸의 부종, 중이염, 고혈압, 신장이 약할 때, 술독을 풀 때	뿌리째 캔 줄기 15g에 물 약 700㎖를 붓고 달여 마신다.
변비	뿌리째 캔 줄기 말린것 20g에 물 약 700㎖를 붓고 달여 마신다.
당뇨, 입맛이 없고 기력이 떨어질 때	뿌리째 캔 줄기 말린것 200g에 소주 1.8ℓ를 붓고 1개월간 숙성시켜 마신다.
치질	뿌리째 캔 줄기를 태워 가루로 내어 참기름에 개어 붙인다.
종기가 나서 아플 때, 습진이 낫지 않을 때, 무좀, 아토피나 여드름, 기미, 벌레에 물렸을 때, 옻이 올랐을 때	뿌리째 캔 줄기를 달인 물을 바른다.
비염	뿌리째 캔 줄기를 달인 물을 콧속에 넣은 다음 입으로 뱉어낸다.

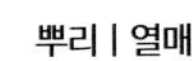

식용

비타민 B1 · B2, 니아신, 칼륨을 함유한 알칼리성 식품이다.

봄에 어린순을 된장에 찍어 먹거나 매콤하게 겉절이로 만들어 먹는다. 냄새가 싫으면 튀김으로 먹는다. 잎은 말려서 차를 끓여 마신다. 말리거나 끓이면 비린내가 없어지고 오히려 구수해진다.

주의사항

- 꽃이 필 무렵 채취하는 것이 가장 좋다.
- 차가운 성질의 약재이므로 몸이 허하고 차가운 사람은 먹지 않는다.

솔뫼 노트

- 껍질을 약재로 쓰는 경우에는 봄에 물이 올라올 때 채취하여 말려서 사용한다. 식물 전체를 이용하는 약재는 꽃이 피기 전에 채취하여 말려서 사용한다. 열매를 약재로 이용하는 경우에는 씨앗이 여물 무렵 채취하여 말려서 사용한다. 뿌리를 약재로 사용하는 경우에는 뿌리에 양분이 축적되는 가을에 채취하여 말려서 사용한다. 독이 있는 식물을 약재로 사용하는 경우에는 햇빛에 말려서 사용하고, 독이 없는 식물은 그늘에 말려서 사용한다.
- 벌과 나비는 달콤한 향기를 맡고 날아들지만, 멀리서 꽃을 보고 찾아들기도 한다. 그래서 어성초나 산딸나무처럼 꽃이 작거나 꽃잎이 없는 식물들은 하얗고 큰 꽃받침이 꽃잎처럼 보여서 벌과 나비를 끌어들인다.

군락

두충과 006

특징 줄기와 가지가 반듯하게 위로 뻗고 매우 길쭉하게 자라며, 가지를 꺾으면 얼마 후 속살이 파랗게 물드는 나무 종류는 대개 두충과 식물이다.

줄기와 잎 줄기와 가지에 매끄러운 세로결이 있다. 잎은 가지에 마주 난다.

꽃과 열매 꽃은 잎이 나올 무렵에 핀다. 열매는 납작하고 날개가 달려 있다.

종류 큰키나무가 있다. 우리나라에는 두충나무 1종이 자란다.

약효 두충과 식물은 주로 기력을 돋운다.

두충나무

두충나무 *Eucommia ulmoides Oliver*

약 식

■ 두충과 잎지는 큰키나무 ■ 분포지 : 산과 들 양지바른 곳
개화기 : 4월 결실기 : 9~10월 채취기 : 봄~여름(줄기껍질)

• 별 명 : 사중(思仲), 사선(思仙), 사선목(思仙木), 석사선(石思仙), 목면(木棉)
• 생약명 : 두충(杜沖), 당두충(唐杜沖), 목면피(木棉皮)
• 유 래 : 산 속 양지에서 밝은 회색 줄기가 매끄럽고 곧으며 가지가 위로 뻗은 나무를 볼 수 있는데, 바로 두충나무다. 옛날 중국에 두중(杜仲)이라는 사람이 이 나무의 잎을 먹고 도를 깨우쳤다 하여 '두중나무' 라 하다가 '두충나무' 로 변하였다. 먹으면 사고력(思)이 깊어져 신선(仙)이 되는 나무라 하여 '사선목(思仙木)' 이라고도 한다.

생태

높이 10~20m. 줄기는 밝은 회색이고, 자잘한 세로결이 있다. 가지는 줄기 아래쪽에서부터 드문드문 갈라져 위쪽으로 뻗어 나간다. 나무껍질 속에 벌레와 병균을 막는 방어물질인 구타페르카(gutta-percha)라는 고무 유액이 소량 들어 있어서, 줄기를 벗기거나 가지를 꺾으면 속살이 회색빛이 도는 청색으로 변한다. 잎은 타원형으로 마주나고, 잎 가장자리에 불규칙한 잔톱니가 있으며, 잎맥에 잔털이 있다. 꽃은 잎이 날 무렵인 4월에 붉은빛이 도는 갈색으로 핀다. 열매는 9~10월에 여무는데, 납작한 긴 타원형에 날개가 있어 가까운 곳에 날아가 번식한다.

새순

약용 한방에서 줄기껍질을 두충(杜沖)이라 한다. 정기를 강화하고, 뇌 순환을 도우며, 뼈와 근육을 튼튼하게 하고, 폐와 간과 신장을 보하며, 혈압을 내리고, 노화를 막으며, 통증을 없애고, 염증을 가라앉히며, 태아를 편안하게 하는 효능이 있다. 〈동의보감〉에도 "두충은 기력을 돋우고, 근골을 단단히 하므로 오래 먹으면 몸이 가벼워지고 늙음을 견뎌낼 수 있으며, 산허로 아픈 것을 잘 낫게 한다"고 하였다.

기력 저하, 병후 쇠약, 몸이 차고 식은땀이 날 때, 불면증이나 꿈이 많을 때, 신경쇠약, 고혈압, 간이 좋지 않을 때, 신경통, 소변이 잘 안 나올 때, 습관성 유산, 산후 몸이 좋지 않을 때 약으로 처방한다. 줄기껍질은 소금물을 뿌리면서 볶은 후 그늘에 말려 사용한다.

민간요법

병후 쇠약, 몸이 차고 식은땀, 불면증이나 꿈이 많을 때, 신경쇠약, 간이 좋지 않을 때, 소변이 잘 안 나올 때, 몽정, 습관성 유산, 산후에 몸이 좋지 않을 때, 태아가 불안하게 움직일 때	볶은 줄기껍질 15g에 물 약 700㎖를 붓고 달여 마신다.
고혈압, 기력이 없을 때, 관절이 쑤시고 아플 때	볶은 어린잎 15g에 물 약 400㎖를 붓고 달여 마신다.
신경통, 신진대사를 원활히 할 때, 노화 방지, 자양강장제	줄기껍질 100g에 소주 1.8ℓ를 붓고 3개월간 숙성시켜 마신다.

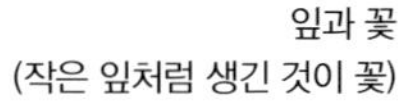
잎과 꽃
(작은 잎처럼 생긴 것이 꽃)

식용

비타민 C, 사포닌, 수지, 회분, 유기산, 클로로겐산을 함유한다.

봄에 어린잎으로 차를 끓여 마신다. 줄기껍질을 삶은 물로 죽을 쑤거나 고기나 생선 요리를 한다. 단맛이 약간 난다.

주의사항

- 몸을 따뜻하게 하는 약재이므로 몸에 열이 많은 사람, 위에 열이 있어 소화가 안 되는 사람은 먹지 않는다.
- 15년 이상 된 나무에서 소량씩 채취하는 것이 좋으며, 줄기껍질이 두꺼울수록 좋다.
- 줄기껍질 속에 고무유액이 소량 들어 있어 그냥 사용하면 약 성분이 30%밖에 우러나지 않으므로, 반드시 소금물을 뿌리면서 몇 차례 볶아서 사용한다. 볶기 전에 꿀이나 생강즙에 담그기도 한다.

군락 — 밑동

백합과 007-011

특징 꽃이 백합모양으로 피고, 뿌리가 알처럼 생긴 종류는 대개 백합과 식물이다.

줄기와 잎 뿌리는 보통 알뿌리이며, 양파처럼 비늘이 켜켜이 붙어 있는 종류와, 줄기에 마디가 있고 봄에 뿌리가 대나무처럼 마디가 져서 퍼져 나가는 종류가 있다. 잎은 어긋난다.

꽃과 열매 봄에는 흰 꽃이 많이 피고, 여름에는 붉은 꽃이 많다.

종류 여러해살이풀이 대개이며, 작은키나무와 덩굴성도 드물게 있다. 우리나라에는 천문동, 맥문동, 여로, 삐꾹나리, 청미래덩굴, 부추, 달래, 산마늘 등 88종이 자란다.

약효 백합과 식물은 주로 몸을 보하고 폐와 자궁에 좋다.

천문동

맥문동

부추

여로

청미래덩굴

천문동 *Asparagus cochinchinensis (Lour.) Merr.*

약 식

■ 백합과 덩굴성 여러해살이풀 ■ 분포지 : 중남부 지역 강이나 바다를 낀 산기슭

개화기 : 5~6월 결실기 : 7~8월 채취기 : 초봄, 늦여름~가을(뿌리)

- 별 명 : 명천동(明天冬), 천동(天冬), 부지깽이나물, 혹아지꽃, 홀아비좃
- 생약명 : 천문동(天門冬), 만세등(萬歲藤), 백라삼(白羅杉)
- 유 래 : 강가를 끼고 있는 산기슭 모래땅에서 빗살처럼 가는 잎들이 촘촘히 달린 덩굴풀을 볼 수 있는데, 바로 천문동이다. 1백근을 먹으면 몸이 가벼워져 하늘문(天門)에 오를 수 있는 겨울(冬) 약초라 하여 붙여진 이름이다.

생태

높이 1~2m. 줄기에 비해 뿌리가 크고 굵다. 길게 곧은 뿌리의 중간이 작은 고구마처럼 뭉툭하게 부풀어 있는데, 많으면 한꺼번에 100여 개까지 달린다. 묵은 뿌리는 갈색이고, 어린 뿌리는 하얗다. 뿌리를 잘라보면 속이 반투명하고, 끈적끈적한 점액질이 많이 나오며, 가운데에 심이 들어 있다. 줄기는 가늘고 길며, 덩굴처럼 휘어진다. 잎은 아주 가늘고 길며, 줄기에 엇갈려 난다. 꽃은 5~6월에 아주 작은 연노랑 꽃이 핀다. 열매는 7~8월에 하얗게 여무는데, 모양이 작은 콩처럼 둥글다.

* 유사종 _ 난쟁이천문동, 양치천문동, 소경천문동

전체 모습 | 잎과 줄기

약용

한방에서는 뿌리를 천문동(天門冬)이라 한다. 음을 보하고, 열을 내려 폐를 맑게 하며, 숨이 찬 것을 멎게 하고, 기침과 가래를 삭히며, 골수를 강하게 하고, 소변을 잘 나오게 하며, 건조한 피부를 촉촉히 하며, 나쁜 균을 없애는 효능이 있다. 〈동의보감〉에도 "천문동은 여러 가지 풍습으로 몸 한쪽에 감각이 없는 것을 치료하고, 골수를 보충해주며, 뱃속의 벌레를 죽이고 폐를 튼튼하게 하여 한열을 없앤다" 고 하였다.

허리가 아플 때, 음기 부족으로 열이 날 때, 결핵, 기관지염, 피부색이 좋지 않을 때, 변비, 양기를 보충할 때 약으로 쓴다. 뿌리를 따뜻한 물에 담갔다가 심을 제거하고 말려서 사용한다.

민간요법

심한 기침과 가래, 편도선이 부었을 때, 입 안 염증, 폐결핵	말린 뿌리 5g을 가루로 내어 먹는다.
유방암이나 유방염, 산모의 젖이 부족할 때, 변비, 손발에 열이 있을 때, 추위를 탈 때, 입이 마를 때, 얼굴이 부었을 때, 얼굴빛이 좋지 않을 때	말린 뿌리 60g에 물 약 700㎖를 붓고 달여 마신다.
중년 이후 기운이 없을 때, 탈모, 가슴에 열이 날 때, 양기를 북돋울 때	말린 천문동 200g에 소주 1.8ℓ를 붓고 3개월간 숙성시켜 마신다.
폐와 피부가 메마를 때, 허리와 아랫배가 쑤시고 아플 때	뿌리를 생즙을 내어 죽처럼 진하게 달여 약간의 술과 함께 먹는다.

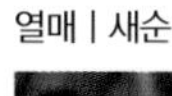

열매 | 새순

식용

아스파라긴산, 사포닌을 함유한다.

봄에 연한 순을 살짝 데쳐 나물로 먹으며, 뿌리를 갈아 죽을 쑤거나, 생선국(탕)에 넣는다. 쌉쌀하면서도 단맛이 있으며, 건강식 · 미용식으로 좋다.

주의사항

- 뿌리에 진액이 많아 잘 마르지 않으므로 시루에 쪄서 말린 후 가루내기를 3~4 번 반복한다. 이 때 심을 빼지 않고 먹으면 속이 답답하고 열이 나므로 반드시 심을 없앤다.
- 아주 차가운 성질의 약재이므로 몸이 허하여 아랫배가 차고 설사를 하는 사람, 찬바람을 쐬어 기침을 할 때는 먹지 않는다.
- 더덕, 지황, 꿀과 함께 복용하면 상승효과를 볼 수 있고, 술이나 생강즙과 함께 쓰면 찬 성질이 덜해진다.
- 잉어와는 상극이므로 함께 먹지 않는데, 만일 같이 먹어 탈이 났을 때는 개구리밥으로 독을 푼다.
- 중국산은 국산보다 뿌리가 굵고 색깔이 희며 점액질이 적고 약효도 떨어진다.

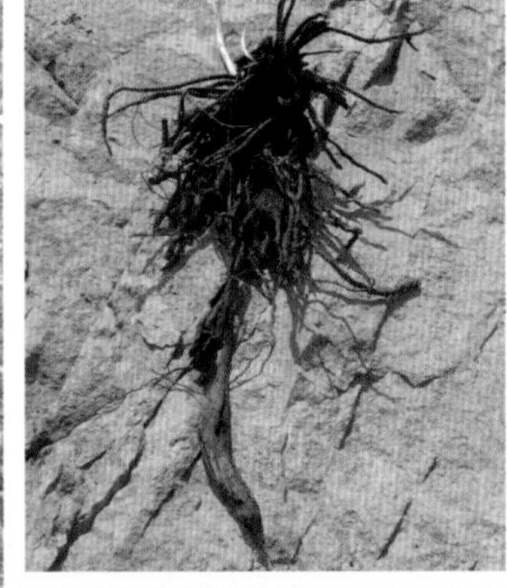

채취한 뿌리 | 묵은 뿌리

햇뿌리

맥문동 *Liriope platyphylla Wang et Tang*

약 식

■ 백합과 늘푸른 여러해살이풀 ■ 분포지 : 중부 이남 산 속 그늘진 곳
개화기 : 5~6월 결실기 : 10월 채취기 : 4월~여름(뿌리)

- 별 명 : 문동(門冬), 맥동(麥冬), 오구, 양구, 우구, 겨우살이풀, 승상맥동
- 생약명 : 맥문동(麥門冬)
- 유 래 : 산 속 나무 그늘에서 난초처럼 가늘고 긴 잎이 무수히 돋아나온 풀을 볼 수 있는데, 바로 맥문동이다. 약효는 천문동과 비슷하고 보리(麥) 잎을 닮았다 하여 붙여진 이름이다.

생태

높이 30~50cm. 뿌리는 길고 잔뿌리가 많으며, 뿌리 끝에 작은 고구마 같은 덩어리가 있다. 뿌리에서 곧바로 잎이 수북이 올라오는데, 난초잎처럼 가늘고 길다. 꽃은 5~6월에 연보라색으로 피는데, 길다란 꽃대가 올라와 마디를 둘러싸고 작은 꽃들이 층층이 달린다. 열매는 10월에 여무는데 껍질이 벗겨지면서 검고 작은 씨앗이 나온다.

＊유사종 _ 개맥문동, 소엽맥문동

잎

약용 한방에서는 덩어리진 뿌리를 맥문동(麥門冬)이라 한다. 음을 보하고, 기력을 보충하며, 폐를 윤택하게 하고, 마음을 맑게 하여 번뇌를 없애며, 위를 보하고, 진액을 채우며, 독을 없애는 효능이 있다. 〈동의보감〉에도 "맥문동을 오래 복용하면 몸이 가벼워지고 천수를 누릴 수 있다"고 하였다.

마른기침, 폐결핵으로 피를 토할 때, 몸이 허하여 열이 날 때, 당뇨, 몸에 열이 나고 진액이 마를 때, 목이 마를 때, 변비, 심장이 약할 때, 노인의 기력이 쇠했을 때, 더위를 많이 탈 때, 양기가 쇠했을 때 약으로 처방한다. 덩이뿌리만 채취하여 물에 담갔다가 심을 제거한 다음 햇빛에 말려 사용한다.

민간요법

폐가 건조하여 마른기침을 할 때, 폐결핵, 폐렴, 몸이 허하여 열이 나고 가슴이 답답할 때, 당뇨가 있어 목이 마를 때, 변비, 노인이 기운 없고 기력이 쇠했을 때, 심장이 약할 때, 위염이 오래되어 배가 아플 때, 혈색이 좋지 않을 때, 산모의 젖이 부족할 때, 심한 기침 가래, 변비	뿌리 12g에 물 약 700㎖를 붓고 달여 마신다.
정기가 쇠했을 때	뿌리 300g에 소주 1.8ℓ를 붓고 1개월간 숙성시켜 마신다.

뿌리

식용

당분, 사포닌을 함유한다.

뿌리를 갈아 쌀과 함께 죽을 끓이거나 국을 끓인다. 조림이나 탕요리에 함께 넣으며, 뿌리로 차를 끓여 마시기도 한다. 맛이 달면서도 쌉쌀하고 입 안이 시원해진다.

주의사항

- 차가운 성질의 약재이므로 배가 차고 설사를 자주 하는 사람은 먹지 않는다.
- 열이 나고 기침을 할 때는 먹지 않으며, 붕어와 함께 복용하지 않는다.
- 중국산은 약효가 떨어지므로 주의한다. 국산은 뿌리가 통통하고, 겉껍질이 울퉁불퉁하면서도 윤기가 나며 끝이 뾰족하다. 반면 중국산은 뿌리가 가늘고, 매끄러우면서도 푸석하며, 끝이 뾰족하고, 심이 그대로 들어 있다.

꽃

열매

부추 *Allium tuberosum Rottler*

약 식

■ 백합과 여러해살이풀 ■ 분포지 : 전국 들판과 밭

개화기 : 7~8월 결실기 : 10월 채취기 : 봄~여름(잎), 가을(열매 · 뿌리)

- 별 명 : 정구지, 졸, 솔, 소풀, 세우리, 게으름쟁이풀, 양기초(陽氣草), 기양초(起陽草)
- 생약명 : 구채(韮菜), 구자(韮子), 구채자(韮菜子), 구채인(韮菜仁)
- 유 래 : 들에서 가늘고 긴 잎이 무성하게 서 있고 연한 마늘냄새가 나는 풀을 볼 수 있는데, 바로 부추다. 잎이 붓처럼 생긴 풀이라 하여 '붓초'라 하다가 '부추'가 되었다. 불가에서 정기를 북돋우는 오신채 중의 하나이며, 양기를 북돋우는 풀이라 하여 '양기초'라고도 한다. 한번 심으면 스스로 잘 자라기 때문에 게으른 사람도 기를 수 있다 하여 '게으름쟁이풀', 소가 잘 먹는다 하여 '소풀'이라고도 부른다.

생태

높이 키 30~40cm. 뿌리는 가늘고 길며 무성하고, 밝은 갈색이다. 잎은 매우 가늘고 길며, 위쪽으로 힘있게 뻗는다. 꽃은 7~8월에 하얗게 피는데, 길다란 꽃대 끝에 작은 꽃들이 둥그렇게 모여 달린다. 열매는 10월에 동그랗게 여무는데, 다 익으면 껍질이 벌어져 검은 씨앗이 나와 주변에 떨어져 번식한다.

*유사종 _ 마늘, 산마늘

꽃

약용

한방에서 잎을 구채(韮菜), 뿌리를 구근(韮根), 열매를 구채자(韮菜子)라 한다. 몸을 따뜻하게 하고, 기를 잘 돌게 하며, 피를 맑게 하고, 열을 내리며, 양기를 북돋우고, 장기를 튼튼히 하며, 어혈과 독을 풀어주고, 염증을 가라앉히는 효능이 있다. 〈동의보감〉에도 "부추는 오장을 편안하게 하고, 위의 열을 없애며, 허약함을 보하고, 허리와 무릎을 따뜻하게 해주며, 가슴 속 어혈과 체한 것을 없애고, 간의 기운을 충실하게 해준다"고 하였다.

소화가 안 되고 구역질이 날 때, 피를 토할 때, 코피, 소변이 잦거나 뿌옇게 나올 때, 설사, 당뇨, 관절이 시리고 아플 때, 허리가 아플 때, 치질, 여성의 아랫배가 찰 때, 양기 부족, 몽정, 탈모, 벌레에 물렸을 때 약으로 처방한다. 잎과 뿌리는 볶아서 햇빛에 말리고, 열매는 그대로 햇빛에 말려 사용한다.

증상	요법
소변이 잦거나 뿌옇게 나올 때, 허리와 무릎이 시리고 아플 때, 설사, 여성의 아랫배가 찰 때	씨앗 9g에 물 약 400㎖를 붓고 달여 마신다.
코피, 체했을 때, 피를 토할 때, 탈모	뿌리 60g에 물 약 700㎖를 붓고 달여 마신다.
장이 안 좋을 때	잎 50g에 물 700㎖와 식초를 조금 넣고 달여 마신다.
소화가 안 되고 구역질이 날 때, 피를 토할 때, 당뇨, 치질, 양기 부족, 몽정, 숙취 해소	잎 50g으로 생즙을 내어 마신다.
관절이 시리고 아플 때, 허리가 아플 때, 벌레에 물렸을 때, 옻에 올랐을 때, 종기, 타박상	잎을 날로 찧어 바른다.
가슴뼈가 결리고 아플 때	뿌리로 생즙을 내어 마신다.
심장이 안 좋을 때, 자양강장제	뿌리째 캔 줄기 말린 것 100g에 소주 1.8ℓ를 붓고 6개월간 숙성시켜 마신다.

식용

비타민 A, 비타민 B1 · B2, 비타민 C, 베타카로틴, 칼슘, 철분, 알칼로이드, 사포닌을 함유한다.

잎으로 겉절이나 김치, 잡채, 만두, 전을 만들며 찜이나 탕, 각종 요리에 향신료로 넣는다. 칼칼하면서도 개운한 맛이 난다.

주의사항

- 몸을 따뜻하게 하는 약재이므로 몸에 열이 많은 사람, 눈이 침침하고 머리가 멍한 사람은 먹지 않는다.
- 꿀이나 술과 함께 먹으면 머리가 아프거나 눈이 충혈될 수 있으므로 주의한다.

열매

뿌리

여로 *Veratrum maackii var. japonicum (Baker) T. Shimizu*

약 독

■ 백합과 여러해살이풀 ■ 분포지 : 높은 산 습한 풀밭
개화기 : 7~8월 10월 채취기 : 수시(뿌리)

- 별 명 : 늑막풀, 산(山)파, 산총(山葱), 녹총(鹿葱), 박초
- 생약명 : 여로(藜蘆)
- 유 래 : 산 속 풀밭에서 산마늘처럼 잎에 세로결이 있고 산마늘보다 키가 훨씬 크고 줄기에 털이 있는 풀을 볼 수 있는데, 바로 독초인 여로다. 명아주(藜)처럼 잎이 넓고 갈대(蘆)처럼 키가 껑충하다 하여 붙여진 이름이다.

생태

높이 40~100cm. 줄기에 털이 있고, 뿌리쪽은 썩은 잎으로 싸여 있다. 잎은 길고 넓은데 원줄기를 감싸듯이 나오며, 중간 부분에서 꺾이듯 젖혀진다. 꽃은 7~8월에 어두운 자주색으로 피는데, 길다란 꽃대 중간에 있는 잔가지에 작은 꽃 여러 송이가 핀다. 잎이 비슷한 산마늘은 줄기가 매끈하고 5~7월에 노랗고 하얀 꽃이 동그랗게 뭉쳐 핀다. 여로와 흡사한 독초인 박새도 줄기가 매끈한데, 7~8월에 노란빛이 도는 하얀 꽃이 새발모양으로 뭉쳐서 핀다. 열매는 10월에 작은 타원형으로 여문다.

*유사종 _ 흰여로, 붉은여로, 파란여로, 긴잎여로, 나도여로

잎

약용

한방에서 뿌리를 여로(藜蘆)라 한다. 고름을 토하게 하고, 벌레독을 없애는 효능이 있다.

늑막염, 간질이나 정신병, 악성 종기가 났을 때 약으로 처방한다.

주의사항

- 산마늘과 혼동하기 쉽다.
- 독성이 강한 약재이므로 임산부는 절대 먹어서는 안 되며, 처방 없이 복용하면 안 된다.

꽃

청미래덩굴 *Smilax china L.*

약 식

■ 백합과 덩굴성 잎지는 작은키나무 ■ 분포지 : 높은 산 양지바른 곳
개화기 : 5월 결실기 : 9~10월 채취기 : 봄과 가을(뿌리), 봄~여름(잎)

- 별 명 : 참열매덩굴, 종가시덩굴, 멍게나무, 망개나무, 명감(命甘)나무, 동고리낭, 벨내기, 벨랑지낭, 금강두(金剛兜), 산귀래, 우여량(禹餘糧)
- 생약명 : 발계(菝葜), 발계엽(菝葜葉), 토복령(土茯苓)
- 유 래 : 높은 산 양지바른 곳에서 줄기가 마디처럼 구부러지고 가시가 많으며 잎이 둥근 덩굴나무를 볼 수 있는데, 바로 청미래덩굴이다. 풋열매가 작고 푸른 포도알(멀애)처럼 보인다 하여 '청멀애덩굴'이라 하다가 '청미래덩굴'이 되었다. 식물학적으로 망개나무가 따로 있지만, 경상도에서는 청미래덩굴을 '망개나무'라고도 부르며 이 잎으로 싼 떡을 망개떡이라고 한다.

생태

길이 3m. 뿌리는 굵고 딱딱하며, 옆으로 뻗어 자란다. 원뿌리에는 잔뿌리가 듬성듬성 있다. 줄기는 붉은빛이 도는 갈색이며, 마디마다 구부러져 자라고, 날카로운 가시가 있다. 줄기 끝에 떡잎이 변하여 생긴 덩굴손이 있어서 이웃나무를 감아 올라가거나 땅으로 구부러져 자란다. 잎은 둥글고 윤기가 나며, 두껍고 질기다. 잎 앞면에는 둥근 잎맥이 5~7개씩 있다. 꽃은 5월에 노란빛이 도는 초록색으로 피는데, 꽃대가 가지처럼 갈라진 끝에 작은 꽃들이 우산처럼 펼쳐져 달린다. 열매는 9~10월에 작은 구슬처럼 여무는데, 처음에는 푸르다가 다 익으면 빨갛게 변한다. 열매는 겨울에도 썩지 않고 빨갛게 매달려 있다.

*유사종 _ 좀청미래, 청가시덩굴

새순

약용 한방에서 뿌리를 발계(菝葜) 또는 토복령(土茯苓), 잎을 발계엽(菝葜葉)이라 한다. 풍과 습을 없애고, 열을 내리며, 소변을 잘 나오게 하고, 종기의 독과 수은 독을 몸 밖으로 빼주며, 통증을 없애고, 관절을 부드럽게 하는 효능이 있다. 〈동의보감〉에서도 "청미래덩굴은 오랜 양매창(성병)을 치료하며, 독을 풀고 풍을 없애고 심히 허약한 증상을 보한다"고 하였다.

간이나 신장이 안 좋을 때, 관절이나 근육이 쑤시고 아플 때, 소아마비, 수은 중독, 소변을 자주 보거나 뿌옇게 나올 때, 설사, 종기독이 올랐을 때, 습진이나 만성 피부염, 화상을 입었을 때 약으로 처방한다. 뿌리는 뇌두와 잔뿌리를 잘라내고 물에 담갔다가 햇빛에 말리고, 잎은 그대로 햇빛에 말려 사용한다.

민간요법

간이나 신장이 안 좋을 때, 관절이 쑤시고 아플 때, 근육이 뭉쳤을 때, 림프선이 부었을 때, 종기독이 올랐을 때, 습진이나 만성 피부염, 암, 설사, 소변이 잦거나 뿌옇게 나올 때, 소화불량	뿌리 15g에 물 약 700㎖를 붓고 달여 마신다.
수은 중독, 감기, 신경통	잎 15g에 물 약 700㎖를 붓고 달여 마신다.
관절이나 근육이 쑤시고 아플 때	뿌리 300g에 소주 1.8ℓ를 붓고 6개월간 숙성시켜 마신다.
아토피	뿌리를 달인 물을 바른다.
화상, 종기	잎을 날로 찧어 바른다.

식용 사포닌, 플라보노이드, 알칼로이드, 아미노산, 루틴, 리놀렌산, 올레산, 당류, 정유를 함유한다.

봄철에 어린잎을 살짝 데쳐 나물로 먹는다. 경남 지역에서는 망개떡이라 하여 봄에 팥소를 넣은 맵쌀떡을 잎으로 싸놓는데, 쉽게 상하지도 않고 촉촉한 맛이 오래 간다. 뿌리는 전분이 많은데 며칠간 물에 우렸다가 잘게 다져 밥에 넣어 먹는다. 간장이나 된장을 담글 때 잎이나 뿌리를 조금 썰어 잡맛을 없앤다.

주의사항

- 오래 먹으면 변이 딱딱해지고 음기를 상하게 하므로 장복하지 않는다. 특히 간, 신장, 폐가 약한 사람이나 변비가 있는 사람은 먹지 않는다.
- 뿌리를 술에 담그거나 쌀뜨물, 소금물에 데쳐 사용하면 부작용이 완화된다.
- 차와 함께 복용하면 탈모가 올 수 있으므로 주의한다.

꽃
풋열매 | 익은 열매
뿌리

현삼과 012-015

특징 줄기 끝에 좌우 대칭을 이룬 꽃이 층층이 피는 종류는 대개 현삼과 식물이다.

줄기와 잎 잎은 1장씩 줄기에 난다.

꽃과 열매 깔대기처럼 생긴 꽃이 붉은 자주, 노랑, 연노란빛을 띤 붉은색으로 핀다. 열매는 꼬투리 모양으로 작게 맺힌다.

종류 한해살이풀, 여러해살이풀, 작은키나무가 있다. 우리나라에는 지황, 냉초, 현삼, 꽃며느리밥풀, 오동나무, 큰개불알풀 등 55종이 자란다.

약효 현삼과 식물은 주로 여성에게 좋다.

지황

냉초

며느리밥풀

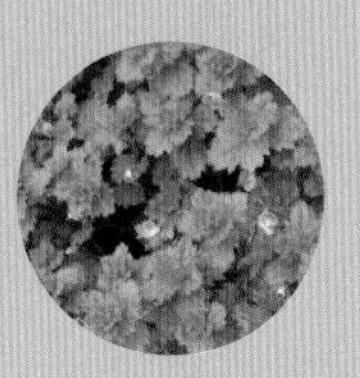
큰개불알풀

지황 *Rehmannia glutinosa (Gaertner) Libosch.*

약 식

■ 현삼과 여러해살이풀 ■ 분포지 : 전국 들판과 밭
개화기 : 6~7월 10월 채취기 : 가을(뿌리)

- 별 명 : 생지(生地), 지정(地精), 양정(陽精), 야지황(野地黃), 산연근(山烟根)
- 생약명 : 지황(地黃), 생지황(生地黃), 선지황(鮮地黃), 숙지황(熟地黃), 건지황(乾地黃)
- 유 래 : 여름 들판에서 잎이 우툴두툴하고 길게 올라온 꽃대 끝에, 희고 붉은빛을 띤 종모양의 꽃이 달린 키 작은 풀을 볼 수 있는데, 바로 지황이다. 땅속뿌리가 누런 색이라 하여 '지황(地黃)'이라 부른다.

생태

높이 15~30cm. 뿌리는 작은 고구마처럼 굵고 길며, 우툴두툴하게 옹이가 져 있다. 뿌리는 옆으로 뻗어 나가며 붉은빛이 도는 갈색이다. 줄기는 가늘고 곧게 올라가며, 몸 전체에 잔털이 있다. 잎은 뿌리 쪽에 붙어 나는데, 긴 타원형이고 잎 전체가 그물맥을 따라 매우 우글쭈글하다. 잎 가장자리에는 물결모양의 톱니가 있다. 꽃은 6~7월에 피는데, 전체에 잔솜털이 있다. 꽃은 가늘고 긴 종모양이고, 5장으로 갈라지고 끝부분이 하얗다. 열매는 10월에 여문다.

*유사종 _ 회경지황

꽃 | 뿌리

약용 한방에서는 뿌리를 지황(地黃)이라 하는데, 생것은 생지황, 말린 것은 건지황, 쪄서 말린 것은 숙지황이라 부른다. 중국에서는 생것을 선지황, 말린 것을 생지황이라 한다. 피를 잘 돌게 하고, 하체를 튼튼하게 하며, 골수와 정기를 채우는 효능이 있다. 〈동의보감〉에도 "숙지황은 부족한 피와 골수를 보충하고, 머리와 수염을 검게 하며, 힘줄과 뼈를 튼튼하게 하며, 허약함과 정력 손상에서 오는 증세들을 낫게 하고, 기운이 나게 하고, 눈과 귀를 밝게 한다"고 하였다.

소변을 나오게 할 때, 당뇨, 심장이나 갑상선 이상, 결핵, 정력이 부족할 때, 여성과 남성의 성기능 장애에 약으로 처방한다. 뿌리의 껍질을 벗겨 그늘이나 불에 말려 사용하거나, 술에 담가 쪄서 말리기를 9번 하여 사용한다.

민간요법

당뇨, 코피, 생리불순이나 생리량이 많을 때, 피를 토할 때, 변비, 소변량이 많을 때	생뿌리 30g에 물 약 700㎖를 붓고 달여 마신다.
신장이나 간이 좋지 않을 때, 피가 탁할 때, 열병을 앓은 후 목이 탈 때, 출산 후 피가 부족하여 열이 날 때, 몸이 허하여 미열이 날 때	말린 뿌리 20g에 물 약 700㎖를 붓고 달여 마신다.
여성의 손발이 차고 생리불순일 때, 아랫배가 차고 소화가 안 될 때	말린 뿌리를 가루를 내어 꿀에 재워 먹는다.
병후 허약, 머리가 쇠었을 때, 빈혈, 자궁 출혈, 정기를 북돋울 때, 신장이 약하여 허리가 아플 때, 간이 좋지 않을 때, 출산 후 배가 아플 때	쪄서 말린 뿌리 20g에 물 약 700㎖를 붓고 달여 마신다.
출산 후 몸이 좋지 않을 때, 혈색이 창백할 때, 얼굴 노화, 허리와 다리가 쑤시고 아플 때	찐 뿌리 600g에 소주 1.8ℓ를 붓고 1개월간 숙성시켜 마신다.
흰머리가 났을 때	뿌리를 생즙을 내어 쌀죽을 쑤어 먹는다.
멍이 들어 아플 때, 어혈을 풀어줄 때	뿌리를 날로 찧어 바른다.

식용

아미노산과 각종 당류를 함유한다.

술에 담가 9번 쪄서 말린 뿌리로 차를 끓여 마신다. 맛은 쓰면서도 달며, 노화 예방에 좋다.

주의사항

- 생뿌리는 위장과 피를 차게 하므로, 몸이 허약한 사람은 찐 뿌리를 사용한다. 찐 뿌리는 열이 많은 소양인에게 잘 맞지만, 소음인이나 장과 위가 약한 사람은 맞지 않는다.
- 끈적한 점액이 있어 소화장애가 생길 수 있으므로 소화가 안 되고 설사하는 사람은 먹지 않는다. 복용할 때는 무, 파, 마늘, 콩 등을 먹지 않는다.
- 지황은 국산과 중국산이 있는데, 국산은 뿌리가 작고 가늘며 중국산은 큰 고구마처럼 굵다. 토질에 따라 뿌리 크기가 달라지기도 한다.

잎
—
잎 앞뒤

냉초 *Veronicastrum sibiricum (L.) Pennell*

약 식

■ 현삼과 여러해살이풀 ■ 분포지 : 전국 산기슭

개화기 : 7~8월 결실기 : 9~10월 채취기 : 봄과 가을(줄기 · 잎 · 뿌리)

- 별 명 : 수뤼나물, 숨위나물, 윤엽파파납(輪葉婆婆納)
- 생약명 : 참룡검(斬龍劍)
- 유 래 : 산 속 습기가 약간 있는 촉촉한 곳에서 줄기에 잎들이 별모양으로 층층이 돌려난 풀을 볼 수 있는데, 바로 냉초이다. 몸의 냉증을 없애준다 하여 붙여진 이름이다.

생태

높이 50~90cm. 뿌리는 가늘고 많으며, 수염처럼 무성하게 뻗어 나간다. 줄기는 곧게 올라간다. 잎은 긴 타원형으로 줄기마디마다 5장이 탑처럼 여러 층으로 돌려나며, 잎 가장자리에 톱니가 있다. 꽃은 7~8월에 붉은 연자주색으로 피는데, 긴 꽃대에 작은 꽃들이 촘촘하게 모여 핀다. 꽃은 아래쪽에서부터 피어 올라가는데, 털처럼 생긴 긴 꽃술들이 수북이 나와 있다. 열매는 9~10월에 여문다. 잔대는 잎이 3장씩 층을 이루지만, 냉초는 잎이 더 길고 5장씩 달리는 것이 다르다.

*유사종 _ 털냉초, 흰털냉초

새순

약용

한방에서는 뿌리째 캔 줄기를 참룡검(斬龍劍)이라 한다. 풍과 독을 없애고, 위를 튼튼히 하며, 가래를 없애고, 통증과 염증을 가라앉히며, 땀을 나지 않게 하는 효능이 있다.

자궁이 허할 때, 무릎과 허리가 아플 때, 근육통, 유행성 감기, 방광염, 결핵, 베인 상처에서 피가 날 때, 뱀이나 벌레에 물렸을 때 약으로 처방한다. 줄기와 잎을 햇빛에 말려 사용한다.

민간요법

여성의 몸이 찰 때, 생리불순, 위나 자궁 출혈, 풍기, 폐결핵으로 인한 심한 기침, 열감기, 변비, 숙변	뿌리째 캔 줄기 10g에 물 약 700ml를 붓고 진하게 달여 마신다.
관절이나 근육이 쑤시고 아플 때, 땀이 많이 날 때, 방광염, 얼굴이 누렇게 떴을 때	잎 10g에 물 약 700ml를 붓고 달여 마신다.
베인 상처에서 피가 날 때, 뱀이나 벌레에 물렸을 때	뿌리째 캔 줄기를 날로 찧어 바른다.
촌충, 풍으로 인한 마비, 관절염	잎 100g에 소주 1.8 l 를 붓고 1개월간 숙성시켜 마신다.

열매

식용

사포닌, 비타민 C를 함유한다.

봄철에 어린잎과 순을 날로 된장에 찍어 먹거나, 살짝 데쳐서 갖은 양념에 무쳐 나물로 먹는다. 약간 쓴맛이 있으므로 물에 담가 잡맛을 우려낸다.

꽃
—
뿌리

며느리밥풀 *Melampyrum roseum Maxim.* 약

■ 현삼과 반기생하는 한해살이풀 ■ 분포지 : 깊은 산 풀밭
개화기 : 7~8월 결실기 : 9월 채취기 : 봄~여름(전체)

- 별 명 : 꽃새애기풀, 새애기풀, 꽃며느리밥풀
- 생약명 : 산라화(山蘿花)
- 유 래 : 여름 깊은 산에서 줄기가 약간 네모지고 붉은 자주색 꽃잎에 하얀 밥풀이 붙은 것처럼 생긴 풀을 볼 수 있는데, 바로 며느리밥풀이다. 옛날에 밥을 안 주는 시어머니 몰래 밥을 훔쳐 먹다가 맞아 죽은 며느리의 혼이 서린 꽃이라 하여 붙여진 이름이다.

생태

높이 30~50cm. 줄기는 길쭉하고, 약간 네모지며 잔털이 있다. 양지바른 곳에서 자라는 줄기는 연한 붉은색이다. 잎은 갸름한 타원형으로 끝이 뾰족하며, 잎 앞뒷면에 잔털이 있고, 잎 가장자리가 매끄럽다. 꽃은 7~8월에 붉은 자주색으로 피는데, 긴 가지 끝에 작은 꽃이 층층이 달린다. 꽃잎 아래쪽이 하얀 밥풀모양으로 튀어나오고 꿀이 많이 들어 있다. 열매는 9월에 달걀모양으로 여무는데, 다 익으면 깍지가 갈라져 검은 씨앗이 튀어나와 가까운 곳에서 번식한다.

＊유사종 _ 흰며느리밥풀

꽃

약용

한방에서 뿌리째 캔 줄기를 산라화(山蘿花)라 한다. 열을 내리고, 피를 맑게 하며, 독을 풀어주는 효능이 있다.

종기나 피부병에 약으로 처방한다. 뿌리째 캔 줄기는 그늘에 말려 사용한다.

민간요법

증상	요법
피가 탁할 때	뿌리째 캔 줄기 10g에 물 약 700㎖를 붓고 달여 마신다.
더위를 먹었을 때, 몸에 열이 많을 때	뿌리 10g에 물 약 700㎖를 붓고 달여 마신다.
종기	뿌리째 캔 줄기를 날로 찧어 바른다.
습진이나 아토피	뿌리째 캔 줄기를 달인 물로 목욕한다.

주의사항

- 몸을 시원하게 하는 약재이므로 몸이 찬 사람, 임산부는 먹지 않는다.

전체 모습

큰개불알풀 *Veronica persica poir.* 약

■ 현삼과 두해살이풀 ■ 분포지 : 중부 이남 산과 들판
개화기 : 5~6월 결실기 : 8~9월 채취기 : 봄~여름(전체)

• 별 명 : 개불꽃, 봄까지꽃, 왕지금
• 생약명 : 파파납(婆婆納)
• 유 래 : 봄 들판이나 길가에서 길다란 줄기가 땅 위에 비스듬히 누워 자라고, 손톱만 한 잎에 청보라색 꽃이 핀 풀을 볼 수 있는데, 바로 큰개불알풀이다. 개불알풀 종류는 가을에 개의 고환을 닮은 쌍방울 모양의 열매가 맺히는 풀이라 하여 붙여졌는데, 그 중 꽃이 크다 하여 큰개불알풀이라 한다. 이름이 비슷한 개불알꽃은 난초과 여러해살이풀로 잎이 넓고 길며 꽃이 개의 고환을 닮았다.

생태

높이 10~30cm. 뿌리는 가늘고 길며, 잔뿌리가 많다. 줄기는 통통하고 붉은빛이며, 밑부분은 비스듬히 자란다. 가지는 줄기 밑동부터 여러 갈래로 갈라져 나온다. 잎은 손톱만한 둥근 타원형으로 어긋나며, 잎 가장자리에 깊은 톱니가 있다. 꽃은 5~6월에 푸른빛이 도는 보라색으로 피는데, 짧은 꽃대 끝에 작은 꽃이 한 송이씩 달리며, 꽃잎 안쪽이 하얗다. 열매는 8~9월에 콩알만 하게 여무는데, 방울이 2개 붙은 모양이고 부드러운 털이 덮여 있다. 열매가 다 익으면 껍질이 벌어져 깨알 같은 씨앗이 나와 번식한다.

* 유사종 _ 개불알풀, 선개불알풀, 눈개불알풀

꽃 | 뿌리

약용

한방에서 뿌리째 캔 줄기를 파파납(婆婆納)이라 한다. 구토증을 가라앉히고, 피를 멎게 하는 효능이 있다.

고환염, 음낭이 아프고 소변을 보기 힘들 때, 고환 이상으로 허리가 아플 때 약으로 처방한다. 개불알풀과 약효가 같다.

민간요법

고환염, 음낭이 아프고 소변을 보기 힘들 때, 고환 이상으로 허리가 아플 때	뿌리째 캔 줄기 10g에 물 약 700㎖를 붓고 달여 마신다.

잎 앞뒤

전체 모습

가지과 016 - 018

특징 열매에 씨가 많고, 독성이 있는 경우가 있으며, 잎모양이 단순하게 생긴 종류는 대개 가지과 식물이다.

줄기와 잎 줄기가 딱딱하고, 곁가지가 많다. 잎은 어긋난다.

꽃과 열매 꽃은 하양, 연자주색으로 주로 핀다. 열매는 붉은색과 검은 자주색이 많으며, 고추씨처럼 작고 동그란 씨앗이 많이 들어 있다.

종류 한해살이풀, 여러해살이풀, 작은키나무가 있다. 우리나라에는 구기자나무, 까마중, 꽈리, 미치광이풀, 고추, 담배 등 30여 종이 자란다.

약효 가지과 식물은 주로 독을 풀어주고 피를 활성화시킨다.

구기자나무 까마중 꽈리

구기자나무 *Lycium chinense Mill.*

약 식

■ 가지과 잎지는 반덩굴성 작은키나무 ■ 분포지 : 전국 야산과 냇가
개화기 : 6~9월 결실기 : 8~10월
채취기 : 봄~여름(잎), 가을(열매 · 줄기), 봄과 가을(뿌리껍질)

- 별 명 : 괴좆나무, 물고추나무, 구구재, 구기(枸杞), 구기두(枸杞頭), 혈기자(血杞子), 첨채자(甛菜子), 서구기(西枸杞), 구극(枸棘), 고기(苦杞), 천정(天精), 지골(地骨), 지보(地輔), 지선(地仙), 각서(却暑)
- 생약명 : 구기자(拘杞子), 구기엽(拘杞葉), 지골피(地骨皮)
- 유 래 : 가을 산비탈에서 가늘고 긴 줄기가 개나리처럼 축축 늘어지고, 애기고추처럼 생긴 빨간 열매가 주렁주렁 달려 있는 나무를 볼 수 있는데, 바로 구기자나무다. 열매를 약으로 쓴다 하여 '구기자(拘杞子)나무'라 부른다. 열매가 고양이(괴) 좆을 닮았다 하여 '괴좆나무'라고도 한다.

생태

높이 2~4m. 뿌리에서 여러 줄기가 동시에 올라온다. 줄기 끝이 반듯이 서지 못하고 덩굴처럼 처져서 비스듬히 자라며, 이웃식물에 기대어 자라기도 한다. 줄기는 회색빛이다. 가지도 여러 갈래로 갈라지며, 대개 가시가 있다. 잎은 가지에 수북이 돋아나는데, 긴 타원형으로 앞뒷면이 매끄럽고, 잎 가장자리가 밋밋하다. 꽃은 6~9월에 연보라색으로 피는데, 크기가 작고 종모양이며, 꽃잎이 5장으로 갈라진다. 열매는 8~10월에 빨갛게 여무는데, 모양이 둥글고 길쭉하며, 껍질이 얇고 물이 많다.

새순

약용

한방에서 열매를 구기자(拘杞子), 잎을 구기엽(拘杞葉), 뿌리껍질을 지골피(地骨皮)라 한다. 간과 신장을 보하고, 정기와 음을 북돋우며, 폐와 눈을 밝게 하고, 열을 내리며, 피로를 풀어주며, 숨을 고르게 하고, 근력을 좋게 하고, 장을 편하게 하며, 추위를 견디게 하며, 풍을 없애는 효능이 있다. 〈동의보감〉에도 "구기자는 내상으로 몹시 지치고 숨쉬기 힘든 것을 보하며, 근골을 단단하게 하고 양기를 강하게 하며, 정기를 이롭게 보하고, 눈을 밝게 하며, 정신을 안정시켜 장수하게 한다"고 하였다.

간이나 신장이 좋지 않을 때, 허리와 무릎이 쑤시고 아플 때, 머리가 어지럽고 눈이 침침할 때, 몸이 허하여 기침이나 식은땀이 날 때, 당뇨, 폐에 열이 있어 기침이 나올 때, 피를 토할 때, 코피, 자궁 출혈, 손발이 저리고 아플 때, 고혈압, 종기, 숨이 차고 가슴이 답답할 때, 야맹증이 있을 때 약으로 처방한다. 줄기, 잎, 뿌리는 그대로 햇빛에 말리고, 열매는 술로 씻어 햇빛에 말려 사용한다.

꽃
—
열매

민간요법

간과 신장이 안 좋을 때, 간염, 기력이 없고 눈이 침침할 때, 신경통, 손발이 저리고 아플 때, 관절염, 현기증, 피로가 쌓였을 때, 당뇨, 고혈압, 장이 좋지 않을 때	➡	열매 15g에 물 약 700㎖를 붓고 달여 마신다.
몸이 쇠하여 미열과 식은땀이 날 때, 폐결핵, 피를 토할 때, 코피, 자궁 출혈, 심한 종기, 가슴이 답답하고 숨이 찰 때, 추위를 많이 탈 때, 위궤양이나 십이지장궤양	➡	뿌리껍질 15g에 물 약 700㎖를 붓고 달여 마신다.
몸이 허하여 열이 날 때, 열나고 목이 마를 때, 눈이 충혈되고 아플 때, 백내장, 야맹증, 종기가 나서 붓고 아플 때, 변비, 빈혈	➡	잎 15g에 물 약 700㎖를 붓고 달여 마신다.
노화 방지, 피로를 풀고 정기를 북돋울 때, 몸이 허약할 때	➡	잎, 열매, 뿌리 500g에 소주 1.8ℓ를 붓고 5개월간 숙성시켜 마신다.
동상	➡	열매에 술을 부어 우러난 액을 바른다.
피부가 거칠고 붉을 때	➡	열매를 달인 물을 바른다.

덩굴

식용

비타민 A, 비타민 B1 · B2, 비타민 C, 니아신, 단백질, 지방, 탄수화물, 칼슘을 함유한다.

어린잎을 소금물에 데친 다음 갖은 양념에 무쳐 나물로 먹는다. 말린 잎을 가루를 내어 떡을 하거나 된장을 담글 때 넣는다. 열매는 술에 불렸다가 쌀과 함께 죽을 끓이거나, 열매 우린 물로 식혜를 만들거나, 열매를 고기 요리에 넣기도 한다. 말린 잎과 열매로 차를 끓인다.

주의사항

- 차가운 성질의 약재인데, 특히 뿌리껍질은 몸을 아주 차게 하므로 장이 약하고 설사하는 사람은 먹지 않는다.
- 열매모양이 산수유와 비슷한데, 산수유는 색깔이 연하고 조금 불투명하다.

줄기와 잎

뿌리 | 겨울 모습

까마중 *Solanum nigrum L.*

약 독

■ 가지과 한해살이풀 ■ 분포지 : 전국 야산과 길가

개화기 : 5~7월 결실기 : 7~9월 채취기 : 여름~가을(줄기 · 뿌리 · 열매)

- 별 명 : 가마중, 까마종이, 깜뚜라지, 먹대알나무, 강태, 개베롱개, 먹때깔, 강태, 용안초(龍眼草)
- 생약명 : 용규(龍葵), 용규근(龍葵根), 용규자(龍葵子), 고규(苦葵), 야가자(野茄子)
- 유 래 : 여름에 낮은 산에서 줄기가 네모지고 콩처럼 생긴 열매를 손으로 만져보면 까만 물이 드는 풀을 볼 수 있는데, 바로 까마중이다. 까만 열매가 중머리처럼 생겼다 하여 붙여진 이름이다. 열매가 용의 눈알 같다 하여 '용안초(龍眼草)' 라고도 한다.

생태

높이 20~90cm. 뿌리는 가늘고 곧으며, 잔뿌리가 많다. 줄기는 굵고 모가 났다. 가지가 많이 퍼져서 옆으로 기울어 자란다. 잎은 밋밋하고, 잎자루가 길며, 잎 가장자리에 부드러운 물결모양의 톱니가 있다. 꽃은 5~7월에 별모양으로 하얗게 피는데, 가운데에 약간 길쭉한 노란 꽃술이 달려 있다. 열매는 7~10월에 콩처럼 둥글고 작은 열매가 여러 개 달린다. 열매는 처음에는 푸르다가 다 익으면 윤기 없는 검은색으로 변한다.

*유사종 _ 미국까마중

뿌리

익은 열매 · 풋열매(小)

꽃

약용 한방에서는 줄기 전체를 용규(龍葵), 뿌리를 용규근(龍葵根), 열매를 용규자(龍葵子)라 한다. 열을 내리고, 독을 풀어주며, 피를 활성화시키고, 종기를 가라앉히며, 통증을 없애고, 붓기가 가라앉는 효능이 있다. 〈동의보감〉에서는 "까마중은 피로를 풀어주고, 잠을 적게 자게 하며, 열로 부은 것을 치료하며, 생것으로 먹는 것은 좋지 않다"고 하였다.

만성기관지염, 급성신장염, 편도선염, 종기, 다친 곳에 독이 올랐을 때, 타박상, 설사, 고혈압, 황달이 있을 때 약으로 처방한다. 줄기, 뿌리, 열매를 햇빛에 말려 사용한다.

민간요법

오래된 기관지염, 신장염, 자궁암, 자궁염	뿌리째 캐어 말린 줄기 1g에 물 약 700㎖를 붓고 달여 마신다.
종기가 곪지 않고 아플 때, 타박상으로 인한 염증	뿌리째 캐어 말린 줄기를 가루로 내어 바른다.
치질이 잘 낫지 않을 때	뿌리째 캐어 말린 줄기를 끓여 김을 쏘인다.
타박상을 입어 아플 때, 종기에 독이 올랐을 때	말린 뿌리를 가루로 내어 바른다.
갑자기 목이 아프고 심하게 부었을 때, 이가 쑤시고 아플 때, 심한 기침 가래	말린 열매를 달인 물로 입 안을 헹구어 낸다.

주의사항

- 독성이 약간 있는 약재이므로 복용할 때는 반드시 달여서 소량만 사용한다.
- 밤에 먹으면 잠이 오지 않으므로 낮에만 복용한다.
- 열매는 약간 단맛이 나지만, 독성 때문에 날로 먹지 않는다.

꽈리 *Physalis alkekengi var. franchetii*

약 식

■ 가지과 여러해살이풀 ■ 분포지 : 전국 산비탈 수풀이나 빈터

개화기 : 6~7월 결실기 : 8~9월 채취기 : 여름(줄기 · 잎), 늦여름~초가을(열매)

- 별 명 : 산꽈리, 고낭채(姑娘菜), 홍고낭(紅姑娘), 등롱초(燈籠草), 왕모주(王母珠), 홍낭자(紅娘子), 푸께, 때활
- 생약명 : 산장(酸漿), 산장근(酸漿根), 괘금등(掛金燈)
- 유 래 : 늦여름에 숲 속이나 마을 근처에서 껍질이 얇고 붉으며, 초롱처럼 생긴 열매가 달린 풀을 볼 수 있는데, 바로 꽈리다. 아이들이 흔히 익은 열매꼭지에 구멍을 내어 씨를 빼낸 후 풍선처럼 바람을 불어넣고 손으로 누르면서 소리를 내며 노는데, 이 때 꽈알꽈알 소리가 난다 하여 붙여진 이름이다.

생태

높이 40~90cm. 뿌리는 하얗고 긴 수염처럼 뻗는다. 줄기는 덩굴처럼 길게 뻗으며, 잎이 나는 자리마다 마디가 있다. 잎은 넓은 타원으로 2장씩 달리고, 잎 가장자리에 손가락처럼 톱니가 있다. 꽃은 6~7월에 하얗게 피며, 모양이 넓적하게 펴진 나팔꽃 같다. 열매는 8~9월에 붉고 둥근 열매가 여무는데, 끝이 뾰족한 주머니처럼 생겼다. 열매 속은 풍선처럼 비어 있고, 붉은 씨앗이 암술대 쪽에 뭉쳐서 붙어 있다.

＊유사종 _ 가시꽈리

잎

약용

한방에서는 줄기와 잎을 산장(酸漿), 뿌리를 산장근(酸漿根), 열매를 괘금등(掛金燈)이라 한다. 열을 내리고, 독을 풀어주며, 기침을 가라앉히고, 소변을 잘 나오게 하는 효능이 있다. 〈동의보감〉에서는 "꽈리의 뿌리를 짓찧은 즙을 먹으면 황달을 다스린다"고 하였다.

열이 위로 치밀어 기침이 심할 때, 목이 아플 때, 황달, 신장이나 심장이 안 좋아 몸이 부었을 때, 상처가 감염되어 열이 나고 얼굴이 붉어질 때, 관절에 열이 나고 아플 때 약으로 처방한다. 줄기, 잎, 열매는 그늘에 말려 사용한다.

열이 나고 기침이 심할 때, 열이 나고 목이 아플 때, 몸이 부었을 때	뿌리째 캔 줄기 10g에 물 약 700㎖를 붓고 달여 마신다.
습진, 상처에 균이 들어가 벌겋게 부었을 때, 관절이 붓고 아플 때	줄기와 잎을 날로 찧어 바른다.
열병, 얼굴이 누렇게 떴을 때	열매 5g에 물 약 400㎖를 붓고 달여 마신다.

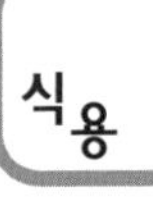

카로틴, 펙틴, 탄닌을 함유한다.

열매를 말렸다가 차를 끓여 마신다. 약간 쌉쌀한 맛이 있다.

줄기와 풋열매

미나리과(산형과) 019 - 022

특징 줄기와 잎에서 미나리 냄새가 나고, 작은 꽃들이 수백 개씩 모여 하늘을 향해 피는 종류는 대개 미나리과 식물이다.

줄기와 잎 줄기에 털이 없고 매끄러우며, 속이 텅 비어 있다. 잎자루에 작은 잎이 여러 장 붙어 있으며, 잎끝이 작게 갈라진다.

꽃과 열매 꽃은 여름과 가을에 주로 피며, 꽃대가 한꺼번에 올라와 흰 꽃이나 노란 꽃들이 매우 많이 달린다. 열매는 납작한 편이다.

종류 한해살이풀과 여러해살이풀이 대개이며, 드물게 작은키나무도 있다. 우리나라에는 미나리, 방풍, 구릿대, 천궁, 시호, 당귀 등 67종이 자란다.

약효 미나리과 식물은 주로 풍을 없앤다.

방풍

구릿대

천궁

고수

방풍 *Ledebouriella seseloides (Hoffm.) Wolff*

약 식

■ 미나리과 세해살이풀 ■ 분포지 : 전국 산 속 풀밭

개화기 : 7~8월 결실기 : 10월 채취기 : 봄(잎), 여름(꽃), 봄과 가을(뿌리)

- 별 명 : 필방풍(筆防風), 원방풍(元防風), 병풍(屛風), 회초(茴草), 동예(銅藝), 동운(銅芸), 백비(百蜚), 백지(百枝), 회원(茴芸)
- 생약명 : 방풍(防風), 방풍엽(防風葉), 방풍화(防風花)
- 유 래 : 여름에 산기슭 건조한 모래땅에서, 가지가 줄기에서 많이 나와 둥글게 퍼지고, 우산살 모양의 꽃대에 자잘한 꽃들이 달린 향기로운 풀을 볼 수 있는데, 바로 방풍이다. 중풍을 막는 약재라 하여 붙여진 이름이다.

생태

높이 약 1m. 뿌리는 단단하고, 굵고 길게 뻗으며, 세로로 주름이 있다. 뿌리 색깔은 누르스름하다. 줄기는 하나만 올라오는데 잔가지가 옆으로 많이 돋아난다. 잎은 새털처럼 3갈래로 갈라지며, 끝부분이 딱딱하다. 꽃은 7~8월에 하얗게 뭉쳐 핀다. 열매는 10월에 넓적한 타원형으로 여무는데, 땅 위를 굴러다니면서 씨앗이 떨어져 나간다.

새순

한방에서는 뿌리를 방풍(防風), 잎을 방풍엽(防風葉), 꽃을 방풍화(防風花)라 한다. 풍과 습한 것을 없애며, 통증을 없애고, 열을 내리고, 땀을 내게 해주며, 약독을 풀어주고, 가래를 없애는 효능이 있다. 〈동의보감〉에서도 "방풍은 36가지 풍증을 치료하고 오장을 좋게 하며 온몸의 뼈마디가 아픈 것을 치료한다" 고 하였다.

몸살감기, 머리가 아프거나 어지러울 때, 뼈와 근육이 쑤시고 아플 때, 파상풍, 관절염, 중풍, 가슴과 배가 아플 때 약으로 처방한다. 뿌리, 잎, 꽃을 햇빛에 말려 사용한다. 바닷가에 나는 갯방풍을 대신 사용하기도 한다.

민간요법

코감기나 몸살감기, 심한 두통, 눈 앞이 어지러울 때, 풍기, 뼈마디가 쑤시고 아플 때, 심한 기침 가래, 폐렴	뿌리 10g에 물 약 700㎖를 붓고 달여 마신다.
풍기가 있어 열과 땀이 날 때	잎 5g에 물 약 400㎖를 붓고 달여 마신다.
명치 끝이 아플 때, 근육이나 뼈에 동통이 심할 때, 기력이 쇠하여 맥이 약하게 뛰고 몸이 여위었을 때, 풍이 와서 잘 걷지 못할 때	꽃 1g에 물 약 400㎖를 붓고 달여 마신다.
대변에 피가 섞여 나올 때	까맣게 태운 뿌리 10g에 물 약 700㎖를 붓고 달여 마신다.
심한 설사	볶은 뿌리 10g에 물 약 700㎖를 붓고 달여 마신다.
파상풍, 알레르기로 피부가 심하게 가려울 때	말린 뿌리를 가루로 내어 바른다.

식용

비타민A, 비타민 C, 무기질, 구마린산을 함유한다.

봄에 어린잎을 쌈으로 먹거나, 살짝 데쳐서 초장에 무쳐 나물로 먹는다. 뿌리는 차를 끓여 마신다. 맛이 달고 쌉싸래하며, 향이 시원하여 입맛을 돋운다.

주의사항

- 뿌리는 음력 2월과 10월에 캔 것 중 1가닥으로 된 것이 가장 좋으며, 머리와 잔뿌리를 없애고 사용한다. 뿌리는 해안가에 난 것이 가장 좋은데, 껍질이 거칠고 속이 노란빛을 띠며 달면서도 향이 난다.
- 음기가 부족하여 열이 나거나 몸이 허한 사람은 먹지 않는다.
- 황기와 함께 쓰면 약효가 높아진다.
- 재배산은 속이 희고 심이 들어 있다. 중국산은 크기가 고르고, 전체적으로 길고 통통하다.

꽃 | 열매

줄기와 잎 | 뿌리

구릿대 *Angelica dahurica (Fisch.) Benth. et Hooker f.*

약 식 독

■ 미나리과 두해살이 또는 세해살이풀 ■ 분포지 : 전국 산 속 개울가
개화기 : 6~8월 결실기 : 10월 채취기 : 여름~가을(뿌리)

- 별 명 : 구구리당, 구렁대, 수리대, 굼배지, 대활(大活), 방향(芳香), 백채(白茝), 향백지(香白芷)
- 생약명 : 백지(白芷), 백지엽(白芷葉)
- 유 래 : 산골짜기에서 줄기가 나무처럼 굵고 붉으며, 잎이 자잘한 큰 풀을 볼 수 있는데, 바로 구릿대이다. 줄기가 구릿빛을 띠고 뿌리가 잔대처럼 생겼다 하여 붙여진 이름이다.

생태

높이 1~2m. 뿌리는 굵고 곧게 내려오며, 잔뿌리가 많고, 색깔이 누르스름하다. 줄기는 매우 굵고 길게 자라는데, 속이 텅 비어 있고 물기가 많으며, 푸르면서도 붉은빛이 돈다. 가지는 나뭇가지처럼 여러 개로 갈라진다. 잎은 긴 잎자루가 올라와 삼지창처럼 층층이 갈라지며, 작고 긴 타원형 잎이 여러 장씩 붙어 난다. 잎 뒷면은 흰빛이 돌고, 잎 가장자리에 날카로운 톱니가 있다. 꽃은 6~8월에 하얗게 피는데, 긴 꽃대 끝에 잔꽃대가 수십 개씩 사방으로 퍼져 나고, 그 끝에 아주 작은 꽃들이 우산처럼 소복이 달린다. 열매는 10월에 동글납작한 열매가 갈색으로 여문다.

* 유사종 _ 개구릿대, 흰바디나물, 흰꽃바디나물, 참당귀, 제주사약채, 갯강활

새순

약용 한방에서 뿌리를 백지(白芷), 잎을 백지엽(白芷葉)이라 한다. 풍을 없애고, 습을 조절하며, 피를 잘 돌게 하고, 심장을 튼튼히 하며, 종기를 삭히고, 통증을 없애는 효능이 있다.

두통이나 치통, 비염, 치질, 두드러기나 종기, 피부가 건조하고 가려울 때, 성홍열에 약으로 처방한다. 뿌리와 잎을 햇빛에 말려 사용한다.

민간요법

감기로 머리가 아플 때, 편두통, 풍을 맞아 어지러울 때, 비염, 허리 통증, 잇몸이 쑤시고 아플 때	뿌리 10g에 물 약 700㎖를 붓고 달여 마신다.
두드러기나 종기, 아토피, 치질, 젖몸살, 기미나 흉터	말린 뿌리를 가루로 내어 기름에 개어 바른다.
성홍열로 발진이 생겼을 때	줄기와 잎을 달인 물로 씻어낸다.

꽃 | 열매

카로틴, 정유(精油)를 함유한다.

식용

봄에 어린순을 살짝 데쳐 찬물에 우려낸 뒤 갖은 양념에 무치거나 기름에 볶아 나물로 먹는다. 약간 매운 맛이 있으므로 물에 담가 우려낸 뒤 조리하는 것이 좋다.

주의사항

- 몸이 허하여 열이 있거나 화병이 있는 사람은 먹지 않는다.
- 독이 약간 있어 많이 먹으면 경련이 날 수 있으므로 정량만 복용한다.
- 뿌리는 속이 하얀빛을 띠는 것이 가장 좋다. 국산은 뇌두가 굵고, 노란빛을 띠며, 겉껍질에 주름이 있고, 돌기가 많다. 중국산은 껍질이 매끄럽다.

줄기와 잎 | 잎 앞뒤

겨울 줄기 | 뿌리

잎
꽃
새순과 묵은 줄기 | 전체 모습

천궁 *Cnidium officinale Makino*

약

■ 미나리과 여러해살이풀 ■ 분포지 : 전국 들과 밭
개화기 : 8~9월 결실기 : 10월 채취기 : 봄~가을(뿌리)

- 별 명 : 천오(川烏), 작뇌궁(雀腦芎)
- 생약명 : 천궁(川芎)
- 유 래 : 들에서 왜당귀와 모양이 비슷한데, 키가 훨씬 작고 잎이 잘게 찢어져 있으며 뿌리에서 좋은 향이 나는 풀을 볼 수 있는데, 바로 천궁이다. 중국 사천성(四川省)에 나는 궁궁(芎藭)이라 하여 붙여진 이름이다. 흔히 궁궁이를 천궁이라고도 부르는데, 같은 미나리과 식물이지만 천궁은 재배하는 식물이고 궁궁이는 야생으로 자란다.

생태

높이 30~60cm. 중국 원산이며 약용식물로 재배한다. 뿌리는 굵고 마디가 있으며, 진한 갈색이다. 줄기는 길고, 약간 옆으로 굽어 자라며, 속이 비어 있다. 구릿대와 모양이 비슷하지만 구릿대는 줄기가 푸르고, 천궁은 줄기 아래쪽이 붉은색이다. 가지가 갈라진 곳에 마디가 있다. 잎은 어긋나는데, 뿌리쪽은 잎이 줄기를 감싸듯이 나오고, 위쪽은 긴 잎자루에 길쭉한 잎들이 여러 장씩 붙어 난다. 잎끝은 잘게 갈라진다. 꽃은 8~9월에 하얗게 피는데, 긴 꽃대가 우산처럼 갈라진 끝에 작은 꽃들이 모여 달린다. 열매는 10월에 달리는데, 씨앗을 맺지 못하므로 뿌리에서 올라오는 새싹을 심어 번식시킨다.

*유사종 _ 구릿대, 궁궁이

뿌리

약용

한방에서 뿌리를 천궁(川芎)이라 한다. 기와 혈을 잘 돌게 하고, 어혈과 풍을 내보내며, 피를 맑게 하고, 기운을 북돋우며, 통증과 경련을 가라앉히고, 균을 죽이는 효능이 있다. 〈동의보감〉에도 "천궁은 약 기운이 머리와 눈에서부터 자궁에까지 이르며, 풍을 치료하는 데 없어서는 안 된다"고 하였다.

풍기가 있을 때, 고혈압, 협심증, 간질 발작, 심한 치통이나 생리통, 산후에 어혈이 남아 배가 아플 때, 관절이 쑤시고 아플 때, 팔다리가 차갑고 아플 때, 근육 마비, 타박상, 두통이나 어지럼증, 과로하여 피로가 심할 때 약으로 처방한다. 당귀와 궁합이 잘 맞는 약재로, 함께 쓰면 조혈작용을 돕는다. 뿌리는 물에 담갔다가 햇빛에 말려 사용한다.

민간요법

풍기, 고혈압, 협심증, 간질 발작, 치통이나 생리통이 심할 때, 산후에 어혈이 남아 배가 아플 때, 관절이 쑤시고 아플 때, 근육 마비, 타박상, 두통이나 어지럼증, 과로하여 피로가 심할 때, 소변이나 대변에 피가 섞여 나올 때	뿌리 10g에 물 약 700㎖를 붓고 달여 마신다.
빈혈, 심장이 안 좋을 때, 고지혈증	뿌리 150g에 소주 1.8ℓ를 붓고 1년간 숙성시켜 마신다.
혈액순환이 안 될 때, 팔다리가 차고 아플 때, 여성의 아랫배가 찰 때	뿌리를 달인 물로 목욕을 한다.

주의사항

- 기와 피를 잘 돌게 하는 약재이므로 원기가 약한 사람, 하초가 부실한 사람, 땀이 많은 사람, 만성 소모성 질환을 앓는 사람은 먹지 않는다.
- 뿌리에 휘발성 지방산이 들어 있어 그냥 복용하면 두통이 생기므로 반드시 잘게 썰어 물이나 쌀뜨물에 하룻밤 담갔다가 말려서 사용한다.
- 오래 복용하면 고열, 고혈압, 숨가쁜 증상이 올 수 있으므로 정량만 복용한다.
- 뿌리는 가을에 캔 것이 가장 좋다. 중국산은 향이 약하고 뿌리 단면이 흐릿하지만 구분하기가 좀 어렵다.

고수 *Coriandrum sativum L.*

약 식

■ 미나리과 한해살이풀 ■ 분포지 : 남부지방 절 주변이나 밭
개화기 : 6~7월 결실기 : 8월 채취기 : 봄~가을(전체), 여름(열매)

- 별 명 : 고소, 고수나물, 고식풀, 빈대풀, 향유(香荽), 향채(香菜)
- 생약명 : 호유(胡荽), 호유자(胡荽子), 호유실(胡荽實)
- 유 래 : 남부지방의 절 주변에서 잎이 손톱만 하고 중국요리에 많이 사용하는 노릿한 냄새가 나는 풀이 무리지어 자라는 것을 볼 수 있는데, 바로 고수이다. 그을린 듯한 고소한 냄새가 난다 하여 붙여진 이름이다. 빈대 냄새가 난다 하여 '빈대풀' 이라고도 부른다.

생태 높이 30~60cm. 줄기는 매끄럽고 가늘며 약간 옆으로 기울어져 자라는데, 속은 텅 비어 있다. 가지는 드문드문 갈라져 나온다. 잎은 작고 부드러우며, 둥근 잎이 3갈래로 갈라진다. 잎 가장자리는 깊고 좁게 갈라진다. 꽃은 6~7월에 작고 하얀 꽃 여러 송이가 우산처럼 모여 달린다. 열매는 8월에 둥글게 여무는데, 처음에는 푸르다가 다 익으면 노르스름해지며 껍질이 단단하다.

새순 | 뿌리

약용 한방에서 뿌리째 캔 줄기를 호유(胡荽), 열매를 호유자(胡荽子)라 한다. 오장과 근육을 튼튼하게 하고, 위를 튼튼하게 하며, 풍을 몰아내고, 독을 풀어주며, 땀을 내고, 발진이 올라오게 하며, 가래를 삭히고, 기운을 아래로 내려 홍분을 가라앉히는 효능이 있다.

홍역 발진이 안 올라올 때, 위를 튼튼하게 할 때, 자주 체하거나 소화가 안 될 때, 생선이나 고기를 먹고 탈이 날 때, 고혈압, 혈액순환이 안 될 때, 찬바람을 쐬어 감기에 걸렸을 때, 심한 기침 가래, 이질, 치질, 종기, 심한 입냄새, 상처가 덧났을 때 약으로 처방한다. 줄기와 뿌리는 햇빛에 말려 사용한다.

민간요법

고혈압, 혈액순환이 안 될 때, 찬바람을 쐬어 감기에 걸렸을 때, 심한 기침 가래, 전립선, 소변을 보기 힘들 때	뿌리째 캔 줄기 15g에 물 약 700㎖를 붓고 달여 마신다.
홍역 발진이 안 올라올 때, 위를 튼튼하게 할 때, 소화불량, 이질, 치질, 대변에 피가 섞여 나올 때, 땀을 낼 때	열매 15g에 물 약 700㎖를 붓고 달여 마신다.
생선이나 고기를 먹고 식중독에 걸렸을 때, 체했을 때	뿌리째 캔 줄기로 생즙을 내어 마신다.
종기, 상처가 덧났을 때, 심한 입냄새	뿌리째 캔 줄기를 달인 물로 씻어낸다.

꽃

비타민 B1 · B2, 비타민 C, 플라보노이드, 카로틴, 단백질, 지방, 탄수화합물, 칼륨, 칼슘, 올레닌산, 정유 등을 함유한다.

생으로 기름장에 찍어 먹거나 겉절이를 한다. 줄기가 억센 것은 따로 모아 김치를 담기도 한다. 그밖에 죽이나 국, 찌개에 향신료로 넣는다. 마음을 가라앉히고 입맛을 돋우는 독특한 향이 있어 오신채를 쓰지 않는 절 음식에 많이 사용한다.

주의사항

- 기운을 가라앉히고 소화를 촉진시키는 약재이므로 원기가 부족한 사람, 위궤양이 있는 사람은 먹지 않는다.
- 기운을 아래로 내려주므로 너무 많이 먹으면 두뇌회전이 느려질 수 있다.
- 생잎과 한약을 함께 복용하지 않는다.

잎 — 열매

미나리아재비과 023 - 028

특징 키가 크고, 꽃이 하늘을 향해 피며, 식물 자체에 독성을 지닌 종류는 대개 미나리아재비과 식물이다.

줄기와 잎 봄에 꽃피는 것은 키가 작고, 꽃이 하양과 노랑 등 다양하다. 뿌리를 캐보면 잔뿌리가 많이 뭉쳐 있다. 여름에 꽃피는 것은 흰 꽃이 많으며, 덩굴성과 곧게 자라는 두 종류가 있다. 봄꽃이 피는 종류처럼 잔뿌리가 뭉쳐 있다.

꽃과 열매 가을에 꽃피는 것은 잎이 여러 갈래로 갈라지고, 투구모양의 자주색 꽃이 피며, 독성이 매우 강하다. 뿌리는 봄 · 여름 꽃과는 달리 알뿌리처럼 뭉쳐 있고 땅속 깊이 들어가지 않는다. 봄꽃은 밑에서 위로 북상한다. 가을꽃은 높은 산에 가을이 빨리 오므로 꽃이 빨리 피고 열매를 많이 맺는다. 같은 종이라도 높은 산과 낮은 지역이 다르다. 낮은 곳은 일조량이 많아 식물이 게을러져서 꽃도 늦게 피고 씨앗도 적게 맺힌다.

종류 한해살이풀, 여러해살이풀이 대개이며 작은키나무와 덩굴성도 있다. 우리나라에는 미나리아재비, 동의나물, 매발톱꽃, 사위질빵, 병조희풀, 복수초, 할미꽃 등 106종이 서식한다.

약효 미나리아재비과 식물은 독성이 있는 경우가 많으며 주로 관절에 좋다.

큰꽃으아리

노루삼

하늘매발톱

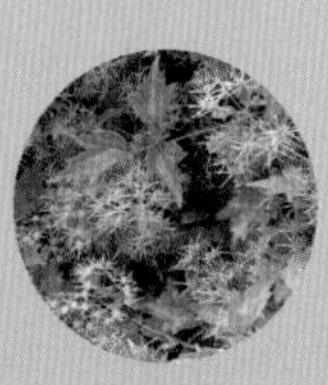
사위질빵

병조희풀

복수초

큰꽃으아리 *Clematis patens C. Morren & Decne.*

약 독

■ 미나리아재비과 덩굴성 여러해살이풀 ■ 분포지 : 전국 산기슭이나 들

개화기 : 5~6월 결실기 : 9~10월 채취기 : 여름~가을(줄기 · 잎), 가을~초봄(뿌리)

- 별 명 : 고추나물, 마음가리나물, 고칫대
- 생약명 : 위령선(威靈仙), 선인초(仙人草), 대화철선연(大花鐵線蓮), 천삼(天蔘)
- 유 래 : 여름에 산중턱의 숲 속 우거진 곳에서 원줄기가 나무 같지만, 덩굴처럼 이웃 식물에 기대어 자라며 팔랑개비 모양의 흰 꽃이 핀 풀을 볼 수 있는데, 바로 큰꽃으아리다. 으아리 종류는 열매가 응어리진 팔랑개비처럼 생겼다 하여 '응아리' 라고 하다가 '으아리' 라 불리며, 그 중에서 꽃이 가장 크다 하여 큰꽃으아리라 부른다.

생태

높이 2~4m. 뿌리는 매끈하고 길며, 머리카락처럼 수북하게 자란다. 줄기는 곧지만 잎줄기가 구부러져 이웃식물을 휘감으며 자란다. 줄기가 단단하여 잎이 진 겨울에도 일부가 남아 있다. 잎은 마주나고, 뒷면이 조금 열다. 꽃은 5~6월에 하얗게 피는데, 길쭉한 꽃잎이 4장씩 활짝 펼쳐져 꽃술이 드러난다. 열매는 9~10월에 맺는데, 성긴 바구니처럼 암술대 꼬리가 둥글게 휘어진다.

*유사종 _ 참으아리, 국화으아리, 긴잎으아리, 외대으아리

새순

약용

한방에서는 뿌리를 위령선(威靈仙)이라 한다. 풍과 통증을 없애고, 습한 기운을 몰아내며, 기와 혈을 잘 돌게 하고, 가래를 삭혀주는 효능이 있다. 〈동의보감〉에도 "으아리는 풍을 없애고, 오장을 잘 돌게 하며, 허리와 무릎이 시리고 아픈 것을 낫게 한다"고 하였다.

풍기, 허리와 다리가 차고 쑤실 때, 관절염, 기관지염이나 편도선염, 간염으로 인한 황달, 타박상에 약으로 처방한다. 뿌리를 햇빛에 말려 사용한다. 으아리와 약효가 같다.

민간요법

관절이 차고 아플 때, 허리가 아플 때	말린 뿌리 10g에 물 약 400㎖를 붓고 달여 마신다.
심한 타박상, 허리에 어혈이 뭉쳐서 아플 때	뿌리를 날로 찧어 바른다.
허리나 다리에 힘이 없을 때	말린 뿌리 5g을 가루로 내어 꿀에 반죽하여 먹는다.

열매 | 꽃

- 생잎이나 줄기의 진액이 몸에 닿으면 발진이 생길 수 있으므로 주의한다.
- 미나리아재비과 식물은 독성이 있으므로 소량만 사용하며, 오래 복용하면 정기가 손상되므로 주의한다. 몸이 허약한 사람도 먹지 않는다.
- 복용할 때는 밀가루나 녹차를 먹지 않는다.
- 국산은 뿌리가 가늘고, 주름이 많으며 굽어 있다. 중국산은 뿌리가 크고 겉이 매끄럽다.

으아리 종류는 줄기를 휘묻이로 번식시키는데, 새 줄기에 칼집을 내어 땅에 묻으면 잘 자란다.

잎 앞뒤 | 뿌리

노루삼 *Actaea asiatica Hara*

약 독

■ 미나리아재비과 여러해살이풀 ■ 분포지 : 전국 산기슭 그늘진 곳
개화기 : 6월 결실기 : 8월 채취기 : 가을(뿌리)

- 생약명 : 녹두승마(綠豆升麻), 유엽승마(類葉升麻)
- 유 래 : 초여름에 산 속 숲 가장자리나 산비탈 나무 그늘 아래에서 잎이 자잘하고 하얀 솔처럼 생긴 꽃이 핀 풀을 볼 수 있는데, 바로 노루삼이다. 노루오줌풀과 비슷하고 삼처럼 뿌리를 쓰는 풀이라 하여 붙여진 이름이다.

생태 높이 40~70cm. 뿌리는 가늘고 길며, 수염처럼 여러 가닥으로 갈라지며, 붉은 갈색이다. 줄기는 매끄럽고, 나무처럼 곧게 서며, 가지가 사방으로 퍼져 나간다. 잎은 어긋나고, 작고 긴 타원형이며, 끝이 뾰족하다. 잎에는 잔털이 있으며, 3갈래로 날카롭게 갈라지고, 잎 가장자리에 선명한 톱니가 있다. 꽃은 6월에 하얗게 피는데, 긴 꽃대에 작은 꽃송이들이 꽃술처럼 빙 둘러 핀다. 꽃잎은 매우 작고, 꽃술이 길게 뻗어 나온다. 꽃이 매우 빨리 지는 편이다. 열매는 8월에 콩처럼 작고 동그란 열매가 여무는데, 검은 자줏빛이다.

*유사종 _ 붉은노루삼

새순

약용

한방에서는 뿌리를 녹두승마(綠豆升麻)라 한다. 풍을 몰아내고, 열을 내리며, 피를 활성화시키고, 기침과 통증을 가라앉히며, 경기를 가라앉히는 효능이 있다.

감기, 머리에 열이 나고 아플 때, 신경통, 심한 기침, 기관지염, 백일해에 걸렸을 때 약으로 처방한다. 뿌리를 햇빛에 말려 사용한다. 맛은 조금 맵다.

민간요법

독감, 풍기, 위가 아플 때, 수술 후 통증이 심할 때, 폐에 열이 있어 입 안이 얼얼할 때, 심한 기침, 기관지염	뿌리 15g에 물 약 700㎖를 붓고 달여 마신다.
팔다리가 쑤시고 아플 때, 타박상, 관절염, 개에 물렸을 때	뿌리를 날로 찧어 바른다.

주의사항

• 미나리아재비과 식물은 독성이 있으므로 소량만 사용한다.

꽃 | 열매

뿌리

하늘매발톱 *Aquilegia flabellata var. pumila Kudo*

약 독

■ 미나리아재비과 여러해살이풀 ■ 분포지 : 높은 산 양지바른 계곡가나 안개 낀 곳

개화기 : 7~8월 결실기 : 8~9월 채취기 : 여름(전체)

- 별 명 : 주례꿀, 산매발톱
- 생약명 : 장백누두채(長白樓斗菜)
- 유 래 : 산 속 계곡가 바위 많고 습기 많은 곳에서 잎이 평평한 꽃처럼 생기고 뿔 같은 꿀주머니들이 하늘로 솟아 있는 밝은 청보라색 꽃을 볼 수 있는데, 바로 하늘매발톱이다. 매발톱 종류는 꿀주머니가 매의 발톱처럼 생겼는데, 그 중에서도 하늘 가까운 고산에 산다 하여 하늘매발톱이라 부른다. 장백산(백두산)처럼 높은 곳에 피고 꿀주머니가 깔대기(樓斗)처럼 생긴 풀(菜)이라 하여 '장백누두채' 라고도 한다.

생태

높이 약 30cm. 뿌리는 길게 뻗고, 잔뿌리가 무성하다. 줄기는 매끄럽고 곧게 자라는데, 기본종인 매발톱보다 키가 작다. 가지는 위쪽에서 갈라져 나온다. 잎은 긴 잎자루에 납작하게 붙어 나는데, 잎 가장자리가 꽃잎처럼 둥글게 갈라진다. 꽃은 7~8월에 희고도 푸른빛이 도는 보라색으로 핀다. 매발톱꽃은 붉은 보라색을 띤다. 매발톱꽃 종류는 꽃이 땅쪽으로 고개 숙여 피기 때문에 꽃대쪽에 달린 꿀주머니들이 하늘을 향해 솟은 듯 보인다. 열매는 8~9월에 여무는데, 다 익으면 껍질이 벌어져 까만 씨앗이 나온다.

* 유사종 _ 매발톱꽃, 노랑매발톱꽃, 서양매발톱꽃

약용

한방에서 뿌리째 캔 줄기를 장백누두채(長白樓斗菜)라 한다. 피를 잘 돌게 하고, 생리혈이 잘 나오게 하는 효능이 있다.

생리불순, 생리전증후군이 있을 때 약으로 처방한다. 뿌리째 캔 줄기는 햇빛에 말려 사용한다. 매발톱꽃도 약효가 같다.

민간요법

심한 생리통, 생리를 하지 않을 때, 생리가 불규칙할 때 → 뿌리째 캔 줄기 9g에 물 약 700㎖를 붓고 진하게 달여 마신다.

주의사항

• 미나리아재비과 식물은 독성이 있으므로 소량만 사용한다.

뿌리 | 잎

새순

사위질빵 *Clematis apiifolia A. P. DC.*

약 독

■ 미나리아재비과 잎지는 덩굴식물 ■ 분포지 : 전국 산 속

개화기 : 7~9월 결실기 : 9월 채취기 : 가을(줄기)

- 별 명 : 질빵풀, 넌출, 분지쿨, 쇠
- 생약명 : 여위(女萎)
- 유 래 : 한여름 산 속 양지바른 곳에서 줄기가 잘 부러지고, 하얀 눈꽃처럼 향기 좋은 꽃이 핀 덩굴을 볼 수 있는데, 바로 사위질빵이다. 옛날 사위를 아끼던 장모가 일부러 툭툭 끊어지는 이 풀로 질빵을 만들어주어 짐을 덜 지게 하였다 하여 붙여진 이름이다.

생태

길이 약 3m. 줄기는 가늘고 길며, 덩굴손으로 이웃식물을 감아 올라가며 자란다. 잎은 줄기에 오리발 모양의 큰 잎이 3장씩 붙어 나는데, 잎 가장자리에 톱니가 드문드문 있다. 꽃은 7~9월에 작고 하얗게 피는데, 꽃잎이 열십자로 갈라지며, 암술과 수술이 국수가락처럼 갈라져 나온다. 열매는 9월에 여무는데, 성게처럼 벌어진 꽃대 끝에 여러 개가 모여 달린다.

* 유사종 _ 작은사위질빵, 좀사위질빵, 할미밀빵

꽃

약용

한방에서는 줄기를 여위(女萎)라 한다. 풍을 없애고, 경락을 잘 통하게 하며, 통증을 없애는 효능이 있다. 〈동의보감〉에서도 "사위질빵은 여러 가지 풍을 없애고, 오장의 작용을 잘 하게 하며, 뱃속에 냉으로 생긴 체기와 가슴에 있는 담수와 방광에 있는 오랜 고름과 궂은 물을 내보내고, 허리와 무릎이 시리고 아픈 것을 낫게 한다" 고 하였다.

간질, 설사, 관절이 쑤시고 아플 때, 토사곽란에 약으로 처방한다. 껍질을 벗긴 줄기를 햇빛에 말려 사용한다.

민간요법

전염성 설사, 간질 경련, 말라리아, 토사곽란	줄기 10g에 물 약 700㎖를 붓고 달여 마신다.
뼈마디가 쑤시고 아플 때, 치질	줄기를 태워 연기를 쐰다.

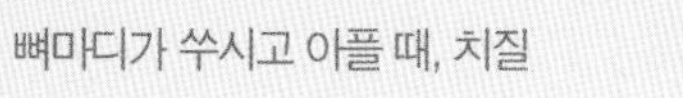

주의사항

- 5월 초 꽃피기 전에 채취한 것이 약효가 가장 좋다.
- 독성이 약간 있으므로 정량 이상은 먹지 않는다.

열매 | 뿌리 / 잎 앞뒤

병조희풀 *Clematis heracleifolia DC.*

약 독

■ 미나리아재비과 잎지는 작은키나무 ■ 분포지 : 깊은 산 숲 속 활엽수 아래나 계곡가
개화기 : 8~9월 결실기 : 9월 채취기 : 봄~여름(전체)

- 별 명 : 조희풀, 병모란(瓶牧丹)풀, 선목단풀
- 생약명 : 목단등(牧丹藤)
- 유 래 : 깊은 산에서 줄기 아래쪽은 나무인데 위쪽은 풀처럼 푸르고 키가 아주 작은 나무를 볼 수 있는데, 바로 병조희풀이다. 꽃이 호리병처럼 생기고, 잎이 종이(한지)처럼 거칠며, 나무가 아닌 풀처럼 보인다 하여 '병종이풀' 이라 하다가 '병조희풀' 이 되었다.

생태

높이 약 1m. 줄기는 가늘고 길며, 아래쪽은 붉은 갈색이고 위쪽은 푸르다. 줄기를 따라 세로홈이 길게 파여 있다. 가지는 드문드문 난다. 잎은 넓은 타원형의 큰 잎이 길다란 잎자루 끝에 3장씩 붙으며, 잎끝이 3장으로 갈라진다. 잎 양면에는 거친 털이 있으며, 잎 가장자리에 불규칙한 톱니가 있다. 꽃은 8~9월에 푸른빛이 도는 보라색으로 아주 작게 피는데, 초롱처럼 아래쪽을 향해 달린다. 열매는 9월에 납작하게 여무는데, 할미꽃처럼 열매에 길고 하얀 털이 있다.

*유사종 _ 자주조희풀

잎 앞뒤

약용

한방에서 뿌리째 캔 줄기를 목단등(牧丹藤)이라 한다. 통증을 없애고, 염증을 가라앉히는 효능이 있다.

통풍이 있을 때 약으로 처방한다. 뿌리째 캔 줄기는 햇빛에 말려 사용한다.

민간요법

통풍으로 관절이 붓고 아플 때	뿌리째 캔 줄기 10g에 물 약 700㎖를 붓고 달여 마신다.

주의사항

- 오가피와 궁합이 잘 맞는 약재이므로 혼합하여 사용한다.
- 미나리아재비과 식물은 독성이 있으므로 소량만 사용한다.

꽃
—
뿌리

복수초 *Adonis amurensis Regel et Radde*

약 독

■ 미나리아재비과 여러해살이풀　■ 분포지 : 깊은 산골짜기
개화기 : 3~4월　결실기 : 6~7월　채취기 : 봄(전체)

- 별　명 : 눈색이꽃, 눈꽃송이, 원일초, 설련화, 얼음새꽃
- 생약명 : 복수초(福壽草)
- 유　래 : 봄에 높은 산 낙엽지는 나무 아래에서 잎이 가닥가닥 갈라지고 샛노란 꽃잎 속에 노란 꽃술이 가득 들어 있는 풀을 드물게 볼 수 있는데, 바로 복수초다. 꽃이 복(福)과 장수(長壽)를 의미하는 황금색을 띤다 하여 붙여진 이름이다.

생태

높이 10~30cm. 뿌리는 약간 굵고 무성하며, 짙은 갈색을 띤다. 줄기는 여러 갈래로 갈라지며, 아래쪽은 붉고 위쪽은 희고도 푸르다. 서늘한 곳을 좋아하여 여름에 햇볕이 뜨거우면 말라 죽기도 한다. 잎은 작게 갈라지고 전체 모양이 삼각형을 이룬다. 꽃은 3~4월에 노랗게 피는데, 긴 타원형 꽃잎이 여러 장 붙으며, 꽃술이 둥글고 넓다. 열매는 6~7월에 둥글게 여문다.

꽃

약용

한방에서 뿌리째 캔 줄기를 복수초(福壽草)라 한다. 심장을 튼튼하게 하고, 소변을 잘 나오게 하는 효능이 있다.

심장이 두근거릴 때, 심부전증, 심장이 안 좋아 몸이 부었을 때 약으로 처방한다. 뿌리째 캔 줄기를 햇빛에 말려 사용한다.

민간요법

숨이 가쁘고 심장이 두근거릴 때, 심장이 약할 때, 심장이 안 좋아 몸이 부었을 때, 복수가 찰 때

뿌리째 캐어 말린 줄기 0.5g에 물 700㎖를 붓고 약한 불에 달여 마신다.

주의사항

- 꽃이 필 무렵 채취한 것이 가장 약효가 좋다.
- 미나리아재비과 식물은 독성이 있으므로 극소량만 사용하며, 많이 먹으면 혼수상태에 이를 수 있으므로 주의한다.

뿌리 | 열매

고란초과 029

특징 바위나 나무에 잘 붙어 자라며, 잎 앞면은 푸른색을 띠고 뒷면은 갈색 포자낭이 넓게 퍼져 있거나 둥근 점처럼 모여 있는 종류는 대개 고란초과 식물이다.

줄기와 잎 식물의 키가 작다. 겨울에 수분이 없으면 잎이 오그라져 도르르 말려 있다가, 수분이 생기면 다시 펴진다.

꽃과 열매 고사리처럼 꽃과 열매 없이 포자낭으로 번식한다.

종류 한해살이풀, 여러해살이풀이 있다. 우리나라에는 고란초, 일엽초, 콩짜개덩굴, 석위 등 22종이 자란다.

약효 고란초과 식물은 주로 열을 내리고 염증을 가라앉힌다.

일엽초

일엽초 *Lepisorus thunbergianus (Kaulf.) Ching*

약

■ 고란초과 늘푸른 여러해살이풀 ■ 분포지 : 전국 산 속 물기 많은 바위나 고목나무
개화기 :꽃 · 열매 없이 포자낭으로 번식 채취기 : 봄(잎)

- 별 명 : 칠성초, 검단, 골비초
- 생약명 : 와위(瓦韋)
- 유 래 : 깊은 산 속 축축한 곳의 바위나 굵은 참나무에서 겨울에도 버들잎 같은 푸른 잎이 올라오고 뒷면에 포자낭이 2줄씩 달리는 식물을 볼 수 있는데, 바로 일엽초이다. 잎이 1장씩 나온다 하여 붙여진 이름이다.

생태

높이 10~30cm. 뿌리는 실처럼 가늘고 부드럽다. 잎은 1장씩 나는데, 한 뿌리에 여러 잎이 올라와 자란다. 잎은 가늘고 길며, 잎 가장자리가 밋밋하다. 꽃이나 열매는 없고 포자낭으로 번식하는데, 잎 뒷면에 갈색 포자낭이 2줄씩 점점이 달려 있다. 바위에 자라는 것은 잎이 크고 미끈하며, 고목나무에 자라는 것은 잎에 잔털이 있다. 얼핏 고란초와 비슷해 보이지만, 고란초는 잎이 넓고 잎 가장자리가 거무스름하다.

* 유사종 _ 산일엽초, 애기일엽초, 다시마일엽초

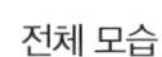
전체 모습

약용

한방에서는 잎을 와위(瓦韋)라 한다. 열을 내리고, 출혈을 멎게 하며, 소변을 잘 나오게 하고, 염증을 가라앉히며, 독을 없애는 효능이 있다.

심한 기침, 요도염이나 신장염, 부기, 대장염에 약으로 처방한다. 맛은 쓰면서도 달다. 잎을 뿌리째 캐어 햇빛에 말려 사용한다.

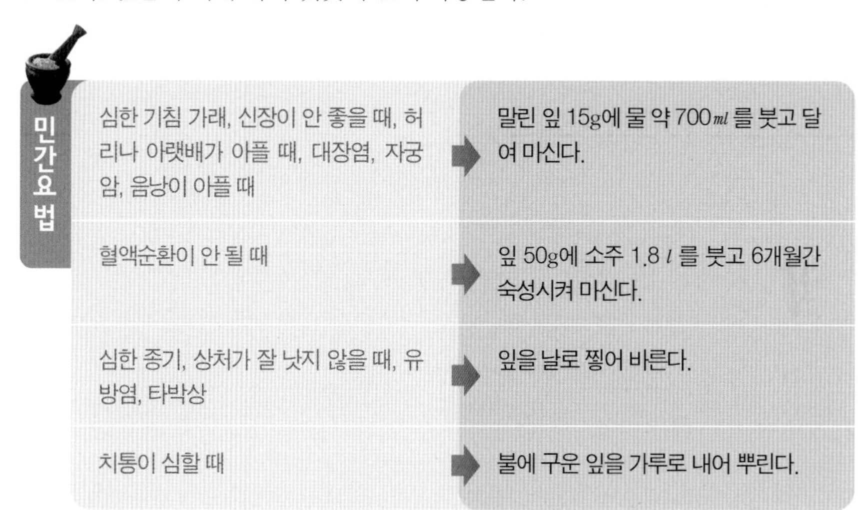

민간요법

심한 기침 가래, 신장이 안 좋을 때, 허리나 아랫배가 아플 때, 대장염, 자궁암, 음낭이 아플 때	말린 잎 15g에 물 약 700㎖를 붓고 달여 마신다.
혈액순환이 안 될 때	잎 50g에 소주 1.8ℓ를 붓고 6개월간 숙성시켜 마신다.
심한 종기, 상처가 잘 낫지 않을 때, 유방염, 타박상	잎을 날로 찧어 바른다.
치통이 심할 때	불에 구운 잎을 가루로 내어 뿌린다.

주의사항

- 잎이 가늘고 10cm 정도 되는 것이 약효가 좋다.
- 혈액순환이 안 되어 붓는 경우에는 먹지 않는다.

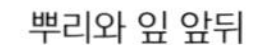

뿌리와 잎 앞뒤

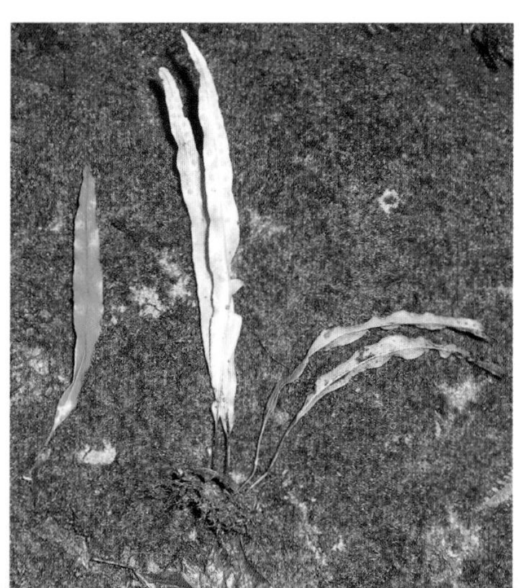

팽나무에 붙은 것

나무에 붙은 것 | 바위에 붙은 것

인동과 030-032

특징 나무의 키가 작고, 잔가지가 많으며, 꽃 모양이 긴 꽃병처럼 생긴 종류는 대개 인동과 식물이다.

줄기와 잎 원줄기가 황색이며, 기공선이 넓은 편이다. 잎은 대개 마주 달린다.

꽃과 열매 긴 꽃대에 꽃병 모양의 꽃이 가지치기를 하듯이 모여 피며, 한 그루에서 노랑이나 하양 등 2가지 이상의 꽃이 핀다. 열매에는 기름이 많다.

종류 작은키나무가 대개이며 덩굴성, 한해살이풀, 여러해살이풀도 드물게 있다. 우리나라에는 인동, 병꽃나무, 딱총나무, 불두화 등 41종이 서식한다.

약효 인동과 식물은 주로 기와 혈을 보한다.

인동

딱총나무

불두화

인동 *Lonicera japonica Thunb.*

약 식 독

■ 인동과 덩굴성 반늘푸른 작은키나무 ■ 분포지 : 전국 산기슭 양지바른 곳
개화기 : 6~7월 결실기 : 9~10월
채취기 : 늦봄~초여름(꽃), 늦가을(열매), 가을~겨울(줄기)

- 별　명 : 인동덩굴, 인동꽃, 인동넝쿨, 능박나무, 겨우살이덩굴, 연동줄
- 생약명 : 인동(忍冬), 인동등(忍冬藤), 금은화(金銀花), 은화자(銀花子), 이색화등(二色花藤), 좌전등(左纏藤), 노옹수초(老翁鬚草), 수양등(水楊藤)
- 유　래 : 산 속 양지바른 곳에서 줄기에 털이 많고 어린 가지에 푸른 잎이 그대로 붙어 있는 무성한 덩굴나무를 볼 수 있는데, 바로 인동덩굴이다. 겨울을 참고 견딘다 하여 인동이라 부른다. 하얀 꽃과 노란 꽃이 함께 핀다 하여 '금은화(金銀花)' 라고도 한다.

생태

길이 3~5m. 줄기는 가늘고 길게 뻗는다. 이웃나무가 있으면 감아 올라가며 자라고, 감는 방향이 오른쪽으로 일정하다. 땅으로 뻗는 줄기가 땅에 닿으면 그 자리에 새로 뿌리를 내리는데, 생장력이 강하다. 줄기는 붉은색이며, 겉에 누런 잔털이 있고, 속은 비었으며, 묵은 가지는 길게 갈라진다. 잎은 긴 타원형으로 마주난다. 중부 이남에서는 어린 가지의 새잎이 겨울에도 지지 않고 붙어 있다. 꽃은 6~7월에 2송이씩 뭉쳐 피는데, 길게 갈라진 꽃잎 3장이 위쪽으로 젖혀져 있다. 색깔은 처음에는 하얗다가 하루가 지나면 노랗게 변한다. 열매는 9~10월에 검고 콩처럼 둥근 열매가 여무는데, 겨울에도 잘 떨어지지 않는다.

* 유사종 _ 털인동, 잔털인동, 붉은인동

열매

약용

한방에서는 줄기를 인동등(忍冬藤), 꽃을 금은화(金銀花), 열매를 은화자(銀花子)라 한다. 열을 내리고, 더위를 식히며, 목마름을 없애고, 기와 혈을 잘 돌게 하며, 독을 풀어주고, 폐의 염증을 가라앉히는 효능이 있다.

열을 내릴 때, 열독에 의한 붉은 설사, 전염성 간염, 종기, 통증 완화, 치질, 장염이나 이하선염, 상처 입은 곳이 곪았을 때 약으로 처방한다. 줄기, 꽃, 열매를 햇빛에 말려 사용한다.

민간요법

고열, 더위를 먹어 설사할 때, 간염, 종기가 곪아 아플 때, 암	줄기 20g에 물 약 700㎖를 붓고 달여 마신다.
더위 먹었을 때, 악성 종기, 세균 감염으로 붉은 설사를 할 때, 아기 몸에 땀띠가 났을 때, 치질로 아플 때, 발열과 심한 기침, 장염, 목과 귀쪽이 붓고 아플 때, 얼굴이 상기될 때	꽃 15g에 물 약 700㎖를 붓고 달여 마신다.
붉은 설사를 할 때	볶은 열매 10g에 물 약 700㎖를 붓고 달여 마신다.
입 안 염증, 상처가 곪았을 때	줄기를 달여서 아픈 곳을 씻어낸다.

새순

식용

꽃에 꿀이 많고 향기가 좋다. 꽃잎을 가제로 싸서 녹차에 묻어 향을 입히거나, 녹차를 우릴 때 꽃잎을 띄워 마시면 그윽한 향을 즐길 수 있다.

주의사항

- 쇠와는 상극이므로 쇠붙이가 닿지 않도록 한다.
- 독성이 약간 있으므로 많이 먹으면 간에 무리가 올 수 있다.
- 차가운 성질의 약재이므로 배가 찬 사람은 먹지 않는다.

줄기와 잎

꽃

꽃
꽃봉오리
열매

딱총나무 *Sambucus williamsii var. coreana Nakai*

약 식

■ 인동과 잎지는 작은키나무 ■ 분포지 : 전국 산 속 자갈밭이나 개울가

개화기 : 5월 결실기 : 7월 채취기 : 봄~가을(잎), 수시로(줄기)

- 별　명 : 고려접골목, 조선접골목, 목삭조, 접골초, 속골목, 천천활, 칠엽황형, 방곤행, 산호배, 한한활, 철골산, 접골단, 칠엽금, 투골초, 접골풍
- 생약명 : 접골목(接骨木), 접골목근(接骨木根), 접골목엽(接骨木葉), 접골목화(接骨木花)
- 유　래 : 산골짜기 바위 많은 곳에서 줄기가 무성하게 올라오고 길다란 잎자루에 긴 잎이 마주나며 얼핏 덩굴처럼 보이는 작은 나무를 볼 수 있는데, 바로 딱총나무다. 나무껍질과 속이 잘 분리되어 딱총을 만들기 좋은 나무라 하여 붙여진 이름이다. 뼈를 잘 붙여주는 나무라 하여 '접골목(接骨木)'이라고도 한다.

생태

높이 약 3m. 줄기는 무성하게 올라오며, 붉은 갈색 바탕에 얼룩덜룩한 작은 돌기들이 나 있다. 가지는 덩굴처럼 옆으로 많이 뻗는다. 잎은 긴 잎자루에 길쭉하게 마주나며, 가장자리에 잔톱니가 있다. 꽃은 5월에 연초록빛의 하얀 꽃이 피는데, 길다란 꽃대가 올라와 자잘한 꽃이 우산처럼 모여 달린다. 열매는 7월에 작고 둥근 열매가 여무는데, 처음에는 푸르다가 다 익으면 검붉은 색으로 변한다.

*유사종 _ 넓은잎딱총나무, 털딱총나무, 청딱총, 덧나무, 지렁쿠나무, 털지렁쿠나무, 말오줌나무

가지와 새순

약용 한방에서 줄기를 접골목(接骨木), 뿌리를 접골목근(接骨木根), 잎을 접골목엽(接骨木葉), 꽃을 접골목화(接骨木花)라 한다. 풍과 습을 없애고, 피를 활성화시키며, 어혈과 통증을 없애고, 소변과 땀을 잘 나오게 하는 효능이 있다.

신경통, 관절염, 골절, 타박상에 의한 통증, 베인 상처의 출혈, 종기, 화상, 출산 후 빈혈, 몸이 부었을 때, 배에 물이 찼을 때, 열이 나고 설사할 때, 황달, 땀을 낼 때 약으로 처방한다. 줄기, 뿌리, 잎, 꽃은 햇빛에 말려 사용한다.

민간요법

류머티즘성 관절염, 골절, 허리가 쑤시고 아플 때, 통풍, 몸이 부었을 때, 출산 후 빈혈, 신장염, 목이 붓고 아플 때	줄기 15g에 물 약 700㎖를 달여 마신다.
복막염	줄기 속껍질 30g에 물 약 700㎖를 붓고 달여 마신다.
열이 나고 설사할 때, 복수가 찼을 때, 얼굴이 누렇게 떴을 때, 천식, 심장이 안 좋아 숨이 가쁠 때	뿌리 30g에 물 약 700㎖를 붓고 달여 마신다.
골절로 통증이 심할 때, 근육통	잎 30g에 물 약 700㎖를 붓고 달여 마신다.
땀을 낼 때, 소변이 잘 안 나올 때, 감기몸살	꽃 5g에 물 약 700㎖를 붓고 달여 마신다.
기미나 주근깨, 거친 피부와 주름살	꽃을 술에 담가 3개월간 숙성시켜 바른다.
신장이 약할 때, 기침 가래, 몸의 통증	열매 300g에 소주 1.8ℓ를 붓고 6개월간 숙성시켜 마신다.
종기, 베인 상처의 출혈, 관절을 삐었을 때, 골절에 의한 심한 통증, 근육통, 화상	줄기를 날로 찧어 바른다.
손발이 뻣뻣할 때, 허리가 아플 때, 땀띠, 옻	줄기를 달인 물로 찜질을 한다.

식용 사포닌, 탄닌, 사과산, 포도산, 당을 함유한다.

봄에 어린잎을 살짝 데쳐 갖은 양념에 무쳐 나물로 먹거나 튀김을 한다. 약간 달면서도 쓴 맛이 있으므로 물에 우려내어 조리한다. 꽃잎으로 차를 끓여 마신다.

주의사항

- 성질이 차갑고 물을 몸 밖으로 배출시키는 약재이므로 임산부는 먹지 않는다.
- 많이 먹으면 토하거나 설사할 수 있으므로 정량만 복용한다.
- 말린 것보다는 날것이 약효가 좋다.

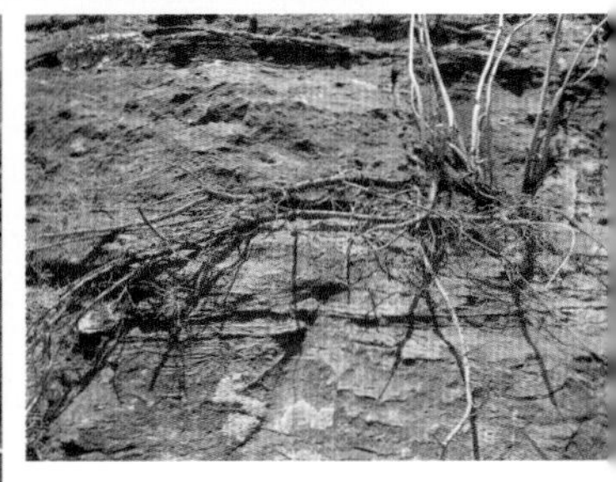

겨울 모습

줄기 | 뿌리

불두화 *Viburnum sargentii for. sterile Hara* 약

■ 인동과 잎지는 작은키나무 ■ 분포지 : 산 속이나 절

개화기 : 5~6월 결실기 : 없음 채취기 : 봄과 가을(뿌리 · 꽃 · 잎)

- 별　명 : 큰접시꽃나무, 수구화(繡球花)
- 생약명 : 팔선화(八仙花)
- 유　래 : 봄에 산 속이나 절에서 꽃모양이 수국이나 백당나무와 비슷한데 색깔이 하얗고 암술과 수술이 없는 작은 나무를 볼 수 있는데, 바로 불두화다. 꽃이 부처님(佛)의 곱슬머리(頭)인 나발(螺髮)을 닮았다 하여 붙여진 이름이다. 벌과 나비가 날아들지 않고 열매를 맺지 못하기 때문에 절에 많이 심는다.

생태

높이 3~6m. 줄기는 코르크질이고, 밝은 회색빛이 도는 갈색이며, 껍질이 얕게 갈라져 있다. 가지는 드문드문 갈라져 나오는데, 어린 가지는 매끄럽고 약간 붉으면서도 푸르다. 잎은 모양이 둥근 수국과는 달리 긴 타원형으로 손바닥을 펼친 모양이고, 끝부분이 3개로 갈라진다. 잎 뒷면에는 잔털이 있고, 잎 가장자리에 잔 톱니가 있다. 비가 온 뒤에는 잎에서 독특한 냄새가 난다. 꽃은 5~6월에 밝은 초록빛이 도는 하얀 꽃이 피는데, 짧은 꽃자루에 작은 꽃들이 공처럼 모여 달린다. 꽃 색깔과 모양이 비슷한 백당나무는 꽃이 납작한 공처럼 모여 달린다. 암술과 수술이 없어 열매를 맺지 못하므로, 꺾꽂이나 뿌리나누기로 번식시킨다.

* 유사종 _ 백당나무, 민백당나무

새순

약용 한방에서 뿌리, 꽃, 잎을 팔선화(八仙花)라 한다. 심장의 열을 내리는 효능이 있다.

심장이 두근거릴 때, 가슴이 답답하고 열이 날 때 약으로 처방한다. 뿌리, 꽃, 잎은 햇빛에 말려 사용한다. 수국 대용으로 사용한다.

민간요법

증상	방법
심장이 약해 두근거리거나 자주 놀랄 때, 가슴이 답답하고 열이 날 때	뿌리, 꽃, 잎 12g에 약 700㎖의 물을 붓고 달여 마신다. 잎으로 생즙을 내어 마시기도 한다.

전체 모습 | 꽃봉오리

꽃

장미과 033-040

특징 사람이 먹을 수 있는 과실이 달리는 나무 종류는 대개 장미과 식물이다.

줄기와 잎 잎에 톱니가 있다.

꽃과 열매 꽃은 봄에 피고, 주로 흰색과 붉은색이다. 열매는 껍질이 얇고, 속살이 많아 먹을 수 있다.

종류 한해살이풀, 여러해살이풀, 작은키나무, 큰키나무가 있으며 덩굴성도 있다. 우리나라에는 매실나무, 모과나무, 돌배나무, 비파나무, 명자나무, 복분자딸기, 곰딸기, 딱지꽃 등 120종이 서식한다.

약효 장미과 식물은 주로 장기에 작용한다.

매실나무 *Prunus mume S. et Z.*

약 식

■ 장미과 잎지는 작은큰키나무 ■ 분포지 : 전국 들판과 마을 근처
개화기 : 2~4월 결실기 : 7월 채취기 : 봄~여름(잎 · 열매)

- 별 명 : 매화(梅花)나무, 목매(木梅), 매자(梅子), 훈매(薰梅)
- 생약명 : 오매(烏梅), 백매(白梅), 금매(金梅), 매인(梅仁), 매엽(梅葉), 매화(梅花)
- 유 래 : 초봄에 시골에서 줄기가 회색빛이 도는 밝은 갈색이고 잎이 나기 전에 붉은 빛이 도는 하얀 꽃이 가지에 1송이씩 붙어 피는 나무를 볼 수 있는데, 바로 매실나무다. 여자가 임신하면 아주 신 이 과일을 찾는다고 하는데, 어머니가 되었을 때 찾는 나무라는 뜻의 매(梅) 자를 써서 '매실나무'가 되었다. 동양화에서는 눈썹이 하얗게 될 때까지 부귀를 누리라는 의미로 매실나무꽃을 그리는데, 중국에서는 매(梅) 자와 눈썹 미(眉) 자가 발음이 같아 '매화나무'라고도 부른다.

생태 높이 5~10m. 줄기는 매끄럽고, 노랗거나 붉은빛을 띤 밝은 갈색이다. 가지는 줄기 아래쪽부터 옆으로 많이 벌어진다. 잎은 넓은 타원형으로 어긋나며, 잎 가장자리에 잔톱니가 있다. 꽃은 2~4월에 잎이 나기 전 붉은빛이 도는 하얀 꽃이 1송이씩 피는데, 꽃잎이 둥글게 겹쳐 나며, 꽃술이 많다. 꽃대는 아주 짧아서 나뭇가지에 붙어 있는 듯 보이며, 그윽한 향기가 난다. 열매는 7월에 둥글면서 약간 길쭉한 모양으로 여무는데, 처음에는 푸르다가 다 익으면 노르스름해진다. 열매 겉에는 잔털이 있고, 매우 시며, 속살과 씨앗이 붙어 있다.

* 유사종 _ 흰매화, 만첩홍매화

전체 모습

약용

한방에서 열매를 오매(烏梅), 백매(白梅), 금매(金梅) 또는 매인(梅仁), 잎을 매엽(梅葉), 꽃을 매화(梅花)라 한다. 피를 활성화시키고, 열을 내리며, 간과 폐를 맑게 해주고, 대장을 튼튼히 하며, 몸의 진액을 채워주고, 가래를 삭히며, 독과 균을 없애고, 통증을 없애며, 마음을 편안하게 하는 효능이 있다. 〈동의보감〉에서도 "매실은 맛이 시고, 독이 없으며, 기와 열을 내리고, 가슴앓이를 낫게 하며, 마음을 편하게 하고, 갈증과 설사를 멈추게 하며, 근육과 맥박의 활기를 찾게 해준다"고 하였다.

열이 나고 목이 마를 때, 심한 기침 가래, 식중독, 토사곽란, 설사, 술독을 풀 때, 입맛이 없고 소화가 안 될 때, 심한 피로, 자궁 출혈, 생리불순, 혈뇨와 혈변, 변비, 당뇨, 풍기, 경기, 거친 피부, 화병, 팔다리가 쑤시고 아플 때, 종기가 났을 때 약으로 처방한다. 열매는 덜 익은 것을 따서 불이나 햇빛에 말려 사용한다. 껍질을 벗겨 불에 볶거나 연기에 그을려 검게 말린 것을 오매, 쪄서 말린 것을 금매, 씨를 빼고 소금물에 절여 말린 것을 백매라 한다.

꽃 — 꽃봉오리

민간요법

증상	방법
간이 안 좋아 피로가 심할 때, 술독을 풀 때, 열이 나고 목이 마를 때, 자궁 출혈, 생리불순, 소변이나 대변에 피가 섞여 나올 때, 횟배를 앓을 때, 팔다리가 쑤시고 아플 때, 설사, 변비, 당뇨, 풍기, 경기, 화병, 빈혈, 위가 약할 때	검게 말린 열매 5g에 물 약 400㎖를 붓고 달여 마신다.
심한 기침 가래, 종기, 거친 피부	소금물에 절여 말린 열매 5g에 물 약 400㎖를 붓고 달여 마신다.
입맛이 없고 소화가 안 될 때	살만 발라낸 열매 5g에 물 약 400㎖를 붓고 고약처럼 진하게 달여 먹는다.
천식	불에 태운 열매 5g에 물 약 400㎖를 붓고 고약처럼 진하게 달여 먹는다.
아이의 경련	열매로 담근 식초를 조금 먹인다.
위가 약할 때, 심한 피로, 더위를 먹었을 때, 멀미, 양기를 북돋울 때	쪄서 말린 열매 또는 약간 덜 익은 열매 500g에 소주 1.8ℓ를 붓고 6개월간 숙성시켜 마신다.
식중독으로 토하고 설사할 때	잎 5g에 물 400㎖를 붓고 달여 마신다.
자궁 출혈, 생리가 멎지 않을 때	불에 구운 잎 8g을 가루로 내어 먹는다.
타박상으로 멍이 생겼을 때	불에 태운 열매를 짓찧어 바른다.

약효를 제대로 보려면 깨끗한 공기와 물, 바람을 맞으며 자연 속에서 자란 약재를 써야 한다. 특히 자동차가 많이 다니는 도로변에 심은 나무는 공해에 오염되어 있으므로 먹어서는 안 된다. 똑같은 나무라도 도로변에서 채취한 나무를 달이면 기름이 둥둥 뜨고 냄새가 나서 먹을 수 없는 경우가 많기 때문이다. 농약이나 방부처리를 많이 한 수입산도 되도록 피하는 것이 좋다.

식용

비타민 C, 무기질, 사과산, 칼슘, 인, 칼륨, 카로틴을 함유하는 알칼리성 식품이다.

덜 익은 열매의 씨앗을 발라내고 소금물에 절였다가 고추장에 박아 장아찌로 먹거나 간장이나 김치를 담글 때 넣는다. 꿀에 절여 차를 끓여 먹거나 잼, 정과, 식초를 만들어 먹기도 한다. 꽃은 봉오리가 피기 전에 따서 차를 끓여 마신다. 맛이 매우 시지만 입 안이 개운하고, 넣으면 음식이 잘 상하지 않는다.

주의사항

- 땀을 내야 할 병이 있는 사람, 몸이 허해서 생긴 증상이 아니라 급성으로 생긴 병에는 검게 말린 열매를 사용하지 않는다.
- 풋열매의 독 성분이 약효를 내므로 완전히 익은 열매는 사용하지 않는다.
- 생열매를 사용하면 뼈와 위에 무리가 오고 열이 날 수 있으므로 많이 먹지 않는다.
- 둥굴레와는 상극이므로 함께 먹지 않는다.
- 국산은 갈색빛이 돌면서 윤기가 없지만, 중국산은 검은빛이 돌고 겉면이 반질반질하다.

열매 | 겨울 모습

모과나무 *Eucommia ulmoides Oliver*

약 식

■ 장미과 잎지는 큰키나무 ■ 분포지 : 전국 들판과 마을 근처

개화기 : 4~5월 결실기 : 9월 채취기 : 봄~여름(잎), 가을(열매)

- 별 명 : 목과(木瓜), 화이목(花梨木)
- 생약명 : 명사(榠楂), 목이(木李), 모과지엽(木瓜枝葉)
- 유 래 : 시골에서 얇은 줄기껍질이 벗겨져 얼룩덜룩한 무늬가 있고 가지에서 윤이 나는 큰 나무를 볼 수 있는데, 바로 모과나무다. 나무 열매가 참외와 비슷하다 하여 '목과(木瓜)'라 하다가 '모과나무'가 되었다.

생태

높이 약 10m. 줄기는 매끄럽고 회색빛을 띠며, 껍질이 크게 벗겨져 누런 속살이 드러나 있다. 가지는 위로 높이 뻗어 나가며, 윤기가 난다. 잎은 긴 타원형으로 앞면에 윤기가 약간 돌고 뒷면은 희끗하다. 잎 가장자리에는 잔톱니가 있다. 꽃은 4~5월에 작은 연분홍 꽃이 가지에 붙어 핀다. 열매는 9월에 노란색으로 여무는데, 둥글고 길쭉하며 익을수록 겉면이 울퉁불퉁해진다. 열매는 매우 단단하고 독특한 향기가 난다.

*유사종 _ 명자나무

줄기 | 잎 앞뒤

약용 한방에서 열매를 명사(榠樝) 또는 목이(木李), 잎을 모과지엽(木瓜枝葉)이라 한다. 풍과 습을 없애고, 가래를 삭히며, 뼈와 근육을 튼튼히 하고, 피를 보충해주며, 소화가 잘 되게 하는 효능이 있다. 〈동의보감〉에서도 "모과는 갑자기 토하고 설사를 하면서 배가 아픈 데 좋으며 소화를 잘 시키고 설사 뒤에 오는 갈증을 멎게 한다. 또 힘줄과 뼈를 튼튼하게 하고 다리와 무릎에 힘이 빠지는 것을 낫게 한다"고 하였다.

구역질이 날 때, 구토나 설사, 신경통, 심한 기침 가래, 각기병, 부기, 당뇨에 약으로 처방한다. 열매, 잎, 뿌리를 햇빛에 말려 사용한다.

민간요법

소화불량, 심한 기침 가래, 폐결핵이나 천식, 감기, 술독을 풀 때, 땀이 많이 날 때, 당뇨, 신경통, 관절염, 빈혈기, 입덧, 거친 피부, 더위 먹었을 때, 근육이 뭉치고 경련이 자주 일어날 때	열매 10g에 물 약 700㎖를 붓고 달여 마신다.
구토와 설사, 구역질	잎 5g에 물 약 700㎖를 붓고 달여 마신다.
허리와 다리가 저리고 힘이 없을 때	잎을 달인 물로 찜질을 한다.
입맛이 없고 소화가 안 될 때, 혈액순환이 안 될 때, 피로가 쌓였을 때, 신경통, 살이 쪘을 때, 양기를 북돋울 때	열매 500g을 얇게 썰어 황설탕과 소주 1.8ℓ를 붓고 6개월간 숙성시켜 마신다.

겨울 모습

식용 비타민 C, 비타민 P, 철분, 무기질, 사포닌, 사과산, 탄닌, 당분을 함유한 알칼리성 식품이다.

열매를 썰어 꿀에 재웠다가 차로 마시거나 잼, 정과를 만들어 먹는다. 속살이 돌처럼 딱딱하고 깔깔하며 시고 떫은맛이 나지만 향기가 매우 좋다.

주의사항

- 수축시키고, 줄이고, 오므리는 성분이 함유된 약재이므로 소변양이 적거나 붉은 사람, 신장이 좋지 않은 사람, 변비가 있는 사람, 혈압이 높은 사람, 고열 환자는 먹지 않는다.
- 쇠붙이와는 상극이므로 구리나 옹기, 유리그릇을 사용한다.
- 열매를 물로 씻으면 껍질 기름의 약성분이 날아가므로 행주로 닦는다.
- 신맛이 강한 약재이므로 많이 먹으면 뼈나 치아가 상하므로 주의한다.
- 국산은 열매가 두껍게 썰어져 있고 잔구멍이 많으며 겉면이 거칠지만, 중국산은 얇게 썰어져 있고 바싹 말려 겉면이 단단하다.

꽃

꽃봉오리 | 열매

돌배나무 *Pyrus pyrifolia (Burm.) Nakai*

약 식

■ 장미과 잎지는 작은큰키나무 ■ 분포지 : 중부 이남 산 속
개화기 : 4~5월 결실기 : 8~10월
채취기 : 봄(꽃 · 줄기껍질), 봄~여름(잎), 늦여름~가을(열매), 수시(뿌리 · 가지)

- 별 명 : 꽝베낭, 돌배, 아그배나무
- 생약명 : 이(梨), 이수근(梨樹根), 이목피(梨木皮), 이지(梨枝), 이엽(梨葉), 이피(梨皮)
- 유 래 : 가을에 산 속에서 줄기껍질에 세로로 물결치듯 주름이 있고 탱자처럼 작고 딱딱한 열매가 달리는 나무를 볼 수 있는데, 바로 돌배나무다. 돌처럼 딱딱한 배가 열리는 나무라 하여 붙여진 이름이다.

생태

높이 5~20m. 줄기는 곧게 자라며, 회색빛이 도는 갈색이다. 잎은 둥글거나 긴 타원형으로 끝이 뾰족하며, 가장자리에 날카로운 톱니가 있다. 꽃은 4~5월에 작고 하얗게 피는데 꽃잎이 5장이다. 열매는 8~10월에 노란빛이 도는 갈색으로 여무는데, 모양이 둥글고 향기가 난다.

* 유사종 _ 산돌배나무, 콩배나무

꽃 | 풋열매 · 익은 열매(小)

한방에서 열매를 이(梨), 뿌리를 이수근(梨樹根), 줄기껍질을 이목피(梨木皮), 가지를 이지(梨枝), 잎을 이엽(梨葉), 열매껍질을 이피(梨皮)라 한다. 몸 속에서 진액을 만들고, 윤기와 촉촉함이 생기며, 폐를 촉촉하게 하고, 가래를 없애며, 열을 내리고, 한기에 상한 몸을 낫게 하며, 마음을 맑게 하는 효능이 있다.

열병으로 입이 마를 때, 더위를 먹었을 때, 열이 나고 기침을 할 때, 심한 가래, 당뇨, 놀라서 경기를 할 때, 탈장, 구토와 설사, 종기에 약으로 처방한다. 뿌리, 줄기, 잎, 열매를 햇빛에 말려 사용한다.

민간요법

탈장, 심한 기침	뿌리껍질 30g에 물 약 700㎖를 붓고 달여 마신다.
열병	줄기껍질 30g에 물 약 700㎖를 붓고 달여 마신다.
토사곽란	가지 30g에 물 약 700㎖를 붓고 달여 마신다.
버섯을 먹고 탈 났을 때, 구토와 설사	잎 15g에 물 약 700㎖를 붓고 달여 마신다.
더위 먹었을 때, 기침과 피를 토할 때	열매껍질 15g에 물 약 700㎖를 붓고 달여 마신다.
열이 나고 목이 마르거나 기침을 할 때, 가슴에 열이 있고 가래가 나올 때, 놀라서 경기를 할 때, 변비, 소변이 잘 안 나올 때	열매로 생즙을 내어 마신다.
심한 기침 가래, 양기를 북돋울 때	열매 600g에 소주 1.8ℓ를 붓고 1년간 숙성시켜 마신다.
종기가 났을 때	열매껍질을 날로 찧어 바른다.

식용

비타민C, 칼슘, 인, 마그네슘, 단백질, 사과산, 구연산, 과당, 포도당, 자당, 알부틴, 탄닌을 함유한다.

열매는 과실로 먹는다. 처음에는 돌처럼 딱딱하고 맛이 쓰지만, 따서 1개월간 익히면 살이 연해지고 단맛이 난다. 열매를 얇게 썰어 꿀에 재웠다가 차로 마시기도 한다. 맛이 달면서도 향기가 그윽하다.

줄기 | 밑동

잎 앞뒤 | 겨울 모습

비파나무 *Eriobotrya japonica Lindl.*

약 식

■ 장미과 늘푸른 작은큰키나무
■ 분포지 : 남부지방 산과 들 자갈밭과 해안가
개화기 : 10~11월
결실기 : 다음해 6월
채취기 : 봄~여름(잎), 초여름(열매), 수시(뿌리 · 줄기껍질), 가을(꽃)

- 별 명 : 노귤(盧橘), 비아, 외감, 대약왕(大藥王)나무, 무선(無扇)
- 생약명 : 비파(枇杷), 비파인(枇杷仁), 비파핵(枇杷核), 비파엽(枇杷葉), 비파엽로(枇杷葉露), 비파화(枇杷花), 비파근(枇杷根), 비파목백피(枇杷木白皮)
- 유 래 : 남부지방에서 가지가 매우 통통하고 길쭉하며 한겨울에 크고 갸름하면서도 윤기 나는 잎이 달린 나무를 볼 수 있는데, 바로 비파나무다. 잎모양이 중국의 현악기인 비파를 닮았다 하여 붙여진 이름이다.

생태 높이 6~10m. 줄기는 매끄러우면서도 가로주름이 있으며, 밝은 회색빛이 도는 갈색이다. 가지는 밑동부터 굵게 갈라져 위로 뻗어 나가며 잔가지가 많지 않다. 잎은 어긋나며, 크고 갸름한 타원형이다. 잎은 약간 도톰하고 딱딱하다. 잎 앞면은 매끄럽고 사선으로 규칙적인 잎맥이 있으며, 뒷면에 거친 털이 있다. 잎 가장자리에 잔톱니가 있다. 꽃은 10~11월에 하얗게 피는데, 꽃집이 연갈색이고 잔털이 있다. 열매는 다음해 6월에 동그랗고 노랗게 여문다. 열매 안에는 검은 갈색빛 씨앗이 몇 개 들어 있다.

*유사종 _ 무목비파, 다나까비파

잎과 줄기 | 잎 앞뒤

약용 한방에서 열매를 비파(枇杷) 또는 비파인(枇杷仁), 씨앗을 비파핵(枇杷核), 잎을 비파엽(枇杷葉), 잎 증류수를 비파엽로(枇杷葉露), 꽃을 비파화(枇杷花), 뿌리를 비파근(枇杷根), 줄기껍질을 비파목백피(枇杷木白皮)라 한다. 폐를 윤택하게 하고, 간과 위를 튼튼하게 하며, 기운을 아래로 내려주고, 갈증을 없애며, 기침을 가라앉히고, 가래를 삭히며, 소변을 잘 나오게 하는 효능이 있다. 〈동의보감〉에도 "비파나무 잎은 위를 건강하게 하고, 기침 가래에 좋으며, 더위를 먹거나 만성 기관지염, 천식, 부기에 좋다"고 하였다.

폐결핵이나 천식, 오래된 기침 가래, 가래에 피가 섞여 나올 때, 폐나 위에 열이 있을 때, 감기, 위나 간이 안 좋을 때, 찬바람을 쐬어 감기에 걸렸을 때, 몸이 부었을 때, 관절이 쑤시고 아플 때, 코피, 목마를 때, 체하여 구토를 할 때, 딸꾹질이 멎지 않을 때, 산모의 젖이 안 나올 때, 습진, 더위를 먹었을 때 약으로 처방한다. 열매, 잎, 꽃, 뿌리, 줄기껍질은 햇빛에 말려 사용한다. 열매를 살구씨(행인) 대신 사용한다.

꽃 | 열매

민간요법

폐결핵, 당뇨, 노인의 기침, 산모의 젖이 안 나올 때	열매 10g에 물 약 700㎖를 붓고 달여 마신다.
몸이 부었을 때	씨앗 10g에 물 약 700㎖를 붓고 달여 마신다.
찬바람을 쐬어 감기에 걸렸을 때, 가래에 피가 섞여 나올 때	꽃 10g에 물 약 700㎖를 붓고 달여 마신다.
딸꾹질이 멎지 않을 때, 체하여 구토를 할 때, 더위를 먹었을 때	줄기껍질 10g에 물 약 700㎖를 붓고 달여서 차게 식혀 마신다.
천식, 오래된 기침 가래, 가래에 피가 섞여 나올 때, 폐에 열이 있을 때	꿀을 발라 볶은 잎 10g에 물 약 700㎖를 붓고 달여 마신다.
폐나 간이 안 좋을 때, 술독을 풀 때	말린 잎 10g에 물 약 700㎖를 붓고 달여 마신다.
코피, 술독이 올라 딸기코가 되었을 때	불에 구운 잎을 가루로 내어 먹는다.
신경통이 심할 때	잎을 달인 물로 찜질을 한다.
습진이나 아토피, 여드름, 무좀, 땀띠	잎을 달인 물을 바른다.
몸이 붓고 피부가 안 좋을 때, 입맛이 없을 때, 심한 피로, 변비, 요실금	열매나 잎 500g에 소주 1.8ℓ를 붓고 3개월간 숙성시켜 마신다.

식용

비타민 B1 · B17, 비타민 C, 탄수화물, 지방, 포도당, 과당, 자당, 사과당, 단백질, 섬유질, 펙틴, 탄닌, 올레놀산, 정유를 함유한다.

어린잎은 차를 끓여 마시고, 열매는 과실로 먹거나 설탕에 졸여서 먹는다. 잎을 끓이면 독특한 향이 나며, 열매는 달면서도 부드럽다.

주의사항

- 열과 기를 내려주는 약재이므로 배가 찬 사람은 피한다.
- 씨앗은 자극성이 강한 약재이므로 소량만 사용한다.
- 잎 뒷면에 거친 털이 있으므로 반 정도 말린 후 솔로 털을 없앤 후 다시 말려 사용한다.

명자나무

Chaenomeles lagenaria (Loisel) Koidz.

약 식

■ 장미과 잎지는 작은키나무 ■ 분포지 : 중부 이남 산과 들

개화기 : 4~5월 결실기 : 8월 채취기 : 늦여름~가을(열매)

- 별 명 : 명자꽃, 당명자나무, 아가씨나무, 일월성(日月星), 백해당(白海棠), 첩경해당(貼梗海棠), 헤당화, 보춘화(報春花)
- 생약명 : 추목과(皺木瓜), 목과(木果)
- 유 래 : 봄에 산과 들에서 잎보다 먼저 선명한 붉은색 꽃이 화려하게 달리는 작은 나무를 볼 수 있는데, 바로 명자나무다. 나무 종류지만 '명자꽃'이라고도 부른다. 아가씨가 이 나무를 보면 봄바람이 든다 하여 '아가씨나무'라 하면서 울안에 심지 않는다는 말도 전해진다.

생태

높이 1~2m. 줄기는 뿌리에서 무성하게 나와서 약간 비스듬하게 자라며, 붉은빛이 도는 갈색이다. 가지는 가늘게 갈라져 나오며, 어린 가지에 가시가 있다. 꽃은 4~5월에 잎보다 먼저 붉은색으로 피는데 흰색과 분홍색도 약간씩 섞여 있으며, 가지에 여러 송이가 뭉쳐서 달리기도 한다. 잎은 꽃이 필 무렵 긴 타원형으로 어긋나는데, 잎 앞면이 윤기 있으며, 잎 가장자리에 잔톱니가 있다. 열매는 8월에 타원형으로 여무는데, 처음에는 푸르다가 다 익으면 누르스름해진다. 열매 크기와 모양이 모과와 비슷하며, 속이 딱딱하고, 쪼글쪼글한 모양으로 겨울까지 달려 있다.

* 유사종 _ 산당화(풀명자)

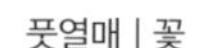
풋열매 | 꽃

약용

한방에서 열매를 추목과(皺木瓜)라 한다. 간을 다스리고, 위를 편안하게 하며, 습을 몰아내고, 근육을 이완시키는 효능이 있다.

토사곽란으로 구토를 할 때, 이질 설사, 근육 경련이나 마비, 류마티즘성 관절염, 몸이 부었을 때 약으로 처방한다. 열매는 살짝 삶아서 얇게 썬 후 햇빛에 말려 사용한다. 모과 열매 대신 사용하며, 풀명자도 약효가 같다.

민간요법

이질 설사, 류마티즘성 관절염, 몸이 부었을 때	말린 열매 5g에 물 약 700㎖를 붓고 달여 마신다.
토사곽란으로 구토를 할 때	씨앗 5g에 물 약 400㎖를 붓고 달여 마신다.
관절이 쑤시고 아플 때	가지 10g에 물 약 700㎖를 붓고 달여 마신다.
근육 경련이나 마비	뿌리와 잎을 달인 물로 찜질을 한다.
더위를 먹었을 때, 심한 피로, 장이 안 좋을 때	열매 500g을 얇게 썰어 황설탕과 소주 1.8ℓ를 붓고 6개월간 숙성시켜 마신다.

식용

비타민 C, 비타민 P, 사포닌, 사과산, 주석산, 구연산, 펙틴, 탄닌을 함유한다.

열매를 얇게 썰어 차를 끓여 마시거나, 항아리에 넣어 식초를 만든다. 시큼하면서도 독특한 향이 있다.

복분자딸기 *Rubus coreanus Miq.*

약 식

■ 장미과 잎지는 작은키나무 ■ 분포지 : 산기슭 양지바른 곳

개화기 : 5~6월 결실기 : 7~8월 채취기 : 여름(풋열매)

- 별 명 : 결분자(缺盆子), 오표자(烏藨子), 삽전표(揷田藨), 재앙표(栽秧藨), 대맥매(大麥莓), 서국초(西國草), 필릉가(畢楞伽), 규(茥)
- 생약명 : 복분자(覆盆子)
- 유 래 : 산 속 양지쪽에서 산딸기와 비슷한데 줄기가 곧지 않고 덩굴져 있으며 새 가지가 희끗희끗하고 열매가 검붉은 나무를 볼 수 있는데, 바로 복분자딸기다. 열매(子)를 먹으면 오줌발이 세져서 요강(盆)이 뒤집어진다(覆) 하여 붙여진 이름이다.

생태

높이 2~3m. 줄기는 가늘고 희며, 잔가시가 듬성듬성 있다. 가지는 무성하게 나오며, 덩굴처럼 길게 휘어진다. 개나리처럼 가지가 땅에 닿으면 뿌리를 내린다. 잎은 잎자루에 긴 타원형 잎이 3장씩 붙는데, 잎 뒷면이 하얗고, 잎 가장자리에는 불규칙한 톱니가 있다. 꽃은 5~6월에 연분홍색으로 한데 모여 핀다. 열매는 7~8월에 여무는데, 손톱만한 알갱이가 둥글게 뭉쳐 있다. 열매는 처음에는 희고 붉다가 다 익으면 거무스름해진다.

*유사종 _ 산딸기

잎 앞뒤 | 꽃

약용

한방에서는 열매를 복분자(覆盆子)라 한다. 양기를 북돋우고, 간과 신장을 튼튼하게 하며, 기침과 가래를 없애고, 혈압을 내리며, 눈을 밝게 하고, 살결을 좋게 하며, 노화를 방지하고, 몸 속 노폐물과 활성산소를 없애는 효능이 있다. 〈동의보감〉에도 "복분자는 남자의 신기가 허하고 정이 고갈된 것과 여자의 불임을 치료하며, 간을 보하고, 눈을 밝게 하며, 기운을 도와 몸을 가뿐하게 하고, 머리털이 희어지지 않게 한다"고 하였다.

남성의 양기 부족, 전립선이 안 좋을 때, 소변을 자주 볼 때, 아이의 야뇨증, 여성 불임, 고혈압, 당뇨, 면역력 저하, 눈이 침침할 때 약으로 처방한다. 남자에게는 오미자와 삼지구엽초, 여자에게는 당귀와 천궁과 토사자, 아이에게는 산수유를 함께 달여 복용하기도 한다. 덜 익은 열매를 술에 찌거나 끓는 물에 담갔다가 햇빛에 말려 사용한다.

민간요법

몸이 허할 때, 소변을 자주 볼 때, 아이가 밤에 오줌을 쌀 때, 고혈압, 당뇨, 면역력 저하, 간이 안 좋을 때, 심한 기침 가래, 치매기가 있을 때, 눈이 침침할 때, 피부가 거칠고 흰머리가 날 때	풋열매 10g에 물 약 700㎖를 붓고 달여 마신다.
전립선이 안 좋을 때	말린 열매를 가루로 낸 다음 꿀로 환을 지어 먹는다.
남성의 양기 부족, 여성의 불임	열매 1㎏을 황설탕에 하루 정도 재운 후 소주 1.5ℓ를 붓고 3개월간 숙성시켜 마신다.

꽃에 맺힌 열매 | 열매

식용

비타민 A, 비타민 B, 비타민 C, 주석산, 구연산, 정유, 당분, 회분, 안토시아닌을 함유한다.

열매를 날로 먹으며, 설탕에 재워서 청을 만들거나 졸여서 잼을 만든다. 맛이 새콤하면서도 달다.

주의사항

- 신장이 허하여 열이 나거나 소변을 볼 때 통증이 있는 사람은 먹지 않는다.
- 국산은 열매 크기가 자잘하고 고르며 꽃받침이 붙어 있는 것이 많다. 중국산은 크기가 고르지 않고 갈색빛이 돌며 꽃받침이 떨어진 것이 많으며 향이 없다.

줄기

겨울 모습

곰딸기 *Rubus phoenicolasius Maxim. for. phoenicolasius*

약 식

■ 장미과 잎지는 작은키나무 ■ 분포지 : 산 속 그늘지고 습한 곳
개화기 : 6~7월 결실기 : 7월 채취기 : 여름(풋열매)

- 별 명 : 붉은가시딸기, 섬가시딸나무
- 생약명 : 현구자(懸鉤子)
- 유 래 : 여름에 산 속 그늘진 곳에서 산딸기와 비슷한데 꽃이 붉고 줄기와 꽃받침에 털이 숭숭 나 있는 작은 나무를 볼 수 있는데, 바로 곰딸기다. 몸에 곰털 같은 것이 나 있다 하여 붙여진 이름이다.

생태

높이 2~3m. 뿌리는 굵고 옆으로 길게 뻗으며, 잔뿌리가 듬성듬성 나 있다. 줄기는 붉은빛이 도는 갈색인데, 산딸기와는 달기 줄기에 붉고 거친 털이 촘촘하게 있다. 가지는 옆으로 뻗어 나오는데 끝부분은 아래쪽으로 처지며, 가지에 가시가 드문드문 있다. 잎은 평평하고 둥근 타원형으로 어긋나며, 잎 가장자리에 잔톱니가 있다. 잎 뒷면에는 하얀 털이 있다. 꽃은 6~7월에 작고 연분홍으로 가지 끝에 여러 송이 모여 달리며, 꽃받침에 짙은 갈색 털이 숭숭 나 있다. 열매는 7월에 붉고 둥글게 여문다.

* 유사종 _ 흰곰딸기

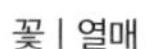
꽃 | 열매

약용 한방에서 풋열매를 현구자(懸鉤子)라 한다. 간과 신장을 튼튼하게 하고, 기력을 돋우며, 몸을 가볍게 하는 효능이 있다.

눈이 침침할 때, 가래, 술독을 풀 때, 기력이 떨어질 때 약으로 처방한다. 열매는 햇빛에 말려 사용한다. 나무딸기 종류는 모두 약효가 같으므로 구분하지 않고 쓴다.

민간요법

몸이 허하고 기운이 없을 때, 술독을 풀 때, 눈이 침침할 때, 간이 안 좋을 때	말린 열매 10g에 물 약 700㎖를 붓고 달여 마신다.
자양강장제	열매 500g에 설탕, 소주 1.8ℓ를 붓고 2개월간 숙성시켜 마신다.
아이가 밤에 오줌을 쌀 때	말린 열매를 가루로 내어 설탕에 졸여 먹인다.
당뇨, 신장이 약할 때	뿌리와 가지 12g에 물 약 700㎖를 붓고 진하게 졸인 뒤 엿기름을 넣어 조청처럼 달여 마신다.
자궁염	꽃 5g에 물 약 700㎖를 붓고 달여 마신다.
기관지염, 심한 기침, 천식	말린 뿌리 10g에 물 약 700㎖를 붓고 달여 마신다.
습진이나 아토피	뿌리를 달인 물을 수시로 바른다.

잎 앞뒤 | 뿌리

식용

비타민 C, 사과산, 레몬산, 포도주산, 포도당, 과당, 펙틴, 정유를 함유한다.

익은 열매는 날로 먹거나 설탕에 버무려 먹는다. 생즙을 내어 마시거나 잼을 만들기도 한다. 맛이 새콤하면서도 달다.

주의사항

- 약으로 쓸 때는 풋열매를 사용한다.
- 성질이 온화한 약재이므로 오래 복용하는 것이 좋다.

줄기

딱지꽃 *Potentilla chinensis Ser.*

약 식

■ 장미과 여러해살이풀 ■ 분포지 : 전국 들판 못둑이나 논두렁, 바닷가

개화기 : 6~7월 결실기 : 8~9월 채취기 : 봄~가을(줄기 · 뿌리)

- 별 명 : 딱지풀, 딱지기, 지네초, 해래비꽃, 오공초(蜈蚣草), 번백초, 근두채(根頭菜), 천청지백(天靑地白), 노아령(老鴉翎), 노아조(老鴉爪)
- 생약명 : 위릉채(委陵菜)
- 유 래 : 논두렁 햇빛 잘 드는 곳에서 가늘고 뾰족한 잎들이 새털처럼 붙어서 땅 위로 퍼져 자라는 풀을 볼 수 있는데, 바로 딱지꽃이다. 피나는 데 바르면 딱지가 잘 진다 하여 붙여진 이름이다.

생태

높이 30~60cm. 뿌리는 굵고 길며, 검은 갈색을 띤다. 줄기는 뿌리에서 수북이 올라오며, 거친 털이 있다. 잎은 작고 긴 타원형으로 새털처럼 촘촘하게 붙어 있으며, 뒷면에 흰 털이 있다. 꽃은 6~7월에 노랗게 피는데, 길다란 꽃대가 올라와 작은 꽃들이 여러 송이 모여 달린다. 열매는 8~9월에 아주 작게 여문다.

* 유사종 _ 털딱지꽃, 솜양지꽃

새순 | 꽃

약용

한방에서는 뿌리째 캔 줄기를 위릉채(委陵菜)라 한다. 해독, 간이 튼튼해지고, 피가 멎고, 새살이 돋으며, 풍을 없애는 효능이 있다.

팔다리 마비, 간질, 류머티즘으로 뼈와 근육이 아플 때, 이질, 아토피, 자궁 출혈이나 장 출혈, 치질, 소변이 붉게 나올 때, 설사, 베인 상처에서 피가 날 때 약으로 처방한다. 뿌리째 캔 줄기의 꽃대와 잎을 떼어버리고 햇빛에 말려 사용한다. 바닷가에서는 딱지꽃 대신 털탁지꽃을 사용하기도 하는데, 약효는 같다.

이질 설사, 자궁 출혈, 혈뇨나 혈변, 피를 토할 때, 심한 빈혈, 치질 출혈, 기운이 없고 눈이 침침할 때	뿌리째 캔 줄기 30g에 물 약 700㎖를 붓고 달여 마신다.
생리불순, 여성의 아랫배가 차고 아플 때, 젖이 안 나올 때, 기운이 없을 때, 간이 좋지 않을 때, 오래된 종기	꽃 30g에 물 약 700㎖를 붓고 달여 마신다.
붉은 설사와 복통	말린 꽃을 가루로 내어 먹는다.
풍에 의한 팔다리 마비, 팔다리가 쑤시고 아플 때	꽃 600g에 소주 1.8ℓ를 붓고 1개월간 숙성시켜 마신다.
간질	뿌리 40g에 소주 1.8ℓ를 붓고 1개월간 숙성시켜 마신다.
베인 상처에서 피가 날 때	뿌리를 날로 찧어 바른다.
아토피, 코피	뿌리째 캔 줄기를 말린 가루를 바른다.

예전에는 시골 논두렁이나 못둑에서 풀이 자라면 소를 먹이려고 수시로 낫으로 베었기 때문에, 딱지꽃처럼 땅 위에 퍼져 자라는 식물이 햇빛을 잘 받아 번식하기 좋은 환경이었다. 하지만 지금은 꼴을 베는 일이 별로 없어 잡풀이 높게 자라서 딱지꽃 같은 풀이 햇빛을 받기 힘들어져 많이 사라졌다. 이처럼 자연환경은 사람의 생활과 밀접하게 연관되어 변화를 겪기도 한다.

식용

비타민 C, 비타민 P, 단백질, 지방, 카테킨, 사포닌을 함유한다.

봄철에 어린 것을 뿌리째 캐어 살짝 데친 다음 갖은 양념을 하여 나물로 먹는다. 데친 것을 말려두고 묵나물로 먹는다. 어린잎으로 차를 끓여 마시기도 한다. 뿌리는 사각사각하고 달면서도 약간 쓴맛이 있으며, 봄철 건강식으로 좋다.

새순

잎 앞뒤 | 뿌리

포도과 041

특징 덩굴성 식물로 이웃식물을 감아 올라가며, 열매가 포도처럼 익는 종류는 대개 포도과 식물이다.

줄기와 잎 줄기가 붉은색을 띠며 덩굴손이 있다. 잎은 넓적하다.

꽃과 열매 꽃은 잎과 함께 난다. 열매는 어릴 때 푸르다가 가을에 검은 자주색으로 익으며, 과즙과 과육이 많고 맛은 새콤달콤하다.

종류 여러해살이풀, 작은키나무가 있다. 우리나라에는 머루, 담쟁이덩굴, 거지덩굴, 포도 등 8종이 서식한다.

약효 포도과 식물은 주로 통증과 염증을 가라앉힌다.

까마귀머루

041

까마귀 머루

약 식

까마귀머루 *Vitis thunbergii var. sinuata (Regel) H.Hara*

약 식

■ 포도과 잎지는 덩굴나무 ■ 분포지 : 중부 이남 산과 들

개화기 : 7월 결실기 : 9~10월 채취기 : 가을(열매)

- 별약명 : 산멀구, 새멀구, 참밀구, 모래나무, 가마귀머루
- 생약명 : 산고등(酸古藤), 산포도(山葡萄)
- 유약래 : 산 속 양지바른 곳에서 머루 덩굴과 비슷한데 잎이 3갈래로 깊게 갈라진 덩굴나무를 볼 수 있는데, 바로 까마귀머루다. 잎모양이 까마귀발처럼 생겼다 하여 붙여진 이름이다.

생태

길이 2~4m. 무성하게 자라는 왕머루에 비해 덩굴이 크지 않다. 줄기는 땅 위를 기어가거나 이웃나무를 감아 올라간다. 잎은 어긋나며, 갈퀴손처럼 3갈래 이상 깊게 갈라진다. 잎 앞면은 매끄럽지만 뒷면은 허연 솜털이 있고, 가을에는 붉게 물든다. 꽃은 7월에 연노랑빛을 띤 녹색 꽃이 피는데, 긴 꽃대가 올라와 향기 있는 작은 꽃들이 빽빽하게 모여 핀다. 꽃대 끝에는 덩굴손이 자라 나온다. 열매는 9~10월에 아주 작은 청포도처럼 여무는데, 처음에는 푸르다가 검은 자주색으로 익으며, 잎이 진 후에도 달려 있다.

왕머루는 줄기, 잎, 열매가 크고 잎 앞뒷면에 털이 없으며, 개머루는 잎이 얕게 갈라지고 뒷면에 잔털이 있으며, 열매가 드문드문 달린다.

*유사종 _ 청까마귀머루

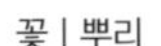

꽃 | 뿌리

약용

한방에서는 줄기를 산고등(酸古藤), 열매를 산포도(山葡萄)라 한다. 통증과 목마름을 없애고, 기력을 북돋우며, 소변을 잘 나오게 하는 효능이 있다.

외상이나 수술 후 통증, 위통, 두통, 관절이 쑤시고 아플 때 약으로 처방한다. 줄기와 열매는 햇빛에 말려 사용한다.

민간요법

외상이나 수술 부위가 아플 때, 심한 두통, 위통, 당뇨	줄기 10g에 물 약 700㎖를 붓고 달여 마신다.
소변이 붉고 배가 몹시 아플 때	뿌리 10g에 물 약 700㎖를 붓고 달여 마신다.
관절염, 폐결핵, 관절이 쑤시고 아플 때, 기력이 쇠했을 때	열매 500g에 소주 1.8ℓ를 붓고 2개월간 숙성시켜 마신다.
좌골신경통, 부스럼	줄기를 달인 물로 따뜻하게 찜질한다.
삔 상처의 통증	열매로 생즙을 내어 찜질을 한다.

식용

탄수화물, 칼슘, 인, 철, 비타민 C가 풍부하다.

열매로 차를 끓여 마신다. 신맛이 매우 강하지만 끝맛이 개운하다.

풋열매 | 열매

은행나무과 042

특징 잎모양이 부채처럼 퍼지는 종류는 은행나무과 식물이다.

줄기와 잎 줄기껍질이 세로로 크게 주름져 있다. 잎은 어긋나게 달린다.

꽃과 열매 암나무, 수나무가 따로 있으며 서로 마주보고 있어야 꽃이 핀다. 열매는 둥글고 퀴퀴한 냄새가 난다.

종류 큰키나무가 있다. 동아시아를 포함하여 우리나라에는 은행나무 1종이 자란다.

약효 은행나무과 식물은 주로 폐에 좋다.

은행나무

은행나무 *Ginkgo biloba L.*

약 식

■ 은행나무과 잎지는 큰키나무 ■ 분포지 : 들판과 길가 양지바른 곳

개화기 : 5월 결실기 : 10월 채취기 : 수시(줄기껍질 · 뿌리), 봄~여름(잎), 가을(열매)

- 별 명 : 압각수(鴨脚樹), 행자목(杏子木), 백과수(白果樹), 부지갑(不指甲), 영안(靈眼)
- 생약명 : 백과수피(白果樹皮), 백과(白果), 백과엽(白果葉), 백과근(白果根)
- 유 래 : 길가에서 키가 매우 크고 부채처럼 생긴 잎이 달린 나무를 볼 수 있는데, 바로 은행나무다. 열매가 살구(杏)처럼 생기고 씨앗이 은빛(銀)이 나는 나무라 하여 붙여진 이름이다.

생태

높이 키 5~40m. 뿌리는 깊게 뻗으며, 묵은 뿌리에서 새순이 나와 나무로 자라기도 한다. 줄기는 회색빛이 도는 갈색이며, 껍질이 세로로 불규칙하게 갈라진다. 가지는 암나무와 수나무의 모양이 서로 다른데, 수나무는 꽃가루를 날리기 위해 가지가 위로 뻗고, 암나무는 햇빛을 많이 받아 열매를 맺기 위해 옆으로 퍼진다. 잎은 작은 부채모양이며, 세로결이 있고 질기며, 가을에 샛노랗게 물든다. 꽃은 5월에 잎과 함께 아주 작은 꽃이 피는데, 이 때 암나무와 수나무가 마주보고 있어야 꽃이 핀다. 때로는 암나무, 수나무가 10리 이상 떨어져 있는데 꽃이 피기도 한다. 열매는 10월에 동그란 열매가 여무는데, 처음에는 푸르다가 노랗게 변하며 퀴퀴한 냄새가 난다. 열매 속에는 딱딱한 껍질에 쌓인 은색 씨앗이 들어 있다.

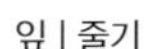
잎 | 줄기

단풍

새순 | 겨울 모습

가지와 꽃

약용

한방에서 줄기껍질을 백과수피(白果樹皮), 열매를 백과(白果), 잎을 백과엽(白果葉), 뿌리를 백과근(白果根)이라 한다. 폐와 심장을 튼튼히 하고, 기침을 가라앉히며, 피를 맑게 하고, 혈압을 내리며, 신경을 안정시키고, 몸 속의 독과 유해산소를 없애며, 기운을 보하며, 소변을 줄이고, 설사를 멎게 하는 효능이 있다. 〈동의보감〉에도 "은행은 폐와 위의 탁한 기운을 맑게 하고, 숨찬 것과 기침을 멎게 한다"고 하였다.

심한 기침, 결핵이나 천식, 기력이 쇠했을 때, 고혈압, 혈전, 심장이 안 좋을 때, 대장염, 설사나 잦은 소변에 약으로 처방한다. 은행잎은 제약회사에서 혈액순환 개선제 재료로도 사용한다. 열매, 잎, 줄기껍질, 뿌리는 햇빛에 말려 사용한다.

민간요법

심한 기침 가래, 결핵이나 천식, 소변이 잦거나 뿌옇게 나올 때, 물 같은 설사	씨앗 10g에 물 약 700㎖를 붓고 달여 마신다.
고혈압, 혈전, 심한 생리통	줄기 10g에 물 약 700㎖를 붓고 달여 마신다.
매우 심한 피로	뿌리 10g에 물 약 700㎖를 붓고 달여 마신다.
숨이 가쁘고 가슴이 아플 때, 가슴이 두근두근할 때	푸른 잎 10g에 물 약 700㎖를 붓고 달여 마신다.
위가 안 좋을 때, 설사, 소변이 잦을 때, 아이가 밤에 오줌을 쌀 때	씨앗 5~6개를 불에 구워 먹는다.
심한 기침, 풍기, 눈이 침침할 때, 관절염	껍질을 벗겨 볶은 씨앗이나 푸른 잎 500g에 소주 1.8ℓ를 붓고 1년간 숙성시켜 마신다.
피부병	줄기껍질을 태운 가루로 기름을 내어 바른다.
얼굴이 검고 주름이 있을 때	씨앗을 말린 가루를 개어 바른다.

식용 플라보노이드, 비타민 A, 비타민 B1, 비타민 B2, 에르고스테린, 레시틴, 아스파라긴산, 펙틴, 전분, 단백질, 지방, 당분, 철분, 인, 칼슘을 함유한다.

껍질 벗긴 씨앗을 구워 먹거나 죽, 단자, 조림을 한다. 신선로나 찜에 넣기도 한다. 푸른 잎은 말려두었다가 차를 끓여 마신다. 약간 쌉쌀하면서도 감칠맛이 난다.

주의사항

- 씨앗에 청산이 함유되어 있으므로 한꺼번에 10알 이상 먹으면 기운이 막히고 발열, 복통, 구토, 설사를 하게 되므로 주의한다.
- 아이에게 날것을 먹이면 놀람증이 생길 수 있으므로 주의한다.
- 과식하여 중독 증상이 생기면 감초를 달여 마신다.
- 속껍질은 반드시 벗기고 사용한다.

솔뫼노트 가로등 밑에 있는 식물들은 밤낮으로 빛을 받아 생태계가 교란되기 때문에 주변에 있는 식물보다 열매를 많이 맺지 못한다.

풋열매 | 열매
채취한 열매

갈매나무과 043

특징 가지에 가시가 있고, 꽃이 매우 작으며 꽃잎이 거의 없는 종류는 대개 갈매나무과 식물이다.

줄기와 잎 가지가 가늘고 가시가 있다. 잎은 작은 편이다.

꽃과 열매 꽃은 작고 녹색을 띠며 여러 송이가 모여 핀다. 열매 속에는 씨앗이 1개씩 들어 있다.

종류 잎지는 큰키나무, 잎지는 작은키나무, 늘푸른 큰키나무, 늘푸른 작은키나무가 있으며 풀 종류도 드물게 있다. 우리나라에는 갈매나무, 대추나무, 헛개나무 등 16종이 서식한다.

약효 갈매나무과 식물은 주로 열을 내린다.

대추나무

대추나무 *Zizyphus jujuba var. inermis (Bunge) Rehder*

약 식

■ 갈매나무과 잎지는 큰키나무 ■ 분포지 : 전국 밭둑이나 마을 근처
개화기 : 5~6월 결실기 : 9~10월 채취기 : 가을(열매)

- 별 명 : 조(棗), 목밀(木蜜), 건조(乾棗), 미조(美棗), 홍조(紅棗)
- 생약명 : 대조(大棗)
- 유 래 : 시골에서 가지마디에 가시가 있으며 둥글고 길쭉한 잎에 세로줄이 3개씩 있는 나무를 볼 수 있는데, 바로 대추나무다. 한방에서 대추를 대조(大棗)라 하는데 이 말이 변하여 '대추나무'가 되었다. 나무에서 나는 꿀이라 하여 '목밀(木蜜)'이라고도 한다.

생태

대추나무는 마을 부근에서 재배한다. 줄기는 붉은 회색빛이며, 세로로 길게 갈라지고, 매우 단단하다. 가지는 곧게 자라지 않고 마디마다 약간씩 방향이 틀어지며, 작은 가시가 있다. 잎은 둥글면서도 길쭉한 잎이 어긋나고, 잎맥이 세로로 3줄 있다. 잎 앞면은 윤기가 나며, 잎 가장자리에 희미하게 톱니가 있다. 꽃은 5~6월에 노란빛이 도는 녹색 꽃이 피는데, 길다란 꽃대가 올라와 여러 송이가 모여 핀다. 열매는 9~10월에 타원형으로 여무는데, 겉껍질이 매끄럽고 질기며, 처음에는 푸르다가 다 익으면 검붉은 색이 된다. 열매 속에는 매우 단단한 씨앗이 1개씩 들어 있다.

*유사종 _ 묏대추나무, 갯대추나무

줄기와 새순
겨울 모습

잎과 밑동 | 잎 앞뒤

약용

한방에서 열매를 대조(大棗)라 한다. 심장을 튼튼히 하고, 피를 잘 돌게 하며, 위장과 비장을 보하고, 진액을 생기게 하며, 기력을 북돋우고, 기침과 통증을 없애고, 신경을 안정시키며, 약재의 독성을 없애는 효능이 있다. 〈동의보감〉에서도 "대추는 간의 기운을 견고하게 하고, 힘줄과 뼈를 튼튼하게 하며, 바짝 마른 사람을 살찌고 건강하고 든든하게 하고, 근육과 뼈의 풍증을 낫게 한다"고 하였다.

가슴이 두근거리고 잘 놀랄 때, 위가 약하고 입맛이 없을 때, 기력이 없을 때, 피와 진액이 부족할 때, 복통, 온몸이 쑤시고 아플 때, 불면증, 근육 경련, 약물 중독, 설사에 피가 섞여 나올 때, 식은땀, 가슴이 답답하고 열이 날 때, 고혈압에 약으로 처방한다. 약재 작용을 완화시키고 독성을 없애며 위에 자극이 덜 가도록 하는 성질이 있어 여러 처방전에 첨가하기도 한다. 열매는 씨를 발라낸 후 햇빛에 말려 사용한다.

풋 열매

익은 열매

민간요법

심장이 약하고 혈액순환이 안 될 때, 기침가래, 입과 목이 건조하고 마른기침이 날 때, 손발이 차고 설사할 때, 빈혈, 중풍으로 땀이 쏟아질 때, 얼굴빛이 좋지 않을 때, 비염, 관절염, 임산부 몸이 허할 때, 출산 후 허리 통증, 소변이 잘 안 나올 때, 간 이상, 면역력 저하	말린 열매 15g에 물 약 700㎖를 붓고 달여 마신다.
가슴이 답답하고 잠이 안 올 때, 잘 놀라고 가슴이 두근거릴 때, 몸이 허약하고 신경질을 잘 부릴 때	열매 15g을 씨앗째 볶아서 껍질을 벗겨낸 후 물 약 700㎖를 붓고 달여 마신다.
입맛이 없고 소화가 안 될 때, 조울증	열매를 불에 살짝 구워 가루를 내어 먹는다.
변비	푸른 열매를 생으로 먹는다.
고혈압, 살이 쪘을 때	잎 30g에 물 약 700㎖를 붓고 달여 마신다.
더위를 먹었을 때	잎으로 생즙을 내어 마신다.
양기를 북돋울 때, 노화 방지	열매 300g에 소주 약 1.8 ℓ를 붓고 2개월간 숙성시켜 마신다.

꽃

식용 비타민 A, 비타민 B1 · B2 · B6, 비타민 C, 비타민 K, 비타민 P, 비타민 T, 베타카로틴, 단백질, 지방, 칼슘 · 인 · 마그네슘 · 철 · 칼륨 등 무기질, 탄닌, 식이섬유, 사과산, 포도산, 지방유, 사포닌 등을 함유한다.

봄에 어린잎으로 차를 끓여 마신다. 가을에는 풋열매와 익은 열매를 과실로 먹는다. 열매를 푹 삶아 체에 걸러낸 뒤 꿀을 타서 차로 마시거나, 꿀물에 졸여 대추초를 만들어 먹는다. 열매를 항아리에 넣고 누룩과 물을 부은 뒤 3주간 숙성시켜 초를 만들어 먹기도 한다. 열매를 말렸다가 죽, 약밥, 한과, 떡, 탕, 전, 식혜, 수정과 등 각종 요리에 넣기도 한다.

주의사항

- 풋열매를 많이 먹으면 소화가 안 되고 설사를 할 수 있다.
- 소음인에게 좋은 약재로 뚱뚱하거나 잘 붓는 사람이 장복하면 위장에 습하고 탁한 기운이 생길 수 있으므로 너무 많이 먹지 않는다.
- 국산은 색깔이 밝고 넓적하며, 중국산은 색깔이 거무스름하고 모양이 동그랗다.

솔뫼 노트

나무는 원래 가지가 위로 뻗어 나가는 성질이 있는데, 윗줄기를 잘라내면 밑둥치가 굵어지고 옆으로 가지가 많이 퍼지며, 나무가 위기를 느끼고 스트레스를 받아 열매가 많이 맺힌다. 보통 나무는 10년 이상 되어야 열매를 맺는데, 5년생 미만의 어린 나무도 줄기를 잘라주면 열매를 빨리 맺는다. 예를 들면, 가지가 위로 뻗어 올라가는 은행나무의 윗줄기를 잘라주면 가지가 옆으로 많이 퍼져 나가면서 열매가 아주 많이 달린다. 사과나무, 감나무, 배나무 같은 과실나무를 이런 식으로 관리하면 열매도 많이 맺고 열매를 채취하기도 쉬워진다.

대추나무의 경우 "대추나무 시집보내기"라고 하여 줄기가 갈라진 곳에 돌을 끼우고 낫으로 줄기에 생채기를 내는데, 그렇게 하면 나무가 위기를 느끼고 열매를 많이 맺는다.

국화과 044-049

특징 줄기에 마디가 있고, 잎과 줄기에 솜털이 있으며, 꽃대 끝에 작은 꽃들이 뭉쳐 있고 비늘잎이 밑동을 싸고 있는 국화처럼 피는 종류는 대개 국화과 식물이다.

국화 종류 몸체에 잔털이 있고, 꽃은 전형적인 국화처럼 생긴 식물은 국화 종류이다. 줄기에 마디가 있으며, 잎이 좁고 여러 갈래로 갈라진다.

민들레 종류 꽃은 작은 국화처럼 생겼으며, 줄기를 자르면 하얀 유액이 나오는 풀은 민들레 종류이다. 주로 봄 · 여름에 노란 꽃이 피고, 씨앗에 흰 솜털이 있어서 바람이 불면 멀리 날아가 번식한다.

엉겅퀴 종류 국화과 식물 중 몸체와 잎 가장자리에 가시가 있고, 꽃이 하늘을 향해 피는 종류는 대개 엉겅퀴 종류이다. 꽃은 여름에 많이 피며, 주로 자주색을 띤다.

종류 한해살이풀, 여러해살이풀, 작은키나무가 대개이며, 큰키나무도 드물게 있다. 우리나라에는 잇꽃(홍화), 등골나물, 민들레, 우엉, 지칭개, 떡쑥, 구절초, 참취, 고들빼기, 뽀리뱅이 등 390여 종이 서식한다.

약효 국화과 식물은 주로 여성질환에 좋고 어혈과 독을 푼다.

잇꽃(홍화) 등골나물 민들레 우엉

지칭개 떡쑥

잇꽃(홍화)

Carthamus tinctorius L.

약 식

■ 국화과 두해살이풀 ■ 분포지 : 전국 밭

개화기 : 7~8월 결실기 : 8~9월 채취기 : 여름(꽃), 늦여름~가을(열매)

- 별　명 : 잇나물, 이꽂, 홍람(紅藍)
- 생약명 : 홍화(紅花), 홍화묘(紅花苗), 홍화자(紅花子)
- 유　래 : 여름에 시골밭에서 작은 잎에 가시가 있고 붉고도 노란 꽃이 핀 풀을 볼 수 있는데, 바로 잇꽃이다. 몸에 이로운 꽃이라 하여 붙여진 이름이다. 꽃이 붉다 하여 '홍화' 라고도 한다.

생태

높이 약 1m. 줄기는 하얗고 두툼하며, 곧게 올라온다. 잎은 어긋나며, 줄기에 비해 작다. 잎은 창처럼 날카롭고, 가장자리에 가시 같은 톱니가 있다. 꽃은 7~8월에 피는데, 모양은 엉겅퀴와 같지만 크기가 크다. 꽃은 처음에는 노랗다가 점차 선명한 붉은색으로 변한다. 열매는 8~9월에 옅은 갈색으로 여무는데, 아주 작고 네모진 은행처럼 겉껍질이 딱딱하다.

약용

한방에서는 꽃을 홍화(紅花), 열매를 홍화자(紅花子), 싹을 홍화묘(紅花苗)라 한다. 피를 활성화시키고, 출산 후 막힌 것을 뚫어주며, 어혈을 풀고, 통증을 없애는 효능이 있다. 〈동의보감〉에도 "해산 후 어지럽거나 나쁜 피가 다 나가지 못하여 아플 때, 태아가 뱃속에서 죽은 데 쓴다" 고 하였다.

생리가 없을 때, 출산 후 복통이나 생리를 나오게 할 때, 어혈로 인한 통증, 종기, 타박상에 약으로 처방한다. 꽃과 열매를 햇빛에 말려 사용한다.

민간요법

천연두와 홍역을 앓는데 발진이 안 될 때	새싹을 날로 찧어 바른다.
무월경, 출산 후 어혈이 쌓여 배가 아플 때	꽃 5g에 물 약 400㎖를 붓고 달여 마신다.
종기가 나서 아플 때, 타박상	꽃을 날로 찧어 바른다.
동맥경화증	열매로 기름을 짜서 마신다.
뼈에 금이 갔거나 부러졌을 때, 뼈가 무르고 약할 때	볶은 열매 600g을 씨째 갈아 먹는다.
신경통, 타박상으로 아플 때	말린 꽃 5g을 가루로 내어 먹는다.
혈액순환이 안 될 때, 부인병, 거친 피부	꽃 100g에 소주 1.8ℓ를 붓고 5개월간 숙성시켜 마신다.

식용

비타민 E, 단백질, 칼슘, 칼륨, 마그네슘을 함유한다.

꽃을 설탕이나 꿀에 재웠다가 뜨거운 물을 부어 차로 마신다. 떡을 할 때 꽃을 함께 넣어 붉은색을 내거나, 열매로 기름을 짜서 먹는다.

주의사항

- 꽃은 붉은색으로 변했을 때 채취하며, 이른 아침에 따는 것이 좋다.
- 막힌 것을 뚫어주는 약재이므로 생리량이 많거나 임신했을 때는 먹지 않는다.
- 씨앗은 중국산이 많이 들어와 있는데, 국산은 암술대가 붙어 있고 겉껍질이 거칠지만, 중국산은 암술대가 떨어져 나가고 겉껍질이 반질반질하다.

전체 모습 | 열매

등골나물

Eupatorium chinensis var. simplicifolium Kitamura

약 식

■ 국화과 여러해살이풀 ■ 분포지 : 전국 산과 들의 풀숲
개화기 : 8~10월 결실기 : 11월 채취기 : 여름~가을(줄기, 잎, 뿌리)

- 별 명 : 산란, 일택란, 소택란, 호란, 호란(虎蘭), 호포(虎蒲)
- 생약명 : 칭간초(秤杆草)
- 유 래 : 초가을 산 속 약간 그늘지고 축축한 곳에서 긴 줄기가 하나로 올라오며 잎이 작고 길쭉하며, 작고 하얀 꽃들이 우산처럼 모여 피는 풀을 볼 수 있는데, 바로 등골나물이다. 줄기가 소의 등골처럼 길다 하여 붙여진 이름이다.

생태

높이 70~100cm. 뿌리는 가늘고 길게 옆으로 뻗으며, 잔뿌리가 드문드문 있다. 줄기는 1줄기로 올라오며, 약간 자줏빛이 돌고, 잔털이 있다. 가지는 드문드문 갈라져 나온다. 잎은 긴 타원형으로 뒷면에 잔털이 있으며, 가장자리에 뾰족한 톱니가 있다. 줄기 아래쪽 잎은 크기가 작고 꽃이 필 무렵 진다. 꽃은 8~10월에 작고 약간 자줏빛을 띤 흰색으로 꽃대 끝에 수북이 모여 피는데 향기가 좋다. 열매는 11월에 흰색으로 여무는데, 크기가 깨알처럼 작고 잔털이 있다.

＊유사종 _ 벌등골나물, 골등골나물, 향등골나물, 서양등골나물

서양에서 들어온 서양등골나물은 등골나물과 비슷하지만, 잎에 잔털이 없어 매끈하고, 등골나물과는 달리 음지를 좋아한다. 번식력이 매우 강하고 그늘에서도 쑥쑥 잘 자라 우리 토종식물을 몰아내는 해악을 끼칠 뿐만 아니라 약효도 없으므로 보는 대로 뽑아버리는 것이 좋다.

약용 한방에서는 뿌리째 캔 줄기를 칭간초(秤杆草)이라고 한다. 피를 활성화시키고, 어혈과 한기와 통증을 없애며, 소변이 잘 나오게 하고, 속에 있는 발진을 드러나게 하는 효능이 있다.

기침 감기나 폐렴, 생리불순, 출산 후 심한 복통, 타박상, 부스럼, 고혈압, 풍기, 얼굴이 누렇게 떴을 때, 탈항, 홍역을 앓는데 발진이 안 될 때, 허리가 아플 때 약으로 처방한다. 뿌리, 줄기, 잎을 햇빛에 말려 사용한다. 유사종으로 패란(佩蘭)이라 불리는 벌등골나물과 골등골나물도 약효가 같다.

민간요법

홍역을 앓는데 발진이 안 될 때, 류머티즘으로 허리가 아플 때, 심한 기침 감기, 폐렴이나 피를 토할 때, 풍기, 고혈압	뿌리째 캔 줄기 15g에 물 약 700㎖를 붓고 달여 마신다.
출산 후 어혈이 안 나와 배가 아프거나 몸이 부었을 때, 심한 생리통	뿌리째 캔 줄기 9g을 가루로 내어 먹는다.
몸의 상처, 타박상, 부스럼	뿌리째 캔 줄기를 날로 찧어 바른다.

새순

식용

봄철에 연한 잎을 삶아 갖은 양념을 하여 나물로 먹는다. 약간 쓰면서도 단맛이 있어 봄철 입맛을 돋운다.

주의사항

- 어혈을 풀어주는 약재이므로 어혈이 없는 사람은 먹지 않는다.

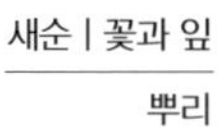

새순 | 꽃과 잎

뿌리

민들레

Taraxacum platycarpum

약 식

■ 국화과 여러해살이풀 ■ 분포지 : 전국 들판

개화기 : 4~5월 결실기 : 5~6월 채취기 : 봄~여름(줄기 · 잎 · 뿌리)

- 별 명 : 민들레미, 머슴둘레, 멈둘레, 황화지정(黃花地丁), 황구두(黃拘頭)
- 생약명 : 포공영(蒲公英), 포공초(蒲公草), 지정(地丁)
- 유 래 : 봄에 들판 양지바른 곳에서 잎이 창처럼 삐죽삐죽하고 노란 국화처럼 생긴 작은 꽃이 피어 있는 풀을 볼 수 있는데, 바로 민들레다. 가을에 씨앗들이 솜털을 타고 날아가면 민머리가 된다 하여 '민들레'라 부른다.

생태

높이 약 30cm. 뿌리는 굵고 길게 자라며, 잔뿌리가 많다. 잎은 뿌리에서 곧바로 올라오며, 수북한 잎이 땅 위로 퍼져 자란다. 잎은 매우 길고, 날카롭고 깊게 갈라지며, 가장자리에 톱니가 있다. 꽃은 4~5월에 노랗게 피는데, 꽃대 하나에 1송이씩 달린다. 열매는 5~6월에 하얗고 둥근 솜털처럼 여문다. 씨앗에 긴 털이 달려 있어 바람에 날려 번식한다.

서양민들레와 토종민들레를 혼동하기 쉬운데, 서양민들레는 가을에도 꽃을 피우고 꽃받침이 우산처럼 펴져 있다. 반면 토종민들레의 꽃받침은 접은 우산 모양과 비슷하다.

*유사종 _ 산민들레, 흰민들레, 좀민들레, 서양민들레

뿌리

약용

한방에서는 뿌리째 캔 줄기를 포공영(蒲公英)이라 한다. 열을 내리고, 피를 맑게 하며, 독과 뭉친 것을 풀어주고, 붓기와 염증을 가라앉히며, 위를 튼튼히 하고, 체기를 없애며, 소변이 잘 나오게 하는 효능이 있다. 〈동의보감〉에서도 "민들레는 부인네들 유방에 종기 멍울이 생긴 데 쓰인다"고 하였다.

유방이나 림프선의 염증, 결막염이나 간염, 기관지나 목이 아플 때, 심한 기침가래, 종기가 나서 멍울이 잡힐 때, 요로 감염, 소화불량과 위염, 황달, 자궁 질환, 젖몸살, 식중독, 벌레에 물렸을 때 약으로 처방한다. 뿌리째 캔 줄기를 그늘에 말려 사용한다.

잎과 꽃봉오리

민간요법

유방염이나 젖몸살, 음식을 먹고 체하거나 배탈이 났을 때, 혈관종	줄기에서 흰 유액을 받아 마신다.
감기열, 편도선염 · 기관지염, 병후 식욕부진, 간염 · 지방간, 얼굴이 누렇게 떴을 때, 림프선이 부었을 때, 심장 이상, 자궁 이상과 손발이 찰 때, 이질 설사, 변비, 팔다리가 쑤시고 아플 때, 흰머리가 났을 때, 뼈와 근육이 약할 때, 담낭염	뿌리째 캔 줄기 20g에 물 약 700㎖를 붓고 달여 마신다.
요로 감염으로 소변을 보기 힘들 때	뿌리째 캔 줄기로 생즙을 내어 마신다.
산모의 젖이 안 나올 때	뿌리 20g에 물 약 700㎖를 붓고 달여 마신다.
폐결핵, 심한 기침 가래, 천식이 낫지 않을 때, 위궤양으로 아프고 소화가 안 될 때	뿌리째 캔 줄기를 말려 가루로 내어 먹는다.
변비, 장염	뿌리를 말려 가루로 내어 먹는다.
양기를 북돋울 때, 장을 깨끗이 할 때, 위를 튼튼히 할 때, 오래된 기침 가래, 천식	꽃이나 뿌리 100g에 소주 1.8ℓ를 붓고 1개월간 숙성시켜 마신다.
종기가 나서 붓고 아플 때, 기미, 벌레에 물렸을 때, 화상	뿌리째 캔 줄기를 날로 찧어 바른다.
결막염, 귓속 염증	뿌리째 캔 줄기를 달인 물을 넣는다.

열매

식용

비타민 B1 · B2, 비타민 C, 비타민 D, 비타민 P, 유기산, 과당, 자당을 함유한다.

봄에 뿌리째 캔 줄기를 살짝 데쳐 들기름과 간장에 무쳐서 나물로 먹는다. 조리거나 된장에 박아 장아찌로 먹는다. 맛은 쌉쌀하면서도 달다. 꽃으로 차를 끓여 마시거나, 말린 뿌리를 볶아서 가루를 낸 뒤 커피 대신 마신다.

주의사항

- 꽃이 피기 전이나 꽃이 진 후 채취하는 것이 가장 좋다.
- 차가운 성질의 약재이므로 몸이 허하고 찬 사람은 먹지 않는다.
- 오래 복용하면 배가 아프거나 설사를 일으킬 수 있으므로 주의한다.
- 국산은 전체 색깔이 밝고 향이 나지만, 중국산은 색깔이 칙칙하다.

솔뫼노트

민들레나 할미꽃처럼 씨앗에 솜털이 붙어 있는 종류를 파종할 때는 씨앗을 그냥 땅에 뿌리면 바람에 날아가버린다. 그러므로 이런 씨앗들은 모래나 마사토에 섞어서 땅 위에 가볍게 뿌려주면 좋다.

꽃

우엉 *Arctium lappa L.*

약 식

■ 국화과 두해살이풀 ■ 분포지 : 전국 들판과 밭

개화기 : 7~8월 결실기 : 9월 채취기 : 봄부터 가을까지(줄기 · 잎), 가을(열매 · 뿌리)

- 별 명 : 우방(牛蒡)
- 생약명 : 우방자(牛蒡子), 우방근(牛蒡根), 우방경엽(牛蒡莖葉)
- 유 래 : 가을에 시골밭에서 줄기가 나무처럼 꼿꼿하고 둥근 열매에 길쭉한 가시가 사방으로 돋은 풀을 볼 수 있는데, 바로 우엉이다. 중국에서 들어온 식물로 원래 이름이 '우방' 인데 'ㅂ' 이 떨어져 나가 '우엉' 이 되었다.

생태

높이 50~150cm. 뿌리는 곧고 두툼하며, 땅 속으로 곧게 뻗어 나간다. 줄기는 붉고 곧으며, 잔가지가 많다. 잎은 길고 넓적한 심장 모양이며, 뒷면은 희고 잔털이 있다. 잎 가장자리는 물결치듯이 굽어 있고, 삐뚤삐뚤한 톱니가 있다. 꽃은 7~8월에 엉겅퀴꽃처럼 생긴 자줏빛 꽃이 핀다. 열매는 9월에 여무는데, 처음에는 푸르다가 다 익으면 갈색을 띤다. 열매는 가시 돋친 방울처럼 생겼으며, 동물 털에 붙어 이동하여 번식한다.

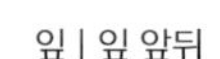
잎 | 잎 앞뒤

약용

한방에서는 뿌리를 우방근(牛蒡根), 줄기와 잎을 우방경엽(牛蒡莖葉), 열매를 우방자(牛蒡子)라 한다. 몸 속 열을 내리고, 독을 없애며, 종기와 염증을 삭히고, 피를 맑게 하며, 기침과 가래를 가라앉히는 효능이 있다. 〈본초강목〉에도 "우엉은 눈을 밝게 하고, 풍에 상한 것을 낫게 하며, 종기와 가래를 치료한다"고 하였다.

중풍, 종기, 기침 가래, 기관지가 아플 때, 당뇨, 치통, 몸이 부었을 때, 소변이나 땀을 배출시킬 때 약으로 처방한다. 뿌리와 열매를 햇빛에 말려 사용한다.

민간요법

기침 감기, 심한 목감기, 목이 부었을 때, 두통	뿌리로 생즙을 내어 마신다.
살이 쪘을 때	뿌리 200g에 식초 400㎖와 꿀을 넣고 1개월간 숙성시켜 마신다.
머리카락이 빠질 때	뿌리로 기름을 내어 바른다.
귀의 염증	잎이나 뿌리로 생즙을 내어 귓속에 소량을 흘려 넣는다.
심한 비듬, 땀띠, 두드러기	잎과 줄기로 생즙을 내거나, 잎을 달인 물을 바른다.
열과 심한 기침, 종기	씨앗 10g에 물 약 700㎖를 붓고 달여 마신다.
유방염	말린 줄기와 잎 10g에 물 약 700㎖를 붓고 달여 마신다.
생리불순	줄기와 잎 200g에 소주 1.8ℓ를 붓고 1주일간 숙성시켜 마신다.

식용

비타민B1, 단백질, 아르기닌, 섬유질, 철분, 탄닌을 함유한다.

봄철에 연한 잎을 살짝 데쳐서 쌈을 싸 먹는다. 뿌리는 살짝 데쳐서 간장에 조리거나, 갖은 양념에 무쳐 먹는다. 뿌리를 소금물에 담갔다가 김치를 담가 먹기도 한다. 맛이 맵고도 달며, 개운한 향과 씹히는 맛이 좋아 입맛을 돋운다. 뿌리에서 떫은맛이 조금 나고, 껍질을 벗기면 검게 산화하므로 식초를 탄 물에 담갔다가 사용한다.

주의사항

- 섬유질이 많은 우엉과 철분이 많은 바지락은 함께 먹으면 영양분이 파괴되므로 같이 먹지 않는다.
- 배출시키는 성질의 약재이므로 설사하는 사람은 먹지 않는다.
- 국산은 색깔이 갈색이고 모양이 납작하지만, 중국산은 회색이며 알이 크다.

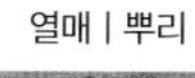

꽃

전체 모습

지칭개 *Hemistepta lyrata Bunge*

약 식

■ 국화과 두해살이풀 ■ 분포지 : 들판이나 진흙밭
개화기 : 5~7월 결실기 : 6~8월 채취기 : 봄~여름(전체)

- 별 명 : 지치광이
- 생약명 : 이호채(泥胡菜)
- 유 래 : 봄에 들이나 밭에서 엉겅퀴와 비슷하지만 줄기가 매끄럽고 꽃이 연보라색으로 핀 큰 풀을 볼 수 있는데, 바로 지칭개다. 상처난 데 짓찧고 응개어(으깨어) 바르는 풀이라 하여 '짓찌응개' 라 하다가 '지칭개' 가 되었다.

생태

높이 60~80cm. 뿌리는 굵고 길게 자라고, 붉은 갈색을 띠며, 잔뿌리가 여러 가닥 나 있다. 줄기는 길고 곧게 올라오며, 속이 텅 비어 있다. 어릴 때는 줄기 아랫부분이 보랏빛을 띤다. 가지는 드문드문 갈라져 나온다. 잎은 모양이 길쭉하고, 좌우로 삼지창처럼 갈라진다. 잎 가장자리에 톱니가 있고, 잎 뒷면은 흰털이 있다. 꽃은 5~7월에 보랏빛이 도는 흰색으로 길다란 가지 끝에 1송이씩 달린다. 열매는 6~8월에 긴 타원형으로 여문다.

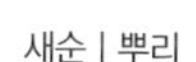
새순 | 뿌리

약용

한방에서 뿌리째 캔 줄기를 이호채(泥胡菜)라 한다. 열을 내리고, 독을 풀어주며, 염증과 어혈을 없애는 효능이 있다.

위를 튼튼히 할 때, 심장이 약할 때, 소변이 잘 안 나올 때, 치루, 종기나 부스럼, 상처에서 피가 날 때, 골절상을 입었을 때 약으로 처방한다. 뿌리째 캔 줄기는 햇빛에 말려 사용한다.

민간요법

위나 심장이 안 좋을 때, 당뇨, 고혈압	뿌리째 캔 줄기 15g에 물 약 700㎖를 붓고 달여 마신다.
치질, 항문의 고름	뿌리째 캔 줄기를 달인 물로 씻어낸다.
종기나 부스럼, 상처에 피가 날 때, 골절상, 유방염	뿌리째 캔 줄기를 날로 찧어 바른다.

식용

비타민 C를 함유한다.

봄철에 어린잎을 데쳐서 나물로 먹거나, 뿌리째 캔 것을 콩가루에 무쳐 된장국에 넣거나 깻국을 끓여 먹는다. 씀바귀처럼 쓴 맛이 강하므로 삶은 후 찬물에 담갔다가 조리한다. 개운한 맛이 있어 봄철 입맛을 돋우는 데 좋다.

채취한 모습

떡쑥 *Gnaphalium affine D. Don*

약 식

■ 국화과 두해살이풀 ■ 분포지 : 산과 들, 묵은 밭 양지바른 곳
개화기 : 5~7월 결실기 : 8월 채취기 : 봄(전체)

- 별 명 : 괴쑥, 솜쑥, 본속, 본숙, 모자초, 불이초
- 생약명 : 서국초(鼠麴草)
- 유 래 : 봄에 들판에서 잎이 작은 주걱처럼 생기고 뽀얀 털이 보송보송 붙어 있는 작은 풀을 볼 수 있는데, 바로 떡쑥이다. 떡을 해 먹는 쑥이라 하여 붙여진 이름이다. 잎이 쥐(鼠)의 귀처럼 동그랗고, 꽃이 누룩(麴)처럼 알갱이가 진 풀이라 하여 '서국초'라고도 부른다.

생태

높이 15~40cm. 뿌리는 가늘고 잔뿌리가 많다. 줄기는 통통하고 곧게 자라며, 하얀 솜털로 뒤덮여 있다. 가지는 줄기 아래쪽에서 많이 갈라져 나오며, 비스듬하게 자란다. 잎은 어긋나는데 주걱처럼 끝이 동그랗고 길쭉하며, 잎 가장자리가 매끄럽다. 꽃은 5~7월에 노랗게 피는데, 가지 끝에 쌀알 모양의 작은 꽃 여러 송이가 동그렇게 모여 달린다. 열매는 8월에 노란빛을 띤 흰색으로 여문다.

전체 모습과 잎 | 뿌리

약용 한방에서 뿌리째 캔 줄기를 서국초(鼠麴草)라 한다. 폐의 찬 기운을 누르고, 가래와 기침을 가라앉히며, 혈압을 낮추는 효능이 있다.

기침 감기, 천식, 심한 기침 가래, 뼈와 근육이 아플 때, 종기가 났을 때 약으로 처방한다. 뿌리째 캔 줄기는 햇빛에 말려 사용한다.

민간요법

증상	요법
기침 감기, 천식, 심한 기침 가래, 고혈압, 위궤양, 뼈와 근육이 아플 때, 허리가 쑤시고 아플 때, 종기	뿌리째 캔 줄기 15g에 물 약 700㎖를 붓고 달여 마신다.
위가 안 좋을 때, 신경통, 천식	뿌리째 캔 줄기 300g에 소주 1.8ℓ를 붓고 6개월간 숙성시켜 마신다.
피부가 가려울 때, 아토피	뿌리째 캔 줄기를 달인 물로 목욕한다.

식용 비타민 B, 비타민 P, 카로틴, 정유, 지방을 함유한다.

봄에 어린잎을 따서 된장국을 끓이거나 떡을 해 먹는다. 약간 씁쌀하면서도 향긋한 맛이 있으며, 떡을 하면 쫀득쫀득하고 찰지다.

주의사항

- 약술을 담가 마실 때 다른 술과 혼합하면 가려움증이 생길 수 있으므로 주의한다.

꽃

꿀풀과 050-058

특징 줄기와 가지가 네모지고, 배초향처럼 독특한 향이 나는 종류는 대개 꿀풀과 식물이다.

줄기와 잎 줄기에 마디가 있으며, 향기 나는 솜털이 있다. 잎은 마주나거나 줄기에 빙 둘러난다.

꽃과 열매 꽃은 주로 봄에서 여름까지 피고, 향이 짙고, 색은 자주색이 많고 드물게 흰 것도 있다. 열매 꼬투리가 갈라진다.

종류 한해살이풀, 여러해살이풀이 대개이며 잎지는 작은키나무도 드물게 있다. 우리나라에는 꿀풀, 익모초, 금창초, 자란초, 차즈기, 들깨, 광대수염, 광대나물, 층층이꽃, 배초향, 박하 등 120여 종이 자란다.

약효 꿀풀과 식물은 독이 없으며, 주로 몸에 쌓인 나쁜 것을 내보낸다.

꿀풀 익모초 금창초 차즈기

들깨 광대수염 자주광대나물 층층이꽃

벌깨덩굴

꿀풀 *Prunella vulgaris var. lilacina*

약 식

■ 꿀풀과 여러해살이풀 ■ 분포지 : 전국 산 속 풀밭

개화기 : 5~7월 결실기 : 7~8월 채취기 : 여름(줄기 · 잎 · 뿌리)

- 별 명 : 가지골나물, 가지래기꽃, 꿀방망이, 모꽃, 조개나물, 제비풀, 석구(夕句), 양호초(羊胡草)
- 생약명 : 하고초(夏枯草)
- 유 래 : 봄에 산 속 양지바른 곳에서 줄기가 네모지고 깨꽃처럼 생긴 자줏빛 꽃이 피며 향기가 좋아 벌이 많이 모여드는 풀을 볼 수 있는데, 바로 꿀풀이다. 꽃 속에 꿀이 많다 하여 붙여진 이름이다.

생태

높이 20~30cm. 뿌리는 가늘고 긴 수염처럼 무성하다. 줄기는 네모지고, 한 자리에 뭉쳐 나며, 온몸에 잔털이 있다. 가지는 옆으로 많이 벌어진다. 잎은 길쭉하게 마주나며, 가장자리가 밋밋하다. 꽃은 5~7월에 보라색으로 피며, 줄기 끝에 접시를 포개놓은 듯 작은 꽃 여러 송이가 겹겹이 달린다. 열매는 7~8월에 노란빛을 띤 갈색으로 여무는데 크기가 매우 작다.

* 유사종 _ 흰꿀풀, 붉은꿀풀, 두메꿀풀

전체 모습

약용 한방에서는 뿌리째 캔 줄기를 하고초(夏枯草)라 한다. 간을 맑게 하고, 종기와 뭉친 것을 풀어주며, 소변을 잘 나오게 하고, 혈압을 내려주며, 염증을 가라앉히는 효능이 있다. 〈동의보감〉에도 "목에 멍울이 서거나 곪아 고름이 나는 것과 머리에 상처가 난 것을 치료하고, 기가 몰린 것을 흩어주며, 눈이 아픈 것을 치료한다"고 하였다.

결핵이나 결핵성 림프선염, 장기에 물이 차서 몸이 부었을 때, 종기, 갑상선염으로 목에 멍울이 생겼을 때, 유방염이나 유방암, 머리가 어지럽고 눈앞이 어른어른할 때, 눈이 부시고 아플 때, 풍기로 입과 눈이 돌아갔을 때, 뼈와 근육이 아플 때, 간염에 약으로 처방한다. 뿌리째 캔 줄기를 그늘에 말려 사용한다.

민간요법

증상	방법
결핵, 갑상선염, 유방암, 간염, 간염으로 얼굴이 누렇게 떴을 때, 몸이 퉁퉁 부었을 때, 풍으로 얼굴이 돌아갔을 때, 온몸이 쑤시고 아플 때, 눈이 부시고 눈물이 날 때, 눈앞이 어른어른하고 아플 때	꽃이삭이 달린 줄기를 뿌리째 캔 것 15g에 물 약 700㎖를 붓고 뭉근히 달여 마신다.
유방염	뿌리째 캔 줄기를 날로 찧어 바른다.

꽃

식용

비타민 B1, 비타민 C, 비타민 K, 카로틴을 함유한다.

봄철에 어린순과 잎을 데쳐 물에 우려낸 다음 갖은 양념으로 나물을 무친다. 쓴맛과 매운맛이 있어서 봄철 입맛을 돋운다.

주의사항

- 열매가 반쯤 시들 무렵 꽃이삭째 채취하는 것이 가장 좋다.
- 차가운 성질의 약재이므로 소화가 안 되는 사람은 먹지 않는다.

열매

뿌리

익모초 *Leonurus sibiricus L.*

약 식

■ 꿀풀과 두해살이풀 ■ 분포지 : 전국 들판
개화기 : 7~8월 결실기 : 8~10월 채취기 : 봄(줄기 · 잎), 초여름(꽃), 가을(열매)

- 별 명 : 육모초, 충위자(充蔚子), 야천마(野天麻)
- 생약명 : 익모초(益母草), 익모초화(益母草花), 충위자(充蔚子)
- 유 래 : 전국의 들판에서 키가 껑충하고 줄기가 네모지며 커다란 잎이 쑥갓처럼 깊게 갈라진 풀을 볼 수 있는데, 바로 익모초다. 아기를 둔 여자에게 좋은 풀이라 하여 붙여진 이름이다.

생태

높이 약 1m. 뿌리는 줄기에 비해 짧다. 줄기는 굵고 네모지며, 흰 솜털이 있다. 잎은 크고 마주나는데 여러 갈래로 길게 갈라지며, 어릴 때는 잎 가장자리에 드문드문 톱니가 있다. 꽃은 7~8월에 희고 붉은빛을 띤 자주색 꽃이 꽃대 마디마다 층층이 달린다. 열매는 8~10월에 꽃이 핀 자리에 작은 열매가 층층이 달린다.

줄기와 잎 | 새순

약용 한방에서는 줄기와 잎을 익모초(益母草), 꽃을 익모초화(益母草花), 열매를 충위자(茺蔚子)라 한다. 피를 잘 돌게 하고, 어혈을 없애며, 생리를 돕고, 붓기를 빼주는 효능이 있다. 〈동의보감〉에도 "익모초는 독이 없고, 눈을 밝게 하며, 정을 보하고, 부종을 내리며, 임신과 출산 후의 여러 가지 병을 잘 낫게 한다"고 하였다.

생리불순, 출산 후 출혈, 어혈이 쌓여 배가 아플 때, 소변이 붉을 때, 나쁜 피를 배출시킬 때 약으로 처방한다. 줄기와 잎은 그늘에 말려 사용한다.

민간요법

증상	방법
출산 후 출혈이나 어혈이 쌓여 아플 때, 자궁암, 신장염, 소변이 붉을 때, 손발이 차고 시릴 때, 고혈압	말린 줄기 15g에 물 약 700㎖를 붓고 진하게 달여 마신다.
더위를 먹었을 때, 밥맛이 없을 때, 구토와 설사	줄기와 잎으로 생즙을 내어 마신다
출산 후 혈액 순환이 안 되고 부기가 빠지지 않을 때	말린 꽃 10g에 물 약 700㎖과 갱엿을 넣고 달여 마신다.
심한 젖몸살, 종기	줄기와 잎을 날로 찧어 바른다.
자궁이 허약할 때	줄기와 잎 150g에 소주 1.8ℓ를 붓고 1주일간 숙성시켜 마신다.
생리불순, 간에 열이 있고 머리가 아플 때, 눈이 충혈되고 아플 때	열매 10g에 물 약 700㎖를 붓고 달여 마신다.

뿌리 | 줄기 말린 것

식용

비타민A, 루틴, 염화칼슘, 지방을 함유한다.

줄기와 잎으로 차를 끓여 마신다. 맛이 맵고 매우 쓰므로 황설탕을 넣는 것이 좋다. 입맛이 없을 때 줄기와 잎으로 즙을 내어 쌀죽을 끓여 먹는다.

주의사항

- 꽃이 피기 전 단오에 채취하는 것이 가장 좋다.
- 쇠와는 상극이므로 대나무칼로 줄기와 잎을 채취하고, 달일 때도 사기나 옹기를 사용한다.
- 조금 따뜻하고 차가운 성질을 함께 지닌 약재이므로 복용 후에 몸을 따뜻하게 해야 한다.
- 자궁수축을 일으킬 수 있으므로 임신 중에는 먹지 않는다.
- 국산은 잎이 짙푸른 색이며 열매가 크고 노랗지만, 중국산은 잎이 허옇고 열매가 작으면서 색깔이 칙칙하다.

꽃 | 열매

금창초 *Ajuga decumbens Thunb.*

약 식

■ 꿀풀과 여러해살이풀 ■ 분포지 : 전국 산기슭과 들판
개화기 : 5~6월 결실기 : 7월 채취기 : 여름~가을(줄기 · 잎 · 뿌리)

- 별 명 : 금란초, 섬자란초, 가지조개나물
- 생약명 : 백모하고초(白毛夏枯草)
- 유 래 : 초여름에 산 속 풀숲 양지바른 곳에서 땅바닥에 붙은 듯한 잎과 푸른 자주색의 아주 작은 꽃이 핀 풀을 볼 수 있는데, 바로 금창초다. 쇠붙이(金)로 인해 생긴 상처(瘡)가 난 곳에 바르는 풀이라 하여 붙여진 이름이다. 흰 털이 있고 여름에 말라죽는 풀이라 하여 '백모하고초(白毛夏枯草)' 라고도 한다.

생태

높이 5~15cm. 뿌리는 길고 곧으며, 잔뿌리가 성글게 난다. 줄기는 비스듬히 자라고, 몸 전체에 부드러운 하얀 잔털이 있다. 잎은 줄기에 마주나며, 땅 위에 퍼지듯이 누워 자란다. 잎은 짙은 녹색에 자줏빛이 돌며, 가장자리에 동글동글한 톱니가 있다. 꽃은 5~6월에 푸른 자주색 꽃이 한꺼번에 여러 송이 모여 피며, 꽃잎은 꽃송이가 반토막 난 것처럼 아래쪽으로만 갈라진다. 열매는 7월에 깨알처럼 작게 여문다.

* 유사종 _ 조개나물, 흰조개나물

뿌리

약용

한방에서는 뿌리째 캔 줄기를 백모하고초(白毛夏枯草)라 한다. 기침을 멎게 하고, 가래를 삭히며, 열을 내리고, 피를 맑게 하며, 종기를 삭히고, 독을 풀어주는 효능이 있다.

목이나 기관지 염증, 천식, 심한 기침 가래, 장 출혈, 코피가 나거나 피를 토할 때, 유방염이나 귀의 염증, 종기, 타박상, 살을 베었을 때, 붉은 설사를 할 때 약으로 처방한다. 뿌리째 캔 줄기를 햇빛에 말려 사용한다.

민간요법

증상	요법
심한 기침 가래, 천식이 낫지 않을 때, 편도선이나 목이 붓고 아플 때, 장 출혈로 붉은 설사를 할 때, 피를 토할 때, 코피나 비염	뿌리째 캔 줄기 15g에 물 약 700㎖를 붓고 달여 마신다.
베인 상처가 덧났을 때, 유방염, 타박상으로 아플 때	뿌리째 캔 줄기를 날로 찧어 바른다.

식용

봄철에 어린순을 살짝 데쳐 갖은 양념을 하여 나물로 먹는다.

꽃

차즈기 *Perilla frutescens var. acuta*

약 식

■ 꿀풀과 한해살이풀 ■ 분포지 : 전국 낮은 산지와 밭

개화기 : 8~9월 결실기 : 9~10월 채취기 : 여름(줄기 · 잎) 가을(열매 · 뿌리)

- 별 명 : 차조기, 소엽(蘇葉)
- 생약명 : 자소엽(紫蘇葉), 소두(蘇頭), 자소경(紫蘇梗), 자소포(紫蘇苞), 자소자(紫蘇子)
- 유 래 : 산 속 풀밭이나 밭에서 들깨와 비슷하지만 줄기와 잎이 자주색을 띠고 독특한 향이 나는 풀을 볼 수 있는데, 바로 차즈기다. 자주색을 띤다고 하여 '자죽'이라 하다가 '차즈기'가 되었다.

생태

높이 20~80cm. 줄기는 네모지고 곧게 자라며 붉은 자줏빛을 띤다. 잎은 크고 둥글며 끝이 뾰족한데, 앞면은 푸른색에 자주색이 섞여 있고 뒷면은 자주색을 띤다. 잎 양면에 털이 있고, 가장자리에 톱니가 있다. 꽃은 8~9월에 연한 자주색으로 피는데, 잎이 난 자리에서 꽃술처럼 길쭉한 꽃대가 올라와 작은 꽃들이 성긴 솔처럼 달린다. 열매는 9~10월에 아주 작고 동글동글하게 여문다. 들깨와 비슷하지만, 차즈기는 온몸이 자줏빛을 띠고 들깨는 하얀 꽃이 핀다.

* 유사종 _ 들깨, 개차즈기, 둥근배암차츠기, 둥근잎배암차즈기

전체 모습

약용 한방에서는 잎을 자소엽(紫蘇葉), 줄기를 자소경(紫蘇梗), 뿌리를 소두(蘇頭), 열매를 자소자(紫蘇子)라 한다. 기운을 보하고, 풍과 한기를 없애며, 땀을 내게 하고, 기침을 없애며, 마음을 진정시키고, 폐와 장기를 윤택하게 하며, 생선의 독을 없애는 효능이 있다. 〈동의보감〉에도 "독이 없고, 곽란과 각기 등을 치료하며, 가슴의 담과 기운을 아래로 내려주고, 대소변이 잘 나오게 한다"고 하였다.

독감, 오한, 천식, 생선을 먹고 식중독에 걸렸을 때, 태아가 놀랐을 때 약으로 처방한다. 잎은 그늘에, 뿌리와 열매는 햇빛에 말려 사용한다.

민간요법

증상	방법
생선이나 게를 먹고 식중독에 걸렸을 때, 감기에 걸려 열이 나고 으슬으슬 추울 때, 심한 기침, 천식이 낫지 않을 때	잎 15g에 물 약 700㎖를 붓고 달여 마신다.
가슴에 울적한 기운이 뭉쳐 있을 때, 음식을 먹고 체했을 때, 위나 장의 통증, 태아가 놀랐을 때	줄기 15g에 물 약 700㎖를 붓고 달여 마신다.
천식으로 그륵그륵 소리가 날 때, 머리가 어지러울 때, 코감기로 인한 콧물이나 코막힘, 얼굴이 달아오를 때	말린 뿌리 10g에 물 약 700㎖를 붓고 달여 마신다.
신경이 날카로워졌을 때, 가래가 끓어 숨이 찰 때, 변비	열매 15g에 물 약 700㎖를 붓고 달여 마신다.

잎 앞뒤

식용 지방과 비타민 B1이 풍부하다.

봄철에 연한 잎을 따서 쌈으로 먹으며, 김치를 담그거나 고기나 생선 요리에 향신료로 넣는다. 잎을 말려서 차로 마시기도 한다. 독특한 향이 있어 입맛을 돋운다. 음식에 넣으면 상하지 않고 소화가 잘된다. 씨앗은 기름을 짜서 향신료로 사용한다.

주의사항

- 자줏빛이 연한 것은 약효가 떨어지므로 앞뒷면이 진한 것을 사용한다.
- 몸이 허약하거나 땀이 많이 나는 체질은 먹지 않는다.
- 국산은 잎이 잘게 썰어져 있고 향이 짙으며 자주빛을 띠지만, 중국산은 잎이 큼직하게 썰어져 있고 풋냄새가 나며 짙은 자주색을 띤다.

꽃—열매

들깨 *Perilla frutescens var. japonica Hara*

약 식

■ 꿀풀과 한해살이풀 ■ 분포지 : 전국 들판

개화기 : 8~9월 결실기 : 9~10월 채취기 : 여름~가을(잎), 가을(열매 · 뿌리)

- 별 명 : 자소(紫蘇), 일본자소
- 생약명 : 백소자(白蘇子), 백소경(白蘇梗), 백소엽(白蘇葉)
- 유 래 : 들판이나 밭에서 줄기가 네모지고 잎이 둥글며 독특한 향이 나는 풀을 볼 수 있는데, 바로 들깨다. 들에 저절로 나는 깨라 하여 붙여진 이름이다.

생태

높이 60~90cm. 줄기는 곧고 네모지며, 거친 잔털이 있다. 몸 전체에서 독특한 휘발성 향이 난다. 잎은 줄기에 마주나며 잎자루가 길다. 잎은 넓고 둥글며 끝부분이 뾰족하고, 가장자리에 잔톱니가 있다. 꽃은 8~9월에 하얗게 피는데, 잎이 난 자리에서 긴 꽃대가 올라와 작은 꽃들이 층층이 달린다. 열매는 9~10월에 갈색으로 여무는데, 크기가 매우 작고 둥글다.

*유사종 _ 차즈기, 청소엽

잎 | 잎 앞뒤

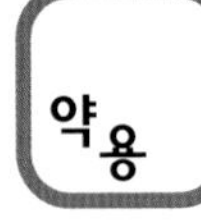

약용 한방에서는 열매를 백소자(白蘇子), 뿌리를 백소경(白蘇梗), 잎을 백소엽(白蘇葉)이라 한다. 기를 잘 돌게 하고, 폐와 장기를 윤택하게 하며, 추위를 물리치고, 음식을 잘 삭히는 효능이 있다. 〈동의보감〉에도 "들깨는 몸을 덥게 하고, 기침과 갈증을 멎게 하며, 속을 보하고, 골수를 메워준다"고 하였다.

면역력 저하, 기운이 치솟아 기침과 가래가 심할 때, 기가 잘 돌지 않아 변비가 생겼을 때, 숙취 해소, 몸이 찰 때, 기운이 뭉쳐 마음이 울적할 때, 체하여 배가 아프거나 토할 때, 산모의 배가 아플 때, 배가 차서 설사할 때, 감기로 몸이 춥고 열이 날 때 약으로 처방한다. 뿌리와 열매는 햇빛에, 잎은 그늘에 말려 사용한다.

민간요법

심한 기침 가래, 변비	열매 10g에 물 약 700㎖를 붓고 달여 마신다.
간 이상, 병후 쇠약, 당뇨, 입맛이 없고 소화가 안 될 때, 피부가 좋지 않을 때, 머리가 세었을 때	말린 열매 10g에 물 약 400㎖를 붓고 날로 갈아 마신다.
가슴이 답답하고 마음이 울적할 때, 소화가 안 되고 배가 아플 때, 다리가 무기력할 때	뿌리 15g에 물 약 700㎖를 붓고 달여 마신다.
춥고 열나는 감기, 몸에 열이 높을 때, 심한 기침, 천식, 음식 먹고 체하거나 토할 때, 설사, 몸이 차서 설사할 때	잎 15g에 물 약 700㎖를 붓고 달여 마신다.

꽃

식용 단백질, 칼슘, 비타민 A, 비타민 C, 비타민 E, 비타민 F, 리놀렌산, 지방, 당질, 식이섬유를 함유한다.

봄과 여름에 어린잎을 날로 쌈을 싸 먹거나, 기름에 볶아 나물로 먹는다. 큰 잎은 간장이나 된장에 박아 장아찌를 담그거나 생채를 한다. 육류나 어류 요리에 향신료로 넣기도 한다. 열매는 기름을 짜서 각종 요리에 넣는다. 날것을 가루로 내어 죽을 쑤거나, 뜨거운 물을 부어 차처럼 마시며, 국이나 탕 등 각종 요리에 맛을 내는 재료로 넣는다. 열매를 볶아 그대로 조청에 개어 강정이나 엿을 만든다.

주의사항

- 국산은 열매가 작고, 껍질이 얇고 매끄러우며, 잘 벗겨진다. 중국산은 크고, 껍질이 두껍고 거칠다.

잎과 꽃봉오리

열매

광대수염

Lamium album var. barbatum (S. et Z.) Fr. et Sav.

약 식

■ 꿀풀과 여러해살이풀 ■ 분포지 : 전국 산과 들

개화기 : 5~6월 결실기 : 7월 채취기 : 봄(줄기 · 잎), 가을(뿌리)

• 별 명 : 대풀, 산광대, 꽃수염풀, 수모야지마(鬚貌野芝麻), 분화야지마(粉花野芝麻)

• 생약명 : 야지마(野芝麻), 야지마근(野芝麻根)

• 유 래 : 봄에 산 속 그늘진 곳에서 잎이 길쭉한 깻잎처럼 생기고 하얀 꽃이 줄기를 빙 둘러싸면서 핀 풀을 볼 수 있는데, 바로 광대수염이다. 꽃봉오리가 맺힐 무렵에 보면 꽃받침이 광대의 콧수염처럼 삐죽삐죽 나와 있다고 해서 붙여진 이름이다.

생태

높이 30~60cm. 뿌리는 길게 뻗으며, 매우 무성하게 자라 서로 뒤엉킨다. 줄기는 곧게 자라고, 네모지며, 잔털이 있다. 잎은 크고 긴 타원형으로 전체에 주름이 있으며, 잎 가장자리에 깊은 톱니가 있다. 꽃은 5~6월에 흰색이나 연분홍색으로 피는데, 꽃대가 따로 올라오지 않고 잎줄기에 5~6송이가 빙 둘러 달린다. 꽃받침은 매우 길고 바늘처럼 날카롭다. 꽃잎은 위아래의 모양이 다른데, 위쪽은 앞으로 굽어 말리고 아래쪽은 밑으로 넓게 펴진다. 열매는 분과로 달걀을 거꾸로 세운 모양이고, 3개의 능선이 있으며, 7월에 여문다.

* 유사종 _ 섬광대수염, 털광대수염, 호광대수염

뿌리

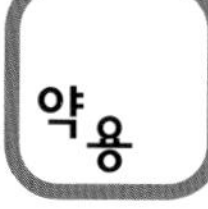

약용

한방에서 뿌리째 캔 줄기를 야지마(野芝麻), 뿌리를 야지마근(野芝麻根)이라 한다. 간을 맑게 하고, 습을 없애며, 피를 활성화시키고, 뼈와 근육의 염증을 가라앉히는 효능이 있다.

간염이나 신장염, 폐결핵으로 피를 토할 때, 소변에 피가 섞여 나올 때, 심한 기침 감기, 생리불순, 자궁 출혈, 아기가 기력이 없을 때, 타박상, 종기에 독이 올랐을 때, 치질에 약으로 처방한다. 뿌리째 캔 줄기를 그늘에 말려 사용한다.

민간요법

폐에 열이 있고 가래에 피가 섞여 나올 때, 폐결핵, 심한 기침감기, 생리불순, 자궁출혈, 허리와 무릎이 시리고 아플 때	뿌리째 캔 줄기 15g에 물 약 700㎖를 붓고 달여 마신다.
간염, 신장이 안 좋아 몸이 부었을 때, 소변에 피가 섞여 나올 때, 몸이 여위고 얼굴이 푸르스름할 때, 치질	뿌리 10g에 물 약 700㎖를 붓고 달여 마신다.
종기가 나서 붓고 아플 때	뿌리째 캔 줄기를 말려 가루로 낸 다음 기름에 섞어 바른다.
타박상	잎과 줄기를 날로 찧어 바른다.

잎

식용

비타민 C, 플라보노이드, 카로틴, 탄닌을 함유한다.

봄에 어린잎과 줄기를 삶아 갖은 양념으로 나물을 무쳐 먹거나 국을 끓인다. 날로 튀김을 하기도 한다. 맛이 약간 쌉쌀하면서도 담백하다.

주의사항

- 봄에 꽃이 피기 전에 채취하는 것이 가장 좋다.

꽃

자주광대나물 *Lamium amplexicaule L.*

약 식

■ 꿀풀과 두해살이풀 ■ 분포지 : 들판 습한 곳이나 밭둑

개화기 : 4~5월 결실기 : 6월 채취기 : 여름(줄기)

- 별 명 : 작은잎꽃수염풀, 코딱지나물, 진주연, 접골초
- 생약명 : 보개초(寶蓋草)
- 유 래 : 들판에서 광대수염과 비슷하지만 키가 작고 줄기가 붉으며 잎이 줄기를 빙 둘러싸면서 난 풀이 있는데, 바로 자주광대나물이다. 광대나물 종류는 광대수염과 비슷한 나물이라 하여 이름이 붙여졌는데, 그 중에서도 줄기가 자줏빛을 띤 광대나물이라 하여 '자주광대나물'이라 부른다. 코피가 자주 날 때 먹으면 좋다 하여 '코딱지나물'이라고도 한다.

생태 높이 10~30cm. 뿌리는 가늘고 잔뿌리가 무성하며, 붉은 갈색이다. 줄기는 곧게 자라고, 네모지며, 줄기색이 푸른광대나물과는 달리 붉은 자줏빛을 띤다. 가지는 많이 갈라진다. 잎은 크고 둥근 잎이 줄기를 빙 둘러 마주나며, 잎자루가 길다. 잎 앞면에는 사방으로 잎맥이 잘게 나 있으며, 잎 가장자리에는 잔톱니가 있다. 꽃은 4~5월에 매우 작게 연보라색으로 핀다. 열매는 6월에 작고 딱딱하게 여문다.

*유사종 _ 광대나물

잎 앞뒤 | 뿌리

약용

한방에서 줄기를 보개초(寶蓋草)라 한다. 풍을 없애고, 경락을 잘 통하게 하며, 종기를 삭히고, 통증을 없애는 효능이 있다.

뼈와 근육이 아플 때, 팔다리의 감각이 둔할 때, 타박상, 피를 토할 때 약으로 처방한다. 줄기는 햇빛에 말려 사용한다. 광대나물과 약효가 같다.

민간요법

풍기, 팔다리의 감각이 둔할 때, 손발 저림, 피를 토할 때, 잦은 코피	줄기 15g에 물 약 700㎖를 붓고 달여 마신다.
뼈와 근육이 아플 때, 타박상	줄기와 잎을 날로 찧어 바른다.

식용

비타민 C, 칼륨, 칼슘, 글루코시드를 함유한다.

봄에 어린잎과 줄기를 살짝 데쳐 나물로 먹거나 된장국을 끓인다. 맛이 조금 쌉쌀하다.

꽃

층층이꽃

Clinopodium chinense var. grandiflora (Maxim.) Kitag.

약 식

■ 꿀풀과 여러해살이풀 ■ 분포지 : 산과 들 양지바른 곳과 자갈밭
개화기 : 7~8월 결실기 : 10월 채취기 : 봄~여름(전체)

- 별 명 : 층층이, 꽃층층이, 자주층꽃, 조선사탁뇌, 탑풀
- 생약명 : 풍륜채(風輪菜)
- 유 래 : 여름에 산이나 들에서 연분홍색 꽃이 긴 줄기를 둘러싸고 층층이 피어 있고 독특한 향이 나는 풀을 흔히 볼 수 있는데, 바로 층층이꽃이다. 꽃이 층층이 달린다 하여 붙여진 이름이다.

생태

높이 15~40cm. 줄기는 네모지고, 아래쪽이 굽은 듯하다가 곧게 자라며, 온몸에 잔털이 있다. 가지는 드문드문 나온다. 잎은 긴 타원형으로 마주나며, 잎 앞면에 빗살모양의 잎맥이 촘촘하게 있다. 잎 앞뒷면은 솜털로 덮여 있고, 잎 뒷면에 얼룩무늬가 있으며, 잎 가장자리에 무딘 톱니가 있다. 꽃은 7~8월에 연분홍색으로 피는데, 작은 꽃들이 긴 줄기를 둘러싸고 층층이 달린다. 꽃부리는 붉은 자주색이다. 열매는 10월에 아주 작은 타원형 열매가 여문다.

*유사종 _ 두메층층이

약용

한방에서 뿌리째 캔 줄기를 풍륜채(風輪菜)라 한다. 풍과 독을 없애고, 열을 내리며, 염증을 삭히는 효능이 있다.

감기, 더위를 먹었을 때, 담낭염이나 간염, 피부병에 걸렸을 때 약으로 처방한다. 뿌리째 캔 줄기를 햇빛에 말려 사용한다.

민간요법

감기, 더위를 먹었을 때, 담낭염이나 간염	뿌리째 캔 줄기 15g에 물 약 700㎖를 붓고 달여 마신다.
피부병	말린 줄기를 가루로 내어 바른다.

식용

비타민 C, 정유를 함유한다.

봄에 어린순을 데쳐 나물로 먹는다. 독특한 향이 있다.

꽃 | 뿌리

벌깨덩굴 *Meehania urticifolia (Miq.) Makino*

■ 꿀풀과 덩굴성 여러해살이풀 ■ 분포지 : 산 속 그늘진 곳
개화기 : 5월 결실기 : 7~8월 채취기 : 봄~여름(줄기 · 잎)

- 별 명 : 벌개덩굴, 벌깨나물
- 생약명 : 미한화(美漢花), 지마화(芝麻花)
- 유 래 : 봄에 산 속에서 깻잎처럼 생긴 잎들이 달려 있고 땅 위를 기듯이 자라는 덩굴풀을 볼 수 있는데, 바로 벌깨덩굴이다. 꽃에 꿀이 많아 벌이 좋아하고 깻잎을 닮은 덩굴이라 하여 붙여진 이름이다.

생태

높이 20~50cm. 뿌리는 가늘고 길며, 잔뿌리가 무성하다. 줄기는 네모지고 마디가 있으며, 땅쪽으로 구부러지거나 땅 위를 기듯이 자란다. 땅에 닿은 줄기에서 새 뿌리가 나와 개체수가 늘어나므로, 재배할 때는 꺾꽂이로 번식시킨다. 줄기에는 털이 드문드문 있다. 잎은 약간 긴 잎자루에 길쭉한 심장모양의 잎이 마주나는데, 깻잎처럼 사방으로 잎맥이 있으며, 잎 가장자리에 톱니가 있다. 꽃은 5월에 흰빛이 도는 청보라색으로 피는데, 줄기 윗부분에 작은 꽃 여러 송이가 잎과 함께 달린다. 열매는 7~8월에 아주 작게 여문다.

＊유사종 _ 흰벌깨덩굴, 붉은벌깨덩굴

새순

약용

한방에서 줄기를 미한화(美漢花)라 한다. 열을 내리고, 종기의 독을 풀어주며, 통증을 없애고, 피와 기를 잘 돌게 하는 효능이 있다.

기력 저하, 종기, 여성 질환이 있을 때 약으로 처방한다. 줄기와 잎은 그늘에 말려 사용한다.

민간요법

여성 질환, 강장제	잎과 줄기 15g에 물 약 700㎖를 붓고 달여 마신다.
종기에 독이 올랐을 때	잎과 줄기를 날로 찧어 바른다.

식용

비타민 C를 함유한다.

봄에 어린순을 데쳐 나물로 먹거나 기름에 볶아 먹는다. 향이 좋아 봄철 입맛을 돋운다.

잎 | 잎 앞뒤

뿌리

꽃과 꽃봉오리

박과 059-062

특징 줄기에 덩굴손이 있고, 열매가 둥글거나 길게 달리는 종류는 대개 박과 식물이다.

줄기와 잎 줄기에 거친 잔털이 있으며, 줄기에 붙어 있는 덩굴손은 위나 옆으로 뻗어 나가는 역할을 하면서 바람이나 태풍의 충격을 완화시킨다. 잎은 크고 넓적하다.

꽃과 열매 봄과 여름에 노란색, 흰색 꽃이 핀다. 열매가 크며, 둥근 것은 과실로 많이 먹고, 길게 달리는 것은 채소로 많이 먹으며, 씨앗은 대개 납작하다.

종류 한해살이풀, 여러해살이풀이 있다. 우리나라에는 박, 하눌타리, 돌외, 수세미오이 등 6종이 자란다.

약효 박과 식물은 주로 폐와 장에 좋고, 독과 염증을 풀어준다.

박 하눌타리 수세미오이 오이

박 *Lagenaria leucantha Rusby*

약 식

■ 박과 덩굴성 한해살이풀 ■ 분포지 : 전국 밭
개화기 : 7~9월 결실기 : 8~9월 채취기 : 늦여름~가을(열매)

- 별 명 : 박덩굴, 조롱박, 참조롱박, 포과(匏瓜)
- 생약명 : 호로(壺盧), 호로자(壺盧子), 고호로(苦壺盧)
- 유 래 : 여름에 시골밭이나 담장에서 호박덩굴과 비슷하지만 꽃이 하얗고 저녁에 오므라드는 덩굴풀을 볼 수 있는데, 바로 박이다. 열매 속을 박박 긁어내고 그릇처럼 사용한다 하여 붙여진 이름이다. 열매를 반으로 갈라 삶은 것에 끈을 달아 조롱처럼 달고 다닐 수 있다 하여 '조롱박' 이라고도 한다.

생태

길이 약 5m. 줄기는 땅 위를 기어가거나 이웃식물을 감아 올라가며 자라고, 잎이 변하여 덩굴손이 된다. 줄기에 마디가 있고 몸 전체에 잔털이 있다. 잎은 줄기에 어긋나는데, 둥글넓적한 심장모양이고, 잎자루가 길고, 잎 가장자리에 불규칙한 톱니가 있다. 꽃은 7~9월에 흰색이나 옅은 노란색으로 피는데, 아래쪽은 통으로 붙어 있고 위쪽은 5장으로 갈라지며, 가장자리가 잔물결 모양이다. 꽃은 저녁에 피었다가 다음날 아침에 시든다. 열매는 8~9월에 연한 녹색으로 여물고, 처음에는 길쭉하다가 아래쪽이 점점 둥글게 부풀어 오르며, 다 익으면 딱딱해진다.

꽃과 잎 | 열매

약용

한방에서는 열매를 호로(壺盧), 씨앗을 호로자(壺盧子)라 한다. 장속의 수분을 배출시키고 소변이 잘 나오게 하는 효능이 있다.

심한 부기, 황달, 치통이 심하거나 잇몸에서 고름이 날 때, 간염에 약으로 처방한다. 열매는 햇빛에 말려 사용한다.

민간요법

신장염	덩굴 20g에 물 약 700㎖를 붓고 달여 마신다.
해산물을 먹고 식중독에 걸렸을 때, 아이가 설사를 할 때	덜 익은 열매로 생즙을 내어 마신다.
복막염	열매를 통째로 태운 다음 가루로 내어 먹는다.
생리불순, 몸이 부었을 때	씨앗 20g에 물 약 700㎖를 붓고 달여 마신다.
치질	씨앗을 달인 물로 씻는다.
흰머리	줄기를 달인 물을 바른다.
두피의 지루성 피부염	열매 속껍질을 삶은 물로 머리를 감는다.

식용

단백질, 칼슘, 당질을 함유한다.

열매껍질이 딱딱해지기 전에 아직 어린 열매를 삶거나 볶아서 나물로 먹거나 국을 끓인다. 속살을 길게 켜서 말려두었다가 묵나물로 먹는다. 씹는 맛이 사각거리면서도 쫄깃하고, 뒷맛이 시원하다.

• 약용과 식용의 경우에는 둥근 박을 사용하며, 작은 표주박은 관상용으로, 긴 박은 바가지용으로 사용한다.

하눌타리 *Trichosanthes kirilowii Maxim*

약 식

■ 박과 덩굴성 여러해살이풀 ■ 분포지 : 전국 산기슭과 들

개화기 : 7~8월 결실기 : 8~9월 채취기 : 봄과 가을(뿌리), 가을(열매)

- 별 명 : 하늘타리, 하눌에기, 하늘수박, 과루등(瓜蔞藤), 천선지루(天仙地蔞)
- 생약명 : 괄루(括蔞), 괄루경엽(括蔞莖葉), 괄루피(括蔞皮), 괄루자(括蔞子), 천화분(天花粉), 왕과근(王瓜根), 과루근(瓜蔞根), 토과실(土瓜實), 토과인(土瓜仁)
- 유 래 : 여름에 산 속 양지바른 곳에서 잎이 크고 꽃잎이 하얀 실이 엉킨 것처럼 보이는 덩굴풀을 볼 수 있는데, 바로 하눌타리다. 꽃이 하늘을 향해 피고 꽃잎이 실타래처럼 가늘다 하여 붙여진 이름이다.

생태

길이 2~5m. 뿌리는 크고 고구마처럼 덩이진다. 줄기는 가늘고 잔솜털이 있으며, 잎이 변해서 생긴 덩굴손으로 이웃식물을 감아 올라가며 자란다. 잎은 매우 크고, 잎자루가 길며, 줄기에 어긋난다. 잎은 펼친 손모양처럼 3~5갈래로 갈라지며, 뒷면에 잔털이 있다. 꽃은 7~8월에 하얗게 피는데, 암꽃은 작고 수꽃은 크며, 꽃잎이 실처럼 가늘게 갈라진다. 열매는 8~9월에 여무는데, 모양이 둥글고 크며 붉은 노란색을 띤다.

* 유사종 _ 노랑하늘타리

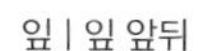
잎 | 잎 앞뒤

한방에서는 열매를 괄루(括蔞), 열매껍질을 괄루피(括蔞皮), 줄기와 잎을 괄루경엽(括蔞莖葉), 뿌리를 천화분(天花粉)이라 한다. 폐와 장을 윤택하게 하고, 담을 없애며, 갈증을 없애고, 열을 내리며, 맺힌 것을 풀어주고, 메마른 것을 촉촉하게 하며, 고름을 없애고, 종기를 삭히는 효능이 있다. 〈동의보감〉에도 "하늘타리는 당뇨로 속이 답답하고 열이 나며 갈증이 나는 것과 장과 위의 고질적인 열을 없애며, 황달로 얼굴이 누렇게 뜨고 입이 마르는 증세를 없애며, 소장을 잘 통하게 하고, 고름과 종독을 삭힌다"고 하였다.

당뇨, 심한 기침 가래, 폐와 위에 열이 있을 때, 황달, 변비, 유방염, 종기, 치질, 생리불순, 어혈을 없앨 때 약으로 처방한다. 줄기와 잎, 열매, 뿌리를 햇빛에 말려 사용한다.

생리불순, 소변이 안 나올 때, 열병으로 입이 마를 때, 당뇨, 폐가 마르고 기침을 심하게 할 때, 치질	뿌리 10g에 물 약 700㎖를 붓고 달여 마신다.
종기가 나서 아플 때, 넘어져서 어혈이 생겼을 때, 젖멍울	열매를 날로 찧어 바른다.
심한 기침 가래, 열이 나고 기침을 할 때, 담이 들어 가슴이 답답할 때, 당뇨, 얼굴이 누렇게 떴을 때, 변비	열매 10g에 물 약 700㎖를 붓고 달여 마신다.
더위를 먹었을 때	줄기와 잎 10g에 물 약 700㎖를 붓고 달여 마신다.
가슴에 담이 차고 기침을 할 때, 목이나 가슴이 아플 때, 피를 토할 때, 코피, 당뇨, 설사, 항문 출혈, 얼굴에 주름이 많을 때	열매를 볶은 것 10g에 물 약 700㎖를 붓고 달여 마신다.
관절염, 잠이 잘 오지 않을 때, 소변이 잘 안 나올 때	말린 열매 300g에 소주 1.8ℓ를 붓고 6개월간 숙성시켜 마신다.

식용

단백질, 유기산, 사포닌을 함유한다.

봄철에 어린잎을 덖어 차로 마신다. 맛은 쌉쌀하면서도 개운하다.

주의사항

- 뿌리는 음력 2월과 8월에 채취하는 것이 가장 좋으며, 1달간 햇빛에 말려서 사용한다.
- 차가운 성질의 약재이므로 속이 냉하거나 임신했을 때는 먹지 않는다.

꽃

채취한 잎

수세미오이 *Lufa cylindrica Roem.*

약 식

■ 박과 덩굴성 한해살이풀 ■ 분포지 : 전국 밭

개화기 : 8~9월 결실기 : 9~10월

채취기 : 봄~여름(줄기 · 잎) 여름(꽃), 늦여름(수액), 가을(열매 · 뿌리)

- 별 명 : 수세미, 수세미외, 천락사(天絡絲), 천라(天羅), 사과망(絲瓜網), 사과각(絲瓜殼), 수과락
- 생약명 : 사과(絲瓜), 사과체(絲瓜蒂), 사과자(絲瓜子), 사과피(絲瓜皮), 사과락(絲瓜絡), 사과근(絲瓜根), 사과엽(絲瓜葉), 사과등(絲瓜藤), 사과화(絲瓜花), 천라수(天羅水)
- 유 래 : 늦여름에 시골에서 잎이 호박잎처럼 크고 털이 없으며 선명한 노란 꽃이 납작하게 핀 덩굴풀을 볼 수 있는데, 바로 수세미오이다. 열매 속을 말려 수세미로 쓰는 오이라 하여 붙여진 이름이다. 열매 속이 실처럼 뒤엉켜 있는 오이라 하여 '사과(絲瓜)' 라고도 한다.

생태 길이 약 12m. 뿌리는 가늘고 빳빳하며 사방으로 뻗어 나간다. 각진 줄기는 가늘고 질기며, 용수철처럼 생긴 덩굴손으로 이웃식물을 감아 올라가며 자란다. 이 덩굴손은 감는 속도가 아주 빠르며 바람이 불 때 줄기가 흔들리지 않게 한다. 잎은 줄기에 무성하게 달리며, 잎자루가 길다. 잎은 넓고 여러 갈래로 뾰족하게 갈라지며, 가장자리에 톱니가 있다. 잎 앞면은 짙푸르고 뒷면은 하얗다. 꽃은 8~9월에 밝은 노란색으로 피는데, 꽃잎이 5장으로 갈라지고 완전히 펼쳐져 납작해 보인다. 열매는 9~10월에 연한 노란빛을 띤 녹색으로 여무는데, 매우 크고 통통한 원통모양이다. 열매껍질은 우툴두툴하고 겉에 세로줄이 여러 개 있다.

*유사종 _ 여주

잎 앞뒤

약용 한방에서 열매를 사과(絲瓜), 씨앗을 사과자(絲瓜子), 열매껍질을 사과피(絲瓜皮), 열매꼭지를 사과체(絲瓜蒂), 열매 속을 사과락(絲瓜絡), 뿌리를 사과근(絲瓜根), 줄기를 사과등(絲瓜藤), 잎을 사과엽(絲瓜葉), 꽃을 사과화(絲瓜花), 수액을 천라수(天羅水)라 한다. 열을 내리고, 가래와 종기를 삭히며, 피를 맑게 하고, 경락과 기를 잘 돌게 하며, 독을 풀어주고, 근육을 풀어주며, 비장을 튼튼히 하고, 소변을 잘 나오게 하며, 균을 죽이는 효능이 있다.

열병, 심한 기침 가래, 치질, 종기, 산모의 젖이 부족할 때, 머리나 허리가 아플 때, 편도선이 붓고 아플 때, 하혈, 축농증, 독사에 물렸을 때, 생리불순, 몸이 부었을 때, 이가 아프고 잇몸에서 피가 날 때, 술독을 풀 때, 배가 아플 때, 화상, 베인 상처에 약으로 처방한다. 열매, 뿌리, 잎, 줄기, 꽃을 햇빛에 말려 사용한다.

꽃

민간요법

온몸에 열이 나고 목이 마를 때, 심한 기침 가래, 산모의 젖이 부족할 때	말린 열매 15g에 물 약 700㎖를 붓고 달여 마신다.
목이 붓고 아플 때	열매꼭지 10g에 물 약 700㎖를 붓고 달여 마신다.
편두통, 허리가 쑤시고 아플 때, 유방염, 하혈	뿌리 10g에 물 약 700㎖를 붓고 달여 마신다.
축농증, 치질	꽃 10g에 물 약 700㎖를 붓고 달여 마신다.
팔다리가 뻣뻣하고 감각이 없을 때, 생리불순, 몸이 부었을 때, 이가 아프고 피가 날 때, 변비	줄기를 까맣게 태운 것을 가루로 내어 먹는다.
몸이 부었을 때, 속에 열이 많을 때, 머리나 배가 아플 때, 감기, 술독을 풀 때	줄기를 잘라 즙을 받아 마신다.
가슴이 답답하고 아플 때, 배나 허리가 아플 때, 대변에 피가 섞여 나올 때	열매 속 15g에 물 약 700㎖를 붓고 달여 마신다.
몸이 부었을 때, 장염	씨앗 15g에 물 약 700㎖를 붓고 달여 마신다.
종기, 아토피, 화상, 뱀에 물렸을 때	잎을 날로 찧어 바른다.
거친 피부, 기미, 여드름	줄기를 잘라 즙을 받아서 바른다.

뿌리

식용

단백질, 아미노산, 카로틴, 칼슘, 식이섬유, 칼륨, 철, 마그네슘, 사포닌, 갈락토오스를 함유한다.

어린 열매를 오이처럼 갖은 양념을 하여 나물로 먹는다. 씹는 맛이 조금 퍼석하면서도 시원하고 쌉쌀하다. 열매를 말린 다음 솥에 덖어서 차로 마시기도 한다.

주의사항

• 차가운 성질의 약재이므로 몸이 찬 사람은 먹지 않는다.

열매 | 열매 속

채취한 열매

오이 *Cucumis sativus L.*

약 식

■ 박과 덩굴성 한해살이풀 ■ 분포지 : 전국 들판과 밭

개화기 : 5~6월 결실기 : 6~7월 채취기 : 여름(줄기 · 열매), 여름~가을(뿌리 · 잎)

- 별 명 : 물외, 호과(胡瓜)
- 생약명 : 황과(黃瓜), 황과근(黃瓜根), 황과등(黃瓜藤), 황과엽(黃瓜葉)
- 유 래 : 봄에 시골밭에서 호박 덩굴과 비슷하지만 잎과 꽃이 작고 맑은 노란색 꽃이 핀 덩굴풀을 볼 수 있는데, 바로 오이다. 물이 많다 하여 '물외' 라고도 한다.

생태

길이 3~4m. 줄기는 세로로 길게 심이 있고 껄끄러운 잔털이 있다. 덩굴손으로 이웃식물을 감아 올라가거나 땅 위를 기어가며 자란다. 잎은 호박잎처럼 넓적하며 거친 잔털이 있고, 가장자리에 얕은 톱니가 있다. 꽃은 5월에 맑은 노란색으로 피는데 꽃잎이 5장으로 갈라진다. 열매는 6~7월에 맺는데, 어릴 때는 녹색이고 연한 잔가시가 있으며, 다 익으면 황색을 띤 갈색이 된다.

*유사종 _ 참외, 수박

잎과 열매(가시오이)

약용

한방에서는 열매를 황과(黃瓜), 뿌리를 황과근(黃瓜根), 줄기를 황과등(黃瓜藤), 잎을 황과엽(黃瓜葉)이라 한다. 열을 내리고, 소변을 잘 나오게 하며, 독을 없애고, 종기를 가라앉히는 효능이 있다. 〈동의보감〉에도 "오이는 독이 없고, 소변을 잘 나오게 하며, 위와 장을 튼튼히 하고, 갈증을 없앤다"고 하였다.

입이 마를 때, 목이 아플 때, 눈이 충혈되고 아플 때, 화상에 약으로 처방한다. 열매는 날로, 뿌리와 잎은 햇빛에, 줄기는 그늘에 말려 사용한다.

민간요법

더위를 먹었을 때, 목이 마르거나 아플 때, 눈이 충혈되고 아플 때, 몸이 붓고 소변이 안 나올 때, 숙취 해소	열매로 생즙을 내어 마신다.
화상, 땀띠, 타박상으로 아플 때	열매를 갈아서 즙을 바른다.
종기 · 여드름	뿌리나 줄기를 날로 찧어 붙인다.
변이 안 나올 때	말린 뿌리 30g에 물 약 700㎖를 붓고 달여 마신다.
몸이 부었을 때	말린 줄기 30g에 물 약 700㎖를 붓고 달여 마신다.
설사, 음식을 먹고 체하여 아프거나 토할 때	잎으로 생즙을 내어 마신다.
심장이나 신장이 안 좋을 때	씨앗 15g에 물 약 700㎖을 부어 달여 마신다.

꽃

식용

비타민 A · B · C · D, 칼륨을 함유한다.

열매를 날로 고추장에 찍어 먹거나, 얇게 저며 갖은 양념에 무친다. 여름에 냉국을 하거나 오이소박이를 담그며, 소금물에 절여 장아찌를 한다. 수분이 90%나 있어서 씹을 때 아삭아삭하고 입 안이 시원해지며 단맛이 있다. 소주에 열매를 채쳐 넣으면 쓴맛이 없어지고 맛이 순해지며 소변이 잘 나온다.

주의사항

• 차가운 성질의 약재이므로 몸이 찬 사람이 많이 먹으면 설사할 수 있다.

솔뫼노트

덩굴식물의 덩굴손은 용수철처럼 식물의 무게를 지탱하는 완충작용을 하기 때문에, 자연상태로 땅 위를 기어가게 하기보다 기둥을 세워주면 열매가 훨씬 많이 맺힌다. 열매가 계속 맺히므로 열매를 자주 따주면 식물이 위기를 느껴 열매가 더 빨리 자라고, 더 많이 맺힌다.

잎 · 꽃 · 열매(조선오이)

박주가리과 063

특징 덩굴성 식물 중에 잎이 넓고 줄기에 수분이 많은 종류는 대개 박주가리과 식물이다.

줄기와 잎 줄기가 덩굴성이고 수분이 많다. 잎은 1장씩 나며 넓적하다.

꽃과 열매 꽃은 흑자색, 흰색, 연한 자주색으로 피며, 꽃가루가 덩어리져 있다. 열매에 털다발이 붙어 있고, 바람이 불면 씨앗이 멀리 날아간다.

종류 여러해살이풀, 작은키나무가 있다. 우리나라에는 박주가리, 산해박, 큰조롱, 백미꽃 등 10종이 자란다.

약효 박주가리과 식물은 주로 피에 작용한다.

산해박

산해박 *Cynanchum paniculatum Kitagawa*

약

■ 박주가리과 여러해살이풀 ■ 분포지 : 전국 산과 들 풀밭
개화기 : 6~8월 결실기 : 9~10월 채취기 : 여름~가을(뿌리)

- 별 명 : 석하장경(石下長卿), 별선종(別仙踪), 영웅초(英雄草), 귀독우(鬼督郵), 미초(薇草), 백막(白幕), 춘초(春草)
- 생약명 : 서장경(徐長卿), 토세신(土細辛), 천운죽(天雲竹)
- 유 래 : 산 속 풀밭에서 줄기가 가늘고 곧으며 댓잎처럼 가는 잎이 드문드문 나 있는 풀을 간혹 볼 수 있는데, 바로 산해박이다. 냇가에 자라는 마디과의 한해살이풀인 여뀌를 '해박'이라고도 하는데, 종류는 다르지만 가늘고 길쭉한 모양이 얼핏 비슷하고, 산에 난다고 하여 '산해박'이라 부른다.

생태

높이 50~100cm. 뿌리는 옆으로 퍼져 자라고, 약간 굵은 수염뿌리가 많으며, 향이 있다. 줄기는 매우 길고 가늘지만, 단단한 편이라서 곧게 자란다. 잎은 줄기에 마주나며, 가늘고 길며 끝이 뾰족하다. 꽃은 6~8월에 노란빛을 띤 갈색으로 피는데, 꽃받침이 별처럼 5갈래로 길게 갈라진다. 열매는 9~10월에 뿔모양으로 여문다.

＊유사종 _ 흑박주가리, 덩굴박주가리, 큰조롱, 백미꽃, 민백미꽃, 양반풀

뿌리 | 줄기 | 새순

약용

한방에서는 뿌리째 캔 줄기를 서장경(徐長卿)이라 한다. 습한 기운과 풍을 없애고, 막힌 것을 뚫어주며, 열과 부기를 내리고 종기를 삭히며, 기침을 가라앉히고, 마음을 안정시키는 효능이 있다.

설사와 위의 통증, 토사곽란, 장염, 류머티즘성 관절염, 종기, 아토피, 타박상, 치통, 오래된 기관지염, 배에 물이 차거나 몸이 부었을 때, 뱀에 물렸을 때, 풍기가 있을 때 약으로 처방한다. 뿌리째 캔 줄기를 그늘에 말려 사용한다.

민간요법

체하여 배 아프고 설사를 할 때, 토하고 설사를 하면서 근육이 뒤틀릴 때	뿌리째 캔 줄기로 생즙을 내어 마신다.
관절이나 허리가 쑤시고 아플 때, 기관지염이나 장염, 위궤양, 치통, 심한 생리통, 배에 물이 찼을 때, 부기, 풍기, 신경쇠약, 몸에 열이 나면서 손이 굳어질 때, 수전증, 폐가 좋지 않을 때	뿌리째 캔 줄기 30g에 물 약 700㎖를 붓고 달여 마신다.
종기가 나서 아플 때, 습진이나 아토피, 뱀에 물렸을 때, 타박상	뿌리째 캔 줄기를 날로 찧어 바른다.

주의사항

- 오래 날이면 뿌리의 약 성분이 날아갈 수 있다.
- 몸이 허하거나 땀이 많이 나는 사람은 먹지 않는다.
- 뿌리가 족두리풀 뿌리인 세신과 비슷한데, 산해박 뿌리인 서장경은 꺾은 면이 평평하고 가루가 나오며, 세신은 삐딱하게 꺾이고 맛이 매우 맵다.

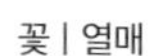
꽃 | 열매

벼과 064

특징 줄기가 가늘고 속이 비어 있으며, 잎이 댓잎처럼 길쭉하고, 열매가 벼이삭처럼 달리는 종류는 대개 벼과 식물이다.

줄기와 잎 줄기에 마디가 있으며, 속이 비어서 매우 가볍다. 잎이 가늘고 길며, 잎자루가 포기처럼 줄기를 감싸고 나온다. 잎과 줄기 사이로 물이 들어가지 못하게 얇은 막이 있다.

꽃과 열매 꽃이 매우 작고, 꽃잎이 없으며, 벼이삭처럼 여러 송이가 모여 달린다. 열매는 벼이삭처럼 달리며 얇은 껍질 속에 전분이 많은 씨앗이 들어 있다.

종류 한해살이풀과 여러해살이풀이 있으며, 작은키나무도 드물게 있다. 우리나라에는 벼, 조릿대, 띠, 대나무 등 180종이 자란다.

약효 벼과 식물은 주로 열을 내린다.

조릿대

조릿대 *Sasa borealis (Hack.) Makino*

약 식

■ 벼과 늘푸른 작은키나무 ■ 분포지 : 전국 산중턱

개화기 : 4월 결실기 : 5~6월 채취기 : 수시

- 별　명 : 지죽(地竹)
- 생약명 : 산죽(山竹), 담죽엽(淡竹葉)
- 유　래 : 겨울에 산 속 그늘진 곳에서 줄기가 가늘고 탄력이 있으며 잎이 푸른 갈대 같은 식물이 사람 키높이로 무리지어 자라는 것을 볼 수 있는데, 바로 조릿대다. 쌀을 이는 조리를 만드는 대나무라 하여 붙여진 이름이다.

생태

높이 1~2m. 줄기는 가늘고 곧으며, 속이 텅 비고 마디가 있다. 잎은 가지를 감싸듯 2~3개씩 붙어 나며, 긴 타원형으로 앞면은 매끄럽고 촘촘하며, 뒷면은 조금 희다. 잎 끝으로 갈수록 뾰족하거나 꼬리처럼 길다. 꽃은 대나무처럼 평생에 한번 피는데, 4월에 검은 자주색 새순이 포개진 것처럼 달린다. 열매는 5~6월에 벼이삭처럼 여문다. 꽃이 한번 피고 열매를 맺은 다음에는 줄기가 시들어버리고, 다음해 씨앗에서 새싹이 돋아난다.

* 유사종 _ 섬조릿대, 얼룩조릿대, 신위대, 갓대

전체 모습

약용 한방에서 잎을 담죽엽(淡竹葉)이라 한다. 풍과 습을 없애고, 독을 풀어주며, 피를 맑게 하고, 폐의 한기를 없애며, 열을 내리고, 염증을 가라앉히는 효능이 있다. 〈동의보감〉에서도 "조릿대는 피를 맑게 하고, 마음을 편하게 해주며, 번뇌를 없앤다"고 하였다.

심한 기침 가래, 팔다리가 쑤시고 아플 때, 화병, 몸에 열이 있을 때, 아이가 경기를 할 때, 위염이나 위궤양, 당뇨, 고혈압에 약으로 처방한다. 잎은 그늘에 말려 사용한다.

민간요법

심한 기침 가래, 폐렴, 천식, 신경통, 위염, 암, 간 이상, 고혈압, 풍기	뿌리 10g에 물 약 700㎖를 붓고 달여 마신다.
당뇨, 소변색이 붉고 양이 적을 때, 화병, 몸에 열이 나고 목이 마를 때, 더위를 먹었을 때, 아이가 허약하거나 경기를 일으킬 때, 면역력 저하	잎 30g에 물 약 700㎖를 붓고 달여 마신다.
자궁염	잎 3g을 가루로 내어 먹는다.
불면증, 무기력	잎 100g에 소주 1.8ℓ를 붓고 3개월간 숙성시켜 마신다.

잎 앞뒤 | 잎

식용

비타민 B1, 비타민 K, 지방, 칼슘, 규산, 다당류, 아미노산, 유황을 함유하는 알칼리성 식물이다.

잎을 그늘에 말렸다가 차로 마신다. 약간 단맛이 나며 입 안이 개운하다. 잎을 달인 물로 밥이나 죽을 한다.

주의사항

- 차가운 성질의 약재이므로 몸이 차거나 저혈압인 사람은 먹지 않는다.
- 너무 오래 먹으면 몸이 차가워지므로 증상이 나아지면 복용을 중단한다.

줄기 | 뿌리
군락

천남성과 065-066

특징 열매가 붉은 옥수수알처럼 맺히며, 뿌리에 독이 있는 종류는 대개 천남성과 식물이다.

줄기와 잎 뿌리에 강한 독성이 있으므로 함부로 약으로 쓰면 안 된다. 잎은 뿌리에서 곧바로 나거나, 줄기에 어긋나게 붙는다.

꽃과 열매 작은 알갱이 같은 꽃들이 커다란 통처럼 모여 피며, 모양은 구부러져 있고 끝이 뾰족하다. 열매에 과육과 액즙이 많다.

종류 여러해살이풀이 있다. 우리나라에는 천남성, 창포, 석창포, 반하, 앉은부채 등 14종이 자란다.

약효 천남성과 식물은 독이 있으나 주로 위장에 좋다.

석창포　토란

석창포 *Acorus gramineus Solander* 약

■ 천남성과 여러해살이풀 ■ 분포지 : 중부 이남의 산지나 들판의 물가
개화기 : 6~7월 결실기 : 9월 채취기 : 봄~가을(줄기)

- 별 명 : 석창, 창, 창포, 선창포, 수창포
- 생약명 : 석창포(石菖蒲)
- 유 래 : 산 속 개울가나 습지 바위틈에서 긴 칼처럼 생긴 풀들이 수북이 난 것을 볼 수 있는데, 바로 석창포다. 돌에 나는 창포라 하여 붙여진 이름이다.

생태

높이 30~50cm. 뿌리는 수염처럼 길게 뻗으며, 식물 전체에서 독특한 향이 난다. 줄기는 옆으로 뻗어 나가며 마디가 많다. 잎은 마디에서 수북이 올라오는데, 안쪽 잎이 바깥쪽 잎에 싸여 같이 자란다. 잎은 가늘고 뾰족한데, 남쪽에서 자라는 것은 아주 길고, 북쪽에서 자라는 것은 조금 짧다. 꽃은 6~7월에 연한 노란색으로 피는데, 가늘고 긴 꽃대에 작은 꽃들이 붙어 통통한 꼬리처럼 보인다. 열매는 9월에 여문다.

*유사종 _ 무늬석창포

잎

약용

한방에서는 줄기를 석창포(石菖蒲)라 한다. 몸이 따뜻해지고, 오장을 보하며, 눈과 귀가 밝아지고, 신경을 안정시키며, 통증을 없애고, 소변을 잘 나오게 하며, 나쁜 균을 없애고, 몸을 보하는 효능이 있다. 〈동의보감〉에서는 "석창포는 성질이 따뜻하며 맛이 맵고 독이 없다" 고 하였다.

현기증, 건망증, 감각이 둔해졌을 때, 출산 후 하혈, 위를 튼튼히 할 때, 치통에 약으로 처방한다.

민간요법

풍기, 가슴이 두근거리고 잘 놀랄 때, 기억력 저하와 정신이 흐려질 때, 몸이 시리고 관절이 아플 때, 손발이 차고 저릴 때, 암, 소화불량, 감기	줄기 4g을 가루로 내어 먹는다.
심한 두통	줄기 10g에 물 700㎖를 붓고 살짝 달여 마신다.
노화 방지	줄기 200g에 소주 1.8ℓ를 붓고 1개월간 숙성시켜 마신다.
피부 가려움증, 습진이 낫지 않을 때	줄기를 달인 물을 바른다.
귀가 아플 때	줄기로 생즙을 내어 귀에 넣는다.
종기가 나거나 상처가 헐었을 때, 코막힘	말린 줄기를 가루로 내어 바른다.
불면증	말린 줄기로 베개를 만든다.

뿌리

- 줄기에 마디가 많을수록 좋은데, 특히 한 치에 9~12마디가 있는 것이 좋다.
- 독특한 향 성분에 약효가 있으므로 오래 끓이지 않는다.
- 몸이 허한 사람은 먹지 않는다.
- 복용할 때는 엿, 양고기를 함께 먹지 않는다.
- 국산은 밝은 갈색이지만, 중국산은 붉은색을 띠고 맛이 쓰다.

꽃봉오리

잎

꽃봉오리 | 꽃

토란 *Colocasia antiquorum Schott var. esculenta Engl.*

약 식 독

■ 천남성과 여러해살이풀
■ 분포지 : 전국 밭
개화기 : 8~9월
결실기 : 뿌리로 번식하여 열매가 없다
채취기 : 여름(줄기), 가을(뿌리)

- 별 명 : 토련(土蓮), 우자(芋子), 토지(土芝)
- 생약명 : 야우(野芋), 야우엽(野芋葉)
- 유 래 : 시골 습한 밭에서 아주 큰 방패처럼 생긴 잎들이 무성한 풀을 볼 수 있는데, 바로 토란이다. 흙(土) 속에 들어 있는 뿌리가 알(卵)처럼 생겼다 하여 붙여진 이름이다. 잎이 연잎처럼 넓다 하여 '토련(土蓮)'이라고도 한다.

생태

높이 80~100cm. 뿌리는 작은 알처럼 덩이지고, 가늘고 긴 잔뿌리가 듬성듬성 있다. 잎은 뿌리에서 곧바로 나오는데, 잎자루가 굵고 길다. 잎은 사람 몸통만 하고, 긴 심장모양이며, 가장자리에 물결처럼 부드러운 곡선이 있다. 잎 조직이 단단하여 비가 오면 물방울이 맺혀 굴러 떨어진다. 꽃은 8~9월에 하얗게 피는데, 박을 반으로 가른 듯 유폭한 꽃잎 1장에 노랗고 긴 꽃술이 서 있다. 뿌리로 번식하므로 꽃은 잘 피지 않으며, 열매도 맺히지 않는다.

뿌리

약용

한방에서는 뿌리를 야우(野芋), 잎을 야우엽(野芋葉)이라 한다. 뱃속의 열을 내리고, 소화가 잘 되게 하며, 간과 신장을 튼튼하게 하고, 염증과 경련을 가라앉히며, 가래를 멎게 하고, 피부를 윤택하게 하는 효능이 있다.

설사, 임신 중 태아가 불안해할 때, 벌레 물린 데 약으로 처방한다.

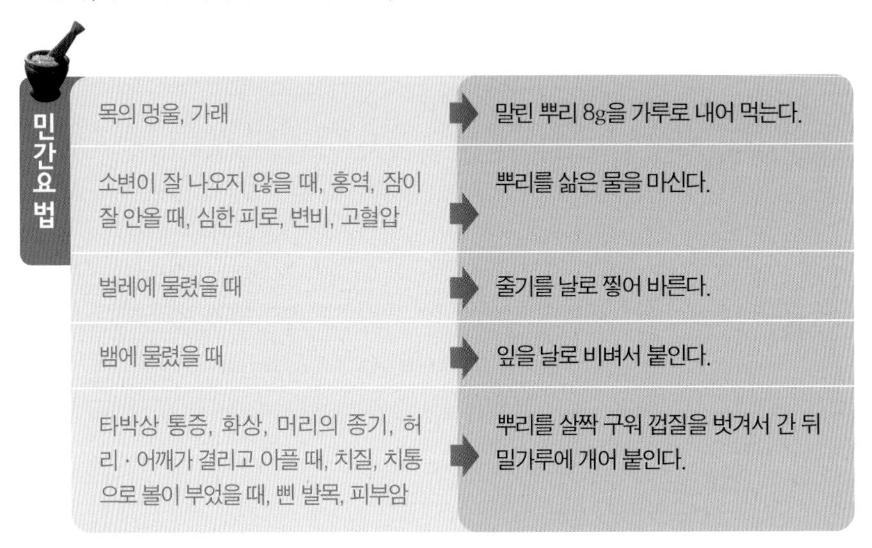

민간요법

목의 멍울, 가래	말린 뿌리 8g을 가루로 내어 먹는다.
소변이 잘 나오지 않을 때, 홍역, 잠이 잘 안올 때, 심한 피로, 변비, 고혈압	뿌리를 삶은 물을 마신다.
벌레에 물렸을 때	줄기를 날로 찧어 바른다.
뱀에 물렸을 때	잎을 날로 비벼서 붙인다.
타박상 통증, 화상, 머리의 종기, 허리 · 어깨가 결리고 아플 때, 치질, 치통으로 볼이 부었을 때, 삔 발목, 피부암	뿌리를 살짝 구워 껍질을 벗겨서 간 뒤 밀가루에 개어 붙인다.

식용

비타민 B1 · B2, 비타민 C, 전분, 단백질, 지방, 섬유소, 칼륨 · 칼슘 등의 무기질을 함유한다.

껍질을 벗긴 뿌리를 쌀뜨물에 담갔다가 국, 조림, 찜을 한다. 줄기는 쌀뜨물에 담갔다가 삶아서 볶거나, 말렸다가 묵나물로 먹는다. 맛이 달고도 매우며, 약간 아린 맛이 있다. 쌀뜨물에 하룻밤 담갔다가 익혀서 먹으면 떫은맛이 줄어든다.

- 독성이 약간 있으므로 반드시 소금물이나 식초를 탄 물에 담갔다 사용한다.
- 맨손으로 만지면 독이 오를 수 있으므로 장갑을 끼고 손질한다. 손에 독이 올랐을 때는 소금물이나 식초를 탄 물로 씻어낸다.
- 종기가 났을 때 먹으면 흉터가 남을 수 있으므로 먹지 않는다.

대극과 067

특징 줄기를 꺾으면 독성을 지닌 하얀 유액이 나오고 열매에 살이 많은 종류는 대개 대극과 식물이다.

줄기와 잎 잎자루 밑에 턱잎이 붙어 있다.

꽃과 열매 꽃은 비교적 작으며 노란 꽃이 많다. 열매에 선명한 배꼽이 있다.

종류 한해살이풀, 여러해살이풀, 작은키나무가 있으며 큰키나무도 드물게 있다. 우리나라에는 대극, 깨풀, 등대풀, 땅빈대, 피마자, 예덕나무 등 21종이 자란다.

약효 대극과 식물은 주로 장에 좋다.

피마자

피마자 *Ricinus communis L.*

약 식 독

■ 대극과 한해살이풀 ■ 분포지 : 전국 밭

개화기 : 8~9월 결실기 : 10월 채취기 : 봄(잎), 가을(열매 · 뿌리)

- 별 명 : 피마, 피마주, 티마지, 아주까리, 양황두
- 생약명 : 피마자(蓖麻子), 비마자(萆麻子), 피마근(蓖麻根), 피마엽(蓖麻葉)
- 유 래 : 가을에 시골밭에서 줄기가 굵고 잎이 매우 넓은 별모양이며, 동그란 열매에 가시가 붙어 있는 풀을 볼 수 있는데, 바로 피마자다. 잎이 마잎처럼 크고 씨앗을 약으로 쓴다 하여 '피마자(蓖麻子)'라 부른다.

생태

높이 2~3m. 기름진 땅에서 잘 자란다. 줄기는 굵고 붉은 자줏빛이며, 대나무처럼 속이 비고 마디가 있다. 잎은 손바닥을 활짝 펼친 모양이며, 잎자루가 가지처럼 매우 길고, 줄기에 어긋난다. 꽃은 8~9월에 위쪽에 붉은색 암꽃이 피고, 아래쪽에 노란색 수꽃이 피며, 크기가 잎에 비해 아주 작다. 열매는 10월에 여무는데, 가시 돋친 방울모양이며, 처음에는 푸르다가 다 익으면 갈색이 된다. 열매 속에는 납작하고 얼룩덜룩한 콩모양의 기름이 많은 씨앗이 3~4개씩 들어 있다.

전체 모습

약용 한방에서는 열매를 피마자(蓖麻子), 뿌리를 피마근(蓖麻根), 잎을 피마엽(蓖麻葉)이라 한다. 부기와 열을 내리고, 고름을 삭히며, 독을 풀고, 대장을 잘 통하게 하는 효능이 있다. 〈동의보감〉에도 "배에 물이 차고 부은 것을 낫게 하고, 해산을 쉽게 하며, 헌 데와 상한 데, 부종을 없앤다"고 하였다.

한기와 열이 번갈아 날 때, 급체, 맹장염, 소화가 안 되고 배가 부어오를 때, 변비, 두통, 종기가 났을 때 약으로 처방한다. 열매는 소금물에 삶아 열매껍질을 벗긴 뒤 햇빛에 말리고, 잎과 뿌리는 그대로 햇빛에 말려 사용한다.

민간요법

급체, 변비, 배가 더부룩하고 소화가 안 될 때	열매로 기름을 내어 한번 끓인 뒤 어른은 10㎖, 아이는 6㎖를 소금을 약간 섞어 마시면 5~6시간 후에 설사한다.
종기의 독을 뺄 때, 화상, 습진, 버짐, 얼굴이 건조하고 주름이 있을 때, 무좀	열매로 기름을 내어 바른다.
귀의 염증	열매로 기름을 내어 1방울 떨어뜨린다.
중풍으로 인한 입가 마비, 음낭이 아플 때, 습진, 타박상의 어혈을 풀 때, 관절이 쑤시고 아플 때, 파상풍	잎을 날로 찧어 바른다.

꽃

식용

비타민 C, 단백질, 레몬산, 사과산, 불포화지방산을 함유한다.

봄철에 어린잎을 푹 삶아 물에 우려낸 다음 갖은 양념을 하여 나물로 먹는다. 삶은 것을 말려두고 묵나물로 먹는다. 맛은 달고도 맵다.

주의사항

- 씨앗에 독성이 있어서 정량을 복용하지 않으면 장 출혈을 일으키므로 주의한다.
- 설사하는 사람, 어린 아이, 임산부는 먹지 않는다.

열매

끈끈이주걱과 068

특징 키가 아주 작고, 주걱처럼 생긴 잎에서 점액이 나와 날파리 같은 작은 곤충을 잡아먹는 종류는 대개 끈끈이주걱과 식물이다.

줄기와 잎 온몸에 끈끈한 풀 같은 것이 흘러나오며, 잎은 어긋나는 것이 많다.

꽃과 열매 꽃은 아주 작고 여러 송이가 모여 피며, 열매 겉껍질이 터져 씨앗이 나온다.

종류 한해살이풀, 여러해살이풀이 있다.

약효 끈끈이주걱과 식물은 주로 폐에 작용한다.

끈끈이주걱

끈끈이주걱

Drosera rotundifolia L.

약

■ 끈끈이주걱과 여러해살이풀 ■ 분포지 : 산과 들의 물가나 늪지
개화기 : 7월 결실기 : 8월 채취기 : 가을(줄기 · 잎 · 뿌리)

• 생약명 : 모전태(毛氈苔)
• 유　래 : 산 속 늪지에서 주걱처럼 생긴 잎에 끈끈한 점액이 송글송글 맺혀 있고 작은 벌레가 닿으면 털을 천천히 오므려 잡는 작은 풀을 볼 수 있는데, 바로 끈끈이주걱이다. 잎이 주걱처럼 생겼고 끈끈이가 붙어 있다고 해서 붙여진 이름이다.

생태

높이 6~30cm. 뿌리에서 곧바로 잎이 올라오며, 잎자루가 손처럼 매우 길다. 잎은 둥글고 붉은색을 띠며, 긴 털에서 끈끈한 점액과 소화액이 나온다. 이 털에 벌레가 닿으면 안으로 오므라들면서 소화액이 나와 벌레를 녹인 뒤 양분을 흡수한다. 꽃은 7월에 하얗게 피는데, 아주 긴 꽃대에 작은 꽃 여러 송이가 층층이 달린다. 열매는 8월에 여물고, 씨앗 끝에 긴 꼬리가 달린다.

*유사종 _ 좀끈끈이주걱, 긴잎끈끈이주걱

새순

약용

한방에서는 뿌리째 캔 줄기를 모전태(毛氈苔)라 한다. 기침과 가래를 삭히고, 경련을 없애며, 혈관을 깨끗이 하는 효능이 있다.

백일해나 폐결핵, 동맥경화증에 약으로 처방한다. 뿌리째 캔 줄기를 햇빛에 말려 사용한다.

민간요법

폐결핵 초기에 아주 심한 기침을 할 때, 기침과 가래, 아이의 경련성 기침, 동맥경화	→	뿌리째 캔 줄기 4g에 물 약 4000㎖를 붓고 달여 마신다.

꽃봉오리

꽃

꼭두서니과 069-071

특징 꽃잎이 서로 붙어서 나고, 잎을 뜯어 맛을 보면 쓴맛이 강한 종류는 대개 꼭두서니과 식물이다.

줄기와 잎 줄기는 가늘고, 잎은 1장씩 난다.

꽃과 열매 꽃잎이 통으로 되어 있으며 꽃이 작은 편이다.

종류 한해살이풀, 여러해살이풀, 작은키나무, 덩굴성도 드물게 있다. 우리나라에는 꼭두서니, 계요등, 치자나무 등 37종이 있다.

약효 꼭두서니과 식물은 주로 열을 내린다.

꼭두서니

계요등

치자나무

꼭두서니 *Rubia akane Nakai*

■ 꼭두서니과 덩굴성 여러해살이풀 ■ 분포지 : 전국 산과 들
개화기 : 6~8월 결실기 : 9~10월 채취기 : 봄과 가을(뿌리)

- 별 명 : 가삼자리, 갈퀴잎, 혈견수(血見愁), 활혈단(活血丹), 지소목(地蘇木), 팔선초(八仙草), 모수(茅蒐)
- 생약명 : 천초근(茜草根)
- 유 래 : 산 속 수풀에서 가늘고 네모진 줄기에 작은 심장모양의 잎이 달린 덩굴풀을 볼 수 있는데, 바로 꼭두서니다. 바깥으로 굽은 꽃잎이 어린아이의 곱은 손 같다 하여 '곱도손' 이라고 하다가 '꼭두서니' 가 되었다.

생태

길이 1~2m. 뿌리는 굵은 수염처럼 무성하다. 줄기는 네모지고 잔가시가 있으며, 이웃식물에 기대어 뻗어 나간다. 가지는 드문드문 난다. 잎자루가 길고, 긴 심장모양의 잎이 줄기에 십자로 4장씩 돌려난다. 꽃은 7~8월에 매우 작은 연노란색으로 피는데, 끝이 5갈래로 갈라져 바깥으로 구부러진다. 열매는 9~10월에 검은 콩처럼 둥글게 여문다.

＊유사종 _ 큰꼭두서니, 갈퀴꼭두서니

새순

약용 한방에서는 뿌리를 천초근(茜草根)이라 한다. 피를 맑게 하고, 어혈을 없애거나 피를 멎게 하며, 열을 내리고, 몸 속 뭉친 것을 풀어주며, 생리를 잘 나오게 하고, 기침과 가래를 멎게 하는 효능이 있다.

신장결석, 암, 자궁 출혈이나 자궁염, 생리불순, 관절이나 입 안 염증, 심한 기침, 소변이 붉게 나올 때, 베인 상처에 뿌리를 햇빛에 말려 사용한다.

민간요법

신장결석, 암, 생리불순, 심한 기침, 편도선이 부었을 때	뿌리 15g에 물 약 700㎖를 붓고 달여 마신다.
여성의 하혈, 소변색이 붉을 때, 코피, 가래에 피가 섞여 나올 때, 베인 상처에서 피가 계속 나올 때, 잇몸 염증으로 인한 출혈	검게 볶은 뿌리 15g에 물 약 700㎖를 붓고 달여 마신다.
관절이 아플 때	뿌리를 날로 찧어 바른다.

식용 봄철에 어린잎을 살짝 데쳐 갖은 양념에 무쳐 나물로 먹는다. 약간 쓴맛이 있으므로 물에 담가 우려내는 것이 좋다.

주의사항
- 몸 속 단단한 것을 무르게 하고, 차가운 성질의 약재이므로 배가 차고 설사를 자주 하는 사람은 먹지 않는다.

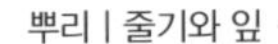
뿌리 | 줄기와 잎

계요등 *Paederia scandens (Lour.) Merr.*

약

■ 꼭두서니과 잎지는 덩굴성 여러해살이풀
■ 분포지 : 중부 이남과 남쪽 바닷가 산기슭이나 밭둑 양지바른 곳
개화기 : 7~8월 결실기 : 9~10월 채취기 : 수시(뿌리 · 줄기)

- 별 명 : 구렁내덩굴, 계각등, 게정동, 도냉이풀, 마령아
- 생약명 : 계요등(鷄尿藤), 계시등(鷄屎藤)
- 유 래 : 여름에 양지바른 돌담가나 길가에서 겉은 희고 속은 붉은 자주색인 아주 작은 통꽃이 피어 있는 덩굴풀을 볼 수 있는데, 바로 계요등이다. 잎을 비비면 닭오줌(鷄尿) 냄새가 나는 덩굴(藤)이라 하여 붙여진 이름이다. 닭똥((鷄屎) 냄새가 조금 난다 하여 '계시등' 이라고도 하며, 구렁내가 난다 하여 '구렁내덩굴' 이라고도 부른다.

생태

길이 5~7m. 줄기는 가늘고 길게 뻗어 나가며, 끝에 덩굴손이 있어 이웃식물이나 돌담에 기대어 감아 올라가거나 땅 위로 휘어져 자란다. 땅에 닿은 줄기에서는 새뿌리가 나와 개체수가 늘어난다. 나무이지만 겨울이 되면 줄기 윗부분이 시들어버린다. 새로 나온 가지는 푸른색을 띤다. 잎은 갸름한 타원형으로 끝이 뾰족하며, 잎 가장자리가 밋밋하다. 꽃은 7~8월에 꽃대가 가지처럼 갈라진 끝에 작은 종모양의 하얀 꽃이 여러 송이 모여 달린다. 꽃잎 안쪽은 붉은 자주색을 띤다. 열매는 9~10월에 노란빛을 띤 갈색으로 작게 여문다.

약용

한방에서 뿌리와 줄기를 계요등(鷄尿藤)이라 한다. 풍과 가래를 없애고, 염증을 가라앉히며, 습한 것을 몰아내는 효능이 있다.

황달, 심한 가래, 체했을 때, 신장염, 이질 설사, 생리가 없을 때 약으로 처방한다. 줄기와 뿌리는 그늘에 말려 사용한다.

민간요법

증상	방법
황달, 심한 가래, 체했을 때, 신장염, 이질 설사, 생리가 없을 때	뿌리나 줄기 15g에 물 약 700㎖를 붓고 달여서 마신다.

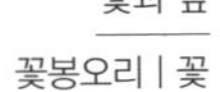

꽃과 잎

꽃봉오리 | 꽃

치자나무 *Gardenia jasminoides for. grandiflora Makino*

약 식

■ 꼭두서니과 늘푸른 작은키나무 ■ 분포지 : 남부 지방 들과 밭

개화기 : 6~7월 결실기 : 9월 채취기 : 봄~여름(잎), 여름(꽃), 가을(열매), 수시(뿌리)

- 별 명 : 치지낭, 산치자, 대화치자(大花梔子), 홍치자(紅梔子), 목단(木丹), 선지(鮮支)
- 생약명 : 치자(梔子), 치자엽(梔子葉), 치자화(梔子花), 치자화근(梔子花根)
- 유 래 : 초여름에 남부지방에서 잎이 길쭉하고 반짝거리며 바람개비처럼 생긴 흰 꽃이 핀 작은 나무를 볼 수 있는데, 바로 치자나무다. 염료로 쓰는(梔) 열매(子)가 달리는 나무라 하여 붙여진 이름이다.

생태

높이 1.5~3m. 줄기는 회색빛이 도는 갈색이며, 뿌리에서 여러 포기가 올라온다. 가지가 많으며 위쪽으로 뻗는다. 잎은 긴 타원형으로, 앞면이 반짝거리며, 잎 가장자리가 매끄럽다. 꽃은 6~7월에 하얗게 피는데, 길쭉하고도 뭉툭한 꽃잎 6장이 활짝 벌어지며, 꽃에서 좋은 향기가 난다. 열매는 9월에 수류탄 모양으로 여무는데, 처음에는 푸르다가 다 익으면 주황색으로 변한다.

*유사종 _ 꽃치자

줄기

약용

한방에서 열매를 치자(梔子), 잎을 치자엽(梔子葉), 꽃을 치자화(梔子花), 뿌리를 치자화근(梔子花根)이라 한다. 열을 내리고, 습을 내보내며, 피와 폐를 맑게 하고, 독을 없애며, 피를 멎게 하고, 염증을 가라앉히는 효능이 있다. 〈동의보감〉에도 "치자는 성질이 차서 열독을 없애고, 속앓이와 화닥증(짜증)을 낫게 하며, 입이 마르고 눈과 얼굴이 붉어지는 것을 가라앉히는 데 도움이 된다"고 하였다.

화병으로 가슴이 답답하고 잠을 못 잘 때, 당뇨, 폐에 열이 있어 기침이 날 때, 간 이상으로 황달이 왔을 때, 결막염, 피를 토할 때, 코피, 소변이나 설사에 피가 섞여 나올 때, 신장염, 종기, 관절을 삐었을 때 약으로 처방한다. 열매는 꼭지를 따고 햇빛이나 불에 말리고, 잎, 꽃, 뿌리는 햇빛에 말려 사용한다.

민간요법

열병, 화병으로 가슴이 답답하고 잠을 못 잘 때, 신경이 몹시 예민해졌을 때, 당뇨, 결막염, 심한 목감기	열매 10g에 물 약 700㎖를 붓고 달여 마신다.
피를 토할 때, 잦은 코피, 소변이나 설사에 피가 섞여 나올 때	검게 볶은 열매 10g에 물 약 700㎖를 붓고 달여 마신다.
고열 감기, 간 이상으로 황달이 왔을 때, 신장염	뿌리 20g에 물 약 700㎖를 붓고 달여 마신다.
풍기	잎 20g에 물 약 700㎖를 붓고 달여 마신다.
폐에 열이 있고 기침이 날 때	꽃 10g에 물 약 700㎖를 붓고 달여 마신다.
관절을 삐었을 때, 멍이 들었을 때	말린 열매 가루에 밀가루를 함께 섞어 반죽하여 붙인다.
종기에 독이 올랐을 때	뿌리를 날로 찧어 바른다.
장이 안 좋을 때, 소화가 안 되고 입맛이 없을 때, 심한 피로, 두통	열매 500g에 소주 1.8ℓ를 붓고 4개월간 숙성시켜 마신다.

식용

비타민 P, 탄닌, 펙틴 등을 함유한다.

열매를 찧어 물에 우려내면 노란 물이 나오는데 이 물을 떡, 빈대떡, 전 등의 요리를 물들이는 천연색소로 사용한다. 노란색이 식욕을 돋울 뿐 아니라 소화를 잘 되게 한다. 꽃은 화전을 부쳐 먹는다.

주의사항

- 차가운 성질의 약재이므로 배가 차고 설사를 자주 하는 사람은 먹지 않는다.
- 국산은 겉껍질이 얇고 색깔이 선명하며 광택이 있지만, 중국산은 겉껍질이 두껍고 색이 연하며 열매모양이 흐트러져 있다.

전체 모습 | 꽃

풋열매 | 익은 열매 | 채취한 열매

메꽃과 072-073

특징 주로 덩굴식물로 나팔 모양의 꽃이 피는 종류는 대개 메꽃과 식물이다.

줄기와 잎 줄기를 잘라보면 유액이 나온다. 잎은 넓고 줄기에 어긋나게 달린다.

꽃과 열매 꽃은 여름과 가을에 주로 분홍색과 흰색으로 피고, 나팔처럼 생겼다. 꽃은 햇빛이 나면 피고, 밤에는 오므라든다. 열매는 깍지처럼 달리고, 안에 털 달린 작은 씨앗들이 가득 들어 있다.

종류 한해살이풀, 여러해살이풀, 작은키나무가 있으며 덩굴성이다. 우리나라에는 메꽃, 새삼, 나팔꽃 등 10종이 자란다.

약효 메꽃과 식물은 주로 소변을 잘 나오게 한다.

메꽃

새삼

메꽃 *Calystegia japonica (Thunb.) Chois.*

약 식

■ 메꽃과 덩굴식물　　■ 분포지 : 전국 산과 들 풀밭
개화기 : 6~8월　　결실기 : 9~10월
채취기 : 여름(꽃), 여름~가을(줄기 · 잎), 봄과 가을(뿌리)

- 별　명 : 머마, 메마, 미마, 고자화
- 생약명 : 구구앙(狗狗秧), 선화(旋花), 선화근(旋花根), 선화묘(旋花苗)
- 유　래 : 여름에 시골 들판이나 담장에서 나팔꽃과 비슷한 연분홍색 꽃이 피는 덩굴식물을 볼 수 있는데, 바로 메꽃이다. 뿌리가 덩이져서 고구마처럼 쪄 먹기도 하는데 찰기가 없다는 뜻의 '메'를 붙여 '메꽃'이라 부른다. 메꽃 열매가 드물고 다른 그루의 꽃가루를 받아야만 겨우 맺힌다 하여 '고자화'라고도 한다.

생태

길이 약 2m. 뿌리는 하얗고 길게 뻗으며 덩이진다. 줄기의 덩굴손으로 이웃식물을 왼쪽으로 감아 올라가며 자란다. 생명력이 아주 강하여 손으로 뜯어내도 계속 새 줄기가 올라온다. 줄기에 수북이 달리는 잎은 길고 끝이 뾰족하며, 작은 날개처럼 갈라진다. 꽃은 6~8월에 연분홍색으로 피는데, 긴 꽃대가 올라와 한 송이씩 달리며 아침에 피었다가 저녁에 진다. 열매는 9~10월에 둥글게 여무는데, 뿌리로 번식하기 때문에 잘 맺히지 않는다. 흔히 나팔꽃과 혼동하기 쉬운데, 나팔꽃은 꽃이 짙은 보라색이고 잎이 둥글다.

* 유사종 _ 갯메꽃, 애기메꽃

꽃

약용

한방에서는 뿌리째 캔 줄기를 구구앙(狗狗秧), 꽃을 선화(旋花), 뿌리를 선화근(旋花根), 잎을 선화묘(旋花苗)라 한다. 열을 내리고, 음과 정기를 보하며, 혈압과 혈당을 내리고, 설사와 소변이 잘 나오게 하며, 검은 얼굴을 희게 하는 효능이 있다. 〈동의보감〉에도 "메꽃은 성질이 따뜻하고, 기를 보하며, 얼굴의 주근깨를 없애고 얼굴빛을 좋게 하며, 소변이 잘 나오게 하고, 힘줄과 뼈를 이어준다"고 하였다.

위가 약하거나 차서 소화가 안 될 때, 기력이 쇠했을 때, 대변과 소변을 잘 나오게 할 때, 당뇨, 골절이나 창상, 아이가 더위를 타서 발진이 있을 때 약으로 처방한다. 잎, 줄기, 뿌리는 햇빛에, 꽃은 그늘에 말려 사용한다.

민간요법

소화불량이나 설사, 당뇨, 골절, 기관지염, 성기능 저하	뿌리째 캔 줄기 15g에 물 약 700㎖를 붓고 달여 마신다.
얼굴이 검어지거나 거칠어졌을 때, 기미	꽃 15g에 물 약 700㎖를 붓고 달여 마신다.
배가 찰 때, 소변이 잘 안 나올 때, 베인 상처가 잘 아물지 않을 때, 아이가 더위를 먹었을 때	뿌리로 생즙을 내어 마신다.
병후 기력이 쇠했을 때, 몸이 너무 말랐을 때	뿌리 15g에 물 약 700㎖를 붓고 달여 마신다.
당뇨로 인한 고혈당, 고혈압, 복통, 여름에 아이 피부가 짓물렀을 때	잎 15g에 물 약 700㎖를 붓고 달여 마신다.
관절염, 팔다리가 쑤시고 아플 때	말린 뿌리를 가루로 내어 기름에 개어 바른다.

식용

비타민 A, 비타민 B2, 전분을 함유한다.

봄에 뿌리를 찌거나 구워 먹는다. 말린 뒤 가루로 내어 죽을 쑤거나 떡을 만든다. 뿌리는 맛이 달면서도 매콤하다. 어린잎은 살짝 데쳐서 물에 우려낸 뒤 갖은 양념을 하여 나물로 먹는다. 꽃과 잎은 차를 끓여 마시며, 맛이 조금 쓴 편이다.

주의사항

- 따뜻한 성질의 약재이지만 뿌리는 설사하게 하므로 너무 많이 먹으면 배탈이 날 수 있다.
- 바닷가에 자라는 잎이 동글동글한 갯메꽃은 독이 약간 있으므로 먹지 않는다.

열매

씨앗

새삼 *Cuscuta japonica Choisy*

약 식

■ 메꽃과 덩굴성 한해살이풀 ■ 분포지 : 전국 산과 들 풀밭
개화기 : 8~9월 결실기 : 9~10월 채취기 : 가을(열매)

- 별 명 : 토사실(菟絲實), 토로(菟蘆)
- 생약명 : 토사자(菟絲子)
- 유 래 : 산속 풀밭 양지바른 곳에서 철사처럼 가늘고 노란 줄기가 다른 식물을 뒤덮은 덩굴풀을 볼 수 있는데, 바로 새삼이다. 삼처럼 좋은 식물(새)이라 하여 붙여진 이름이다. 옛날 높은 데서 떨어져 뼈를 다친 토끼가 이 실처럼 생긴 풀의 씨앗을 먹고 나았다 하여 '토사자(菟絲子)'라고도 한다.

생태

길이 4~5m. 처음에는 땅에서 싹과 뿌리가 나지만 줄기가 이웃식물을 감아 올라가면서 뿌리가 없어지고, 식물 전체에 빨판이 있어 이웃식물의 몸에서 양분을 빨아들인다. 주로 환삼덩굴, 칡 같은 콩과식물이지만 활엽수에 올라붙거나 왼쪽으로 감아 올라간다. 줄기는 가늘고 매끄러우며 매우 질기고, 붉고 노란 빛이 나는 갈색을 띤다. 잎은 작은 비늘처럼 흔적만 남아 있는데, 뿌리 대신 물과 영양분을 저장한다. 꽃은 8~9월에 하얗게 피는데, 긴 꽃대에 작은 꽃들이 한데 모여 달린다. 꽃잎은 5장으로 갈라지며 꽃술이 노랗다. 열매는 9~10월에 작고 약간 찌그러진 타원형에 거무스름한 열매가 여문다.

*유사종 _ 실새삼, 갯실새삼

꽃 | 열매

약용 한방에서는 열매를 토사자(菟絲子)라 한다. 신장과 간을 보하고, 정기를 북돋우며, 골수를 채우고, 열을 내리며, 독을 풀고, 설사를 멎게 하는 효능이 있다. 〈동의보감〉에서도 "음경 속이 차거나 정액이 절로 나오는 것, 소변을 눈 뒤 방울방울 떨어지는 것을 치료하고, 입맛이 쓰고 입이 마르며 갈증이 나는데 쓰고, 정액을 돕고, 골수를 늘려주며, 허리가 아프고 무릎이 찬 것을 낫게 한다"고 하였다.

정기와 기력을 북돋울 때, 피를 토하거나 변에 피가 섞여 나올 때, 간염이나 장염, 황달, 당뇨, 신장이 좋지 않을 때 약으로 처방한다. 씨앗을 그냥 햇빛에 말리거나, 술에 볶은 것을 몇 번 찐 후 햇빛에 말려 사용한다.

민간요법

정기를 북돋울 때, 장염이나 간염, 눈이 침침할 때, 신장이 좋지 않아 허리가 아프고 소변을 자주 볼 때, 무릎이 시리고 아플 때, 설사, 당뇨, 얼굴의 주근깨, 입맛이 없고 몸이 여위었을 때, 고혈압	열매 15g에 물 약 700㎖를 붓고 달여 마신다.
기력 저하, 눈과 귀가 침침할 때, 노화 방지	열매 200g에 소주 1.8ℓ를 붓고 1개월간 숙성시켜 마신다.

줄기

식용 비타민 B1 · B2, 칼슘, 마그네슘, 철, 알칼로이드, 당분을 함유한다. 열매를 삶아 껍질을 벗긴 뒤 떡을 만들거나, 막걸리와 밀가루를 넣고 반죽한 다음 떡을 만들어 햇빛에 말려두고 먹는다. 열매를 절구에 찧은 다음 뜨거운 물을 부어 차로 마신다. 맛이 달달하면서도 매콤하다.

주의사항

- 줄기가 가는 갯실새삼도 약효가 같고, 9월 채취가 가장 약효가 좋다.
- 신장에 열이 많은 사람, 양기가 넘치는 사람, 변비 있는 사람은 먹지 않는다.
- 중국산은 열매가 약간 크고 회색이 돈다.

덩굴

콩과 074-079

특징 가을에 열매가 콩깍지처럼 달리는 종류는 대개 콩과 식물이다.

줄기와 잎 뿌리가 동글동글하다. 이것은 콩과 식물의 뿌리에 질소를 만드는 박테리아가 서식하고 있기 때문이다. 잎은 어긋나고, 아카시아 잎처럼 여러 장이 겹쳐 달린다.

꽃과 열매 꽃은 봄과 여름에 많이 피며, 여러 송이가 한데 모여 달린다. 통 모양에 끝이 5갈래로 갈라지며, 색깔은 자주색과 흰색이 많다. 열매는 꼬투리 속에 들어 있으며 씨눈이 크다.

종류 한해살이풀, 여러해살이풀, 작은키나무, 큰키나무가 있으며 덩굴성도 있다. 우리나라에는 콩, 박태기나무, 회화나무, 자귀나무, 골담초, 비수리, 땅비싸리, 고삼 등 92종이 자란다.

약효 콩과 식물은 주로 독을 풀어준다.

골담초 비수리 박태기나무 회화나무

자귀나무 땅비싸리

골담초 *Caragana sinica (Buchoz) Rehder*

약 식

■ 콩과 잎지는 작은키나무 ■ 분포지 : 중부 이남 산 속과 들판
개화기 : 5월 결실기 : 9월 채취기 : 봄(꽃), 수시(뿌리)

- 별 명 : 곤담초, 신경초, 금작목(金雀木), 강남금봉, 금계아, 등금작근(金雀根), 백심피(白心皮), 야황기(野黃芪), 토황기(土黃芪)
- 생약명 : 금작화(金雀花), 금작근(金雀根)
- 유 래 : 봄에 들판에서 꽃봉오리가 노란 버선 같고, 꽃이 다 피면 나비 모양인 작은 나무를 볼 수 있는데, 바로 골담초다. 뼈 아픈 데 쓰는 약재로 뼈를(骨) 담당하는(擔) 풀이라는 뜻에서 '골담초'라 부른다.

생태

높이 약 2m. 뿌리는 길고 잔뿌리가 많다. 줄기는 회색빛이 도는 갈색이다. 가지는 매끄럽고 가늘며 사방으로 뻗는다. 잎은 매우 작은 타원형으로 2장씩 붙어나며 겉이 반짝거린다. 꽃은 5월에 붉은빛이 도는 노란색으로 피는데, 다 피면 색깔이 붉어진다. 꽃은 좌우 대칭으로, 꽃잎 위쪽은 넓은 부채 2개가 갈라지는 모양이고, 아래쪽은 길쭉한 주걱 2개가 갈라지는 모양이다. 꽃받침이 통처럼 길고 좁다. 열매는 9월에 원기둥 모양으로 여문다.

* 유사종 _ 좀골담초, 조선골담초, 반용골담초

꽃 | 겨울 모습

한방에서 꽃을 금작화(金雀花), 뿌리를 금작근(金雀根)이라 한다. 음기를 북돋우고, 피를 활성화시키며, 맥을 통하게 하고, 비장을 튼튼히 하고, 통증을 없애며, 소변이 잘 나오게 하는 효능이 있다.

몸이 허하고 기침 날 때, 고혈압, 허약한 여성, 유방염, 타박상, 관절염에 약으로 처방한다. 꽃은 그대로 햇빛에, 뿌리는 겁질과 심을 제거하고 햇빛에 말려 사용한다.

민간요법

여성의 몸을 보할 때, 생리불순, 피로하여 기침이 날 때, 고혈압, 출산 후 두통, 눈이 침침할 때	꽃 15g에 물 약 700㎖를 붓고 달여 마신다.
폐가 안 좋아 기침이 나올 때, 출산 후 출혈이 계속될 때, 관절염, 어깨가 쑤시고 아플 때, 소화불량, 무기력, 심장이 약할 때, 혈액 순환이 안 될 때, 삐거나 타박상으로 아플 때, 뼈가 약할 때	뿌리 20g에 물 약 700㎖를 붓고 달여 마신다.
허리와 다리가 쑤시고 아플 때, 통풍	뿌리 150g에 소주 1.8ℓ를 붓고 1년간 숙성시켜 마신다.
유방염, 타박상 통증	뿌리를 날로 찧어 바른다.
불면증, 생리불순, 위가 안 좋을 때, 기침 감기	줄기와 잎 20g에 물 약 700㎖를 붓고 달여 마신다.

식용

플라보노이드, 사포닌, 알칼로이드, 식물호르몬을 함유한다.

봄에 꽃잎을 꿀에 절여 차로 마시거나 화채나 꽃떡을 만드는데 맛이 달콤하다. 뿌리는 고기요리에 넣거나, 뿌리 삶은 물로 지은 밥에 엿기름을 넣어 삭힌 뒤 한소끔 끓여 단술을 만든다. 뿌리는 맛이 조금 쌉쌀하고 매큼하다.

- 꽃은 소량만 복용해야 하며, 간혹 피부에 알레르기가 생길 수 있으므로 맞지 않으면 먹지 않는다.

비수리 *Lespedeza cuneata G. Don*

약

■ 콩과 여러해살이풀 ■ 분포지 : 전국 산기슭과 들판

개화기 : 8~9월 결실기 : 10월 채취기 : 여름~가을(줄기 · 잎 · 뿌리), 가을(열매)

- 별 명 : 꾀꼬질, 비피락낭, 호지자, 산채자, 노우근(老牛筋), 대력왕(大力王), 천리광(天里光), 사퇴초(蛇退草), 음양초(陰陽草)
- 생약명 : 야관문(夜關門)
- 유 래 : 산 속에서 긴 줄기가 빗자루처럼 꼿꼿하게 서 있고 잎이 수북이 달린 풀을 볼 수 있는데, 바로 비수리다. 마당비를 만들어 쓰고 잎이 술처럼 달려 있다 하여 붙여진 이름이다. 성기능을 촉진시켜 밤의 성문을 열어준다는 뜻으로 '야관문(夜關門)' 이라고도 부른다. 옛날에는 이 풀을 말려 엮어서 빗자루로 사용하였다.

생태

높이 50~100cm. 뿌리는 가늘고 길게 뻗으며, 잔뿌리가 듬성듬성 있다. 줄기는 길고 꼿꼿하다. 잎은 3장씩 수북이 붙는데, 크기가 작고 가장자리가 밋밋하다. 꽃은 8~9월에 하얗게 피는데, 꽃잎 안쪽에 붉은 줄이 2개 있다. 열매는 10월에 작게 여무는데, 타원형 꼬투리 안에 씨앗이 1개씩 들어 있다.

*유사종 _ 호비수리

한방에서는 뿌리째 캔 줄기를 야관문(夜關門)이라 한다. 간과 신장과 폐를 보하고, 부기를 내리며, 어혈을 풀고, 종기를 삭히는 효능이 있다.

몽정, 소변이 뿌옇게 나올 때, 위가 아플 때, 기력이 쇠했을 때, 성기능 저하, 설사, 결막염, 눈앞이 침침할 때, 유방염, 천식에 약으로 처방한다. 뿌리째 캔 줄기를 햇빛에 말려 사용한다.

민간요법

심한 기침 가래, 천식, 급격한 기력 저하, 설사, 유방염, 위궤양, 치질, 당뇨	뿌리째 캔 줄기 20g에 물 약 700㎖를 붓고 달여 마신다.
양기가 떨어졌을 때, 밤에 소변을 누거나 색깔이 탁할 때, 몽정	뿌리째 캐어 말린 줄기 150g에 소주 1.8ℓ를 붓고 3개월간 숙성시켜 마신다.
신경쇠약	뿌리 10g에 물 약 700㎖를 붓고 달여 마신다.
눈 앞이 침침할 때, 눈의 염증, 몸이 허약할 때	씨앗 5g을 가루로 내어 먹는다.
타박상, 뱀이나 벌레에 물렸을 때	잎과 줄기를 날로 찧어 바른다.

잎 | 뿌리

박태기나무 *Cercis chinensis Bunge*

약

■ 콩과 잎지는 작은키나무 ■ 분포지 : 전국 산과 들

개화기 : 4월 결실기 : 8~9월 채취기 : 봄(꽃), 초가을(열매), 수시(줄기 · 뿌리)

- 별 명 : 밥티나무, 자형목피(紫荊木皮), 육홍(肉紅)
- 생약명 : 자형목(紫荊木), 자형피(紫荊皮), 자형근피(紫荊根皮), 자형화(紫荊花), 자형과(紫荊果)
- 유 래 : 봄에 산 속에서 푸른 잎이 올라오기 전 회색빛이 도는 갈색 나뭇가지에 홍색 꽃이 밥풀처럼 다닥다닥 붙어 피는 나무를 볼 수 있는데, 바로 박태기나무다. 꽃봉오리가 분홍색 산자를 만들 때 쓰는 밥풀처럼 생겼다 하여 '밥티기나무' 라 하다가 '박태기나무' 가 되었다.

생태

높이 3~5m. 뿌리에서 줄기가 여러 개 올라오는데 회색빛이 도는 갈색을 띤다. 가지는 위를 향해 자라며 갈지(之) 자로 굽어 있다. 꽃은 4월 말에 잎보다 먼저 피는데, 꽃대 없이 가지에 자줏빛을 띤 홍색 꽃송이 20~30개가 촘촘하게 빙 둘러 핀다. 잎은 1장씩 붙어나며, 모양이 둥글고 끝이 뾰족하며, 앞면에 윤기가 난다. 잎은 두껍고 질긴데, 가장자리가 매끄럽고 뒤쪽으로 살짝 말려 있다. 열매는 8~9월에 갈색으로 여물고, 큰 콩꼬투리 속에 납작한 타원형 씨앗이 들어 있다.

잎 앞뒤 | 줄기

약용

한방에서 줄기를 자형목(紫荊木), 줄기껍질을 자형피(紫荊皮), 뿌리껍질을 자형근피(紫荊根皮), 꽃을 자형화(紫荊花), 열매를 자형과(紫荊果)라 한다. 피를 활성화시키고, 풍과 어혈을 없애며, 피를 맑게 하고, 생리혈이 나오게 하며, 열을 내리고, 장을 튼튼히 하며, 종기를 삭히고, 독을 푸는 효능이 있다.

요실금, 생리가 멎거나 심한 생리통, 어혈이 쌓여 배가 아플 때, 후두암, 종기, 개나 뱀에 물렸을 때, 류머티즘성 관절염, 비염, 풍으로 인한 팔다리 마비, 기침이 낫지 않을 때 약으로 처방한다. 줄기껍질, 뿌리껍질, 꽃, 열매는 햇빛에 말려 사용한다.

꽃봉오리

꽃

민간요법

풍기, 뼈마디가 쑤시고 아플 때, 저혈압 · 고혈압, 혈액순환이 안 될 때, 생리불순, 심한 생리통, 목이 붓고 염증이 있을 때, 심한 기침, 후두암, 소변이 잘 나오지 않을 때, 종기, 타박상	줄기껍질 12g에 물 약 700㎖를 붓고 달여 마신다.
요실금	뿌리껍질 10g에 물 약 700㎖를 붓고 달여 마신다.
생리가 없을 때, 출산 후 어혈이 쌓여 배가 아플 때	줄기와 가지 15g에 물 약 700㎖를 붓고 달여 마신다.
류머티즘성 관절염, 비염	꽃 3g에 물 400㎖를 붓고 달여 마신다.
심한 기침, 임산부의 속앓이	열매 10g에 물 약 700㎖를 붓고 달여 마신다.
개나 뱀에 물렸을 때, 종기나 상처가 곪았을 때, 타박상 통증	뿌리껍질을 날로 찧어 바른다.

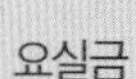

주의사항

• 꽃에는 독성이 약간 있어서 아릿한 맛이 나므로 날로 먹지 않는다.

열매 | 겨울 모습

회화나무 *Sophora japonica L.*

약

■ 콩과 잎지는 큰키나무
■ 분포지 : 중부 이남 산자락이나 계곡가, 마을 근처
개화기 : 7~8월
결실기 : 9~10월
채취기 : 봄~여름(잎), 여름(꽃 · 꽃봉오리), 수시(뿌리 · 줄기껍질 · 가지), 초겨울(열매)

- 별 명 : 호야나무, 홰나무, 괴화((槐花)나무, 괴목(槐木), 괴수(槐樹), 백괴(白槐), 학자수(學者樹), 출세수, 행복수, 옥수(玉樹), 양목(良木), 양화목
- 생약명 : 괴화(槐花), 괴미(槐米), 괴근(槐根), 괴백피(槐白皮), 괴지(槐枝), 괴엽(槐葉), 괴각(槐角), 괴실(槐實), 괴교(槐膠)
- 유 래 : 마을 근처에서 줄기가 곧고 크며, 가지를 잘라 코에 대면 독특한 냄새가 나며, 갸름하고 길쭉한 잎들이 아카시아 잎처럼 달려 있는 큰 나무를 볼 수 있는데, 바로 회화나무다. 중국 이름이 '괴화나무'인데 우리나라 발음으로 '회화나무'가 되었다. 예부터 이 나무를 심으면 행운이 오고 출세를 하는 행운목, 출세수라 하여 서원, 양반집, 사찰, 궁궐에 주로 심었으며, 과거에 급제하거나 관리가 퇴직할 때 기념수로 많이 심었다. 귀신을 쫓고 복을 불러온다 하여 마을 입구에 당산나무로 심기도 한다. 서양에서는 '학자수'라고 부른다.

생태

높이 10~30m. 줄기는 굵고 곧으며, 짙은 회색빛을 띤 갈색이다. 줄기 겉껍질은 세로로 거칠게 갈라진다. 가지는 굵게 나오는데, 옆으로 뻗어 그늘을 만들며, 어린 가지는 푸르다. 잎은 작은 타원형으로 끝이 뾰족하며, 길다란 잎자루에 깃털모양으로 9~15장씩 붙는다. 잎 뒷면은 조금 희다. 꽃은 7~8월에 연노란빛을 띤 하얀 꽃이 피는데, 꽃대가 여러 갈래로 갈라진 끝에 작은 꽃들이 모여 달린다. 열매는 9~10월에 노란색으로 여무는데, 열매 깍지가 동그란 단추 여러 개가 붙은 모양이다.

＊유사종 _ 처진회화나무, 능수회화나무

잎 앞뒤

약용 한방에서 꽃을 괴화(槐花), 열매를 괴각(槐角), 뿌리를 괴근(槐根), 뿌리껍질과 줄기껍질을 괴백피(槐白皮), 햇가지를 괴지(槐枝), 잎을 괴엽(槐葉), 나무기름을 괴교(槐膠)라 한다. 열을 내리고, 피를 멎게 하며, 풍과 습한 것을 없애고, 혈관을 튼튼히 하며, 근육을 풀어주고, 통증을 없애며, 종기를 삭히는 효능이 있다.

풍으로 몸이 굳고 입이 돌아갔을 때, 고혈압, 소변이나 대변에 피가 섞여 나올 때, 붉은 설사, 하혈, 코피, 비염, 치질, 눈이 충혈되었을 때, 열병으로 입 안이 헐었을 때, 화상, 종기, 가슴 통증, 아이가 발작할 때 약으로 처방한다. 꽃, 열매, 줄기, 뿌리, 잎은 햇빛에 말려 사용한다.

민간요법

대변에 피가 섞여 나올 때, 붉은 설사, 하혈, 코피, 열병으로 입 안이 헐었을 때, 화상, 종기, 가슴 통증, 아이가 발작할 때, 유방염이나 자궁염	꽃 10g에 물 약 700㎖를 붓고 달여 마신다.
풍으로 어지러울 때, 두통, 고혈압, 장출혈, 붉은 설사, 가슴이 답답하고 근심이 많을 때	열매 10g에 물 약 700㎖를 붓고 달여 마신다.
치질 출혈	볶은 꽃 5g을 가루로 내어 먹는다.
비염	뿌리 30g에 물 약 1ℓ를 붓고 달여 마신다.
풍으로 몸이 굳고 입이 돌아갔을 때, 열병으로 입 안이 헐었을 때	줄기껍질이나 뿌리껍질 30g에 물 약 1ℓ를 붓고 달여 마신다.
가슴이 아플 때, 눈이 충혈되었을 때	햇가지 30g에 물 약 1ℓ를 붓고 달여 마신다.
아이가 경기를 할 때, 고열, 소변에 피가 섞여 나올 때, 치질, 습진이나 아토피	잎 30g에 물 약 1ℓ를 붓고 달여 마신다.
풍으로 신경이 마비되었을 때	봄에 줄기에서 수액을 받아 마신다.
피부가 가려울 때, 화상	줄기껍질이나 뿌리껍질 달인 물을 바른다.
고혈압, 심한 피로, 변비, 간이 안 좋을 때	꽃봉오리 150g에 소주 1.8ℓ를 붓고 2개월간 숙성시켜 마신다.

주의사항

• 몸을 차게 하고 독특한 향을 지닌 약재이므로 배가 찬 사람, 비위가 약한 사람, 임산부는 먹지 않는다.

잎 | 전체 모습

열매 | 줄기

자귀나무 *Albizzia julibrissin Durazz.*

약 식

■ 콩과 잎지는 작은큰키나무 ■ 분포지 : 산기슭과 산 속 마른 계곡가
개화기 : 6~7월 결실기 : 9~10월 채취기 : 봄(줄기껍질), 여름(꽃봉오리)

- **별 명** : 야합수(夜合樹), 합환목(合歡木), 합혼수(合婚樹), 자구나무, 부채나무, 산야자나무, 소쌀밥나무
- **생약명** : 합환피(合歡皮), 합환화(合歡花), 합환미(合歡米)
- **유 래** : 여름에 선명한 분홍색 실 같은 꽃술이 공작 꼬리처럼 펼쳐진 나무를 볼 수 있는데, 바로 자귀나무다. 밤이면 새털 같은 잎들이 오므라들어 맞붙는데, 그 모양이 마치 부부가 자면서 사랑하는(괴다) 것 같다 하여 '자괴나무'라 하다가 '자귀나무'가 되었다. 같은 뜻으로 합환목, 야합수라고도 하며 부부 금슬을 좋게 한다 하여 울 안에 많이 심는다. 경상도에서는 소가 잘 먹는다 하여 '소쌀밥나무'라고도 부른다.

생태

높이 3~8m. 뿌리는 곧게 자란다. 줄기가 회색빛이 도는 갈색이며, 밝은 갈색의 껍질눈이 많이 붙어 있다. 줄기는 옆으로 굽어 자란다. 가지가 길게 자라 옆으로 퍼지기 때문에 나무모양이 역삼각형이다. 봄에 싹틀 때 진딧물이 많이 생긴다. 잎은 매우 많이 달리는데, 긴 잎자루에 다시 작은 잎자루가 나란히 나고 자잘하고 길쭉한 잎들이 촘촘히 붙는다. 잎은 낮에는 활짝 펴지고 밤에는 오므라든다. 꽃은 6~7월에 공작 꼬리 모양으로 피는데, 짧은 꽃대에 여러 송이가 함께 달리며, 꽃술 아래쪽은 하얗고 위쪽은 분홍색을 띤다. 꽃은 1달 정도 계속 피어 있다. 열매는 9~10월에 납작하고 길쭉한 콩깍지처럼 여문다. 열매는 겨울까지 달려 있다.

＊유사종 _ 왕자귀나무

잎 앞뒤

겨울 모습
잎

약용

한방에서 줄기껍질을 합환피(合歡皮), 꽃을 합환화(合歡花), 꽃봉오리를 합환미(合歡米)라 한다. 뭉친 것을 풀고, 경락을 활성화시키며, 기와 피를 고르게 하고, 정신을 편안히 하며, 종기를 삭히는 효능이 있다. 〈동의보감〉에도 "자귀나무는 오장을 편안히 하고, 마음을 안정시키며, 근심을 없애어 만사를 즐겁게 한다"고 하였다.

심신이 불안하고 우울증이 있을 때, 가슴이 답답하고 잠을 못 잘 때, 건망증, 풍으로 눈이 침침할 때, 폐렴, 목이 아플 때, 종기, 골절상에 약으로 처방한다. 꽃은 그대로 햇빛에 말리고, 줄기껍질은 겉껍질을 벗겨내고 하룻밤 물에 담근 뒤 햇빛에 말려 사용한다.

민간요법

심신이 불안하거나 우울증이 있을 때, 폐렴, 목이 아플 때, 골절상 을 입었을 때	줄기껍질 9g에 물 약 700㎖를 붓고 달여 마신다.
종기, 타박상, 근육통, 팔다리가 쑤시고 아플 때	말린 줄기껍질을 가루로 내어 참기름에 개어 바른다.
가슴이 답답하고 잠을 못 잘 때, 건망증, 풍으로 눈이 잘 안 보일 때, 목이 붓고 아플 때, 림프선염, 천식, 기관지가 안 좋을 때	꽃이나 꽃봉오리 20g에 물 약 700㎖를 붓고 달여 마신다.
우울증, 몸이 무겁고 정신이 흐릴 때	꽃 100g에 소주 1.8ℓ를 붓고 6개월간 숙성시켜 마신다.
풍치	줄기껍질 달인 물로 양치질을 한다.
잠이 안 올 때	베개에 말린 꽃을 넣는다.

식용

비타민 C, 사포닌, 탄닌, 아미노산을 함유한다.

꽃봉오리나 꽃을 따서 차를 끓여 마신다. 달달한 맛이 있다. 고기를 삶을 때 가지를 넣어 비린내를 없앤다.

주의사항

- 경락을 활성화시키는 약재이므로 풍기가 있어 몸에 열이 많은 사람은 복용하지 않는다.

꽃 | 열매

열매 | 줄기

땅비싸리 *Indigofera kirilowii Maxim.*

약

■ 콩과 잎지는 작은키나무 ■ 분포지 : 산기슭과 숲속 양지바른 곳
개화기 : 5~6월 결실기 : 9~10월 채취기 : 봄~가을(뿌리)

- 별 명 : 논싸리, 젓밤나무, 화목람(花木藍), 조선정등(朝鮮庭藤)
- 생약명 : 산암황기(山岩黃芪), 산두근(山頭根), 고두근(苦豆根), 광두근(廣豆根), 황결(黃結)
- 유 래 : 산 속 양지바른 곳에서 잔가지가 옆으로 뻗고, 갸름한 잎들이 아카시아 잎처럼 달리는 작은 나무들이 빽빽하게 모여 자라는 것을 볼 수 있는데, 바로 땅비싸리다. 싸리나무보다 작고 땅에 붙은 듯이 촘촘히 자란다 하여 '땅비싸리'라 부른다.

생태 높이 약 1m. 뿌리에서 가늘고 곧은 줄기가 여러 개 올라온다. 가지는 옆으로 비스듬히 퍼져 자란다. 잎은 갸름한 타원형이며, 가지에 어긋나게 붙은 길다란 잎자루에 깃털처럼 달린다. 꽃은 5~6월에 붉은 자주색으로 피는데, 길다란 꽃자루에 작은 꽃 여러 송이가 위아래로 모여 달린다. 열매는 9~10월에 원기둥 모양으로 여문다.

* 유사종 _ 큰땅비싸리, 민땅비싸리

잎 앞뒤 | 잎

약용 한방에서 뿌리를 산암황기(山岩黃芪)라 한다. 화를 다스리고, 독을 풀며, 염증을 삭히고, 통증을 없애는 효능이 있다.

후두염, 심한 치통, 폐렴, 황달, 설사, 치질, 종기나 피부병, 뱀이나 개에 물렸을 때 약으로 처방한다. 뿌리는 햇빛에 말려 사용한다.

민간요법

폐렴, 황달, 설사, 치질, 입 안 염증, 목이 붓고 아플 때	뿌리 10g에 물 약 700㎖를 붓고 달여 마신다.
뱀이나 개에 물렸을 때	뿌리를 날로 찧어 바른다.
종기나 피부병	뿌리를 달인 물을 바른다.
후두염, 심한 치통	뿌리를 달인 물로 입 안을 헹군다.
잇몸이 부었을 때	말린 뿌리를 가루로 내어 바른다.

솔뫼 노트

산불이 나면 다른 식물은 다 소멸하지만 참나무 종류는 뿌리의 윗부분이 깊이 들어 있어서 지상부가 모두 타더라도 뿌리에서 다시 새순이 옆으로 나와 그 자리를 유지한다. 산불이 난 후에는 주로 고사리, 싸리나무 등 생명력이 아주 강한 종류가 많이 올라와 숲을 이루는데, 이것은 자연 스스로 복원하려는 자생력을 갖고 있기 때문이다.

줄기와 꽃 | 뿌리

수련과 080

특징 물이 고인 연못이나 늪에서 자라고, 잎이 아주 크며, 연꽃 모양의 꽃이 피는 종류는 대개 수련과 식물이다.

줄기와 잎 뿌리는 길고 굵으며, 대나무처럼 마디가 있고, 땅 속으로 뻗어 나간다. 뿌리에서 아주 긴 잎자루가 올라와 물 위에서 돌돌 말린 잎이 넓게 퍼지면서 자란다.

꽃과 열매 꽃은 꽃자루에 하나씩 달리며, 물 속 식물 중 꽃이 가장 크고 아름답다.

종류 한해살이풀, 여러해살이풀이 있다. 우리나라에는 수련, 연꽃, 순채 등 7종이 자란다.

약효 수련과 식물은 주로 피에 작용한다.

왜개연꽃

왜개연꽃 *Nuphar subintegerrimum* 약

■ 수련과 여러해살이풀　■ 분포지 : 중부 이남 얕은 연못이나 늪
개화기 : 8~9월　결실기 : 10월　채취기 : 가을~봄(뿌리)

- **별 명** : 긴잎연꽃, 긴잎좀련꽃, 개연, 평련, 건련, 일본평련초, 평련초
- **생약명** : 평봉초자(萍蓬草子), 천골(川骨)
- **유 래** : 늦여름 얕은 늪지에서 연꽃과 비슷한데, 잎이 작고 반짝이며 암술머리가 붉은 작고 노란 꽃을 볼 수 있는데, 바로 개연꽃이다. 연꽃 종류이면서 작다는 뜻의 '개'가 붙었고, 그 중에서도 더 작은 개연꽃이라 하여 '왜'가 붙었다.

생태

높이 20~30cm. 뿌리는 굵고, 해면처럼 부드럽고 탄력이 있으며, 땅 옆으로 뻗어 물속줄기를 지탱한다. 뿌리에서 굵은 줄기가 올라온다. 잎은 비교적 작고 질기며, 긴 타원형으로 한쪽이 길게 찢어져 있다. 잎은 물 속에 잠기는 종류와 물 위에 뜨는 종류가 있는데, 물 속에 잠기는 것이 좀더 길고 숨구멍이 없다. 꽃은 8~9월에 물 위로 긴 꽃대가 올라와 짙은 노란색 꽃이 1송이씩 달린다. 꽃 전체가 노란 개연꽃과는 달리 암술머리가 붉다. 꽃 지름은 약 5cm이다. 열매는 10월 초록색으로 둥글게 여무는데, 물 속에 반쯤 잠겨 있다. 열매가 다 익으면 씨앗이 나와 물 위에 떨어진다. 씨앗에는 공기가 조금 들어 있어 잠시 물 위를 떠다니다가 근처에 가라앉으며, 물 속에서 껍질이 물러져 새싹이 돋는다.

* 유사종 _ 참개연꽃, 개연꽃

한방에서 열매를 평봉초자(萍蓬草子), 뿌리를 천골(川骨)이라 한다. 피가 멎고, 맑아지며, 기력을 북돋우고, 위를 튼튼히 하며, 소변을 잘 나오게 하는 효능이 있다.

출산 전후 몸이 안 좋을 때, 생리불순, 심장이 약할 때, 몸이 허하고 피로할 때, 소화불량, 장염에 약으로 처방한다. 뿌리는 햇빛에 말려 사용한다.

민간요법	
생리불순, 관절에 물이 고일 때, 병후 쇠약, 장염	뿌리 15g에 물 약 700㎖를 붓고 달여 마신다.
산모가 몸이 안 좋거나 하혈을 할 때, 몸이 피로하고 기력이 없을 때, 결핵, 소화불량	열매 15g에 물 약 700㎖를 붓고 달여 마신다.
유방염, 젖몸살	뿌리를 날로 찧어 바른다.

꽃 | 꽃과 잎

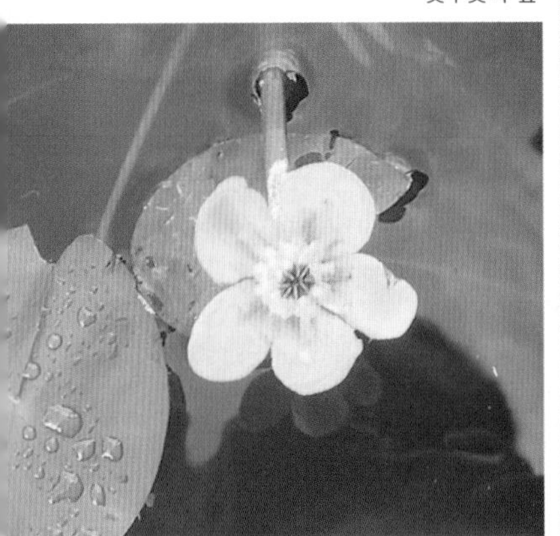

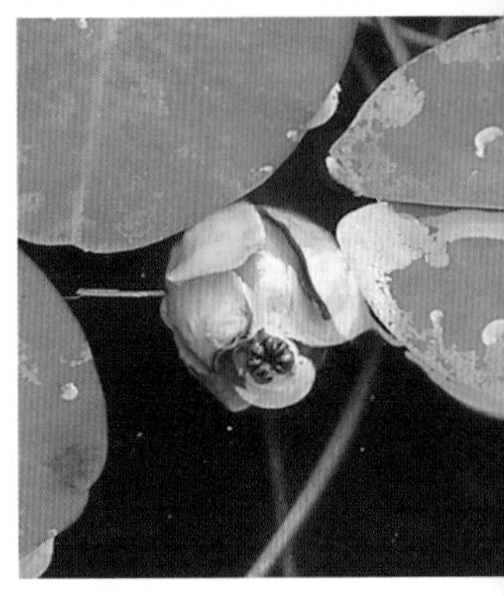

뿌리 | 열매

새모래덩굴과(방기과) 081

특징 잎이 방패모양이고 덩굴성이며 독성이 있는 종류는 대개 새모래덩굴과 식물이다.

줄기와 잎 줄기에 덩굴손이 달린 것이 많다. 잎은 방패모양이며 손바닥을 펼친 듯 넓적하다.

꽃과 열매 암나무, 수나무가 따로 있으며 아주 작은 흰 꽃이 핀다. 열매는 말굽처럼 생겼다.

종류 작은키나무와 큰키나무가 있으며, 덩굴성이 많다. 우리나라에는 새모래덩굴, 방기, 댕댕이덩굴 등 4종이 자란다.

약효 새모래덩굴과 식물은 주로 피부병에 좋다.

댕댕이덩굴

댕댕이덩굴 *Cocculus trilobus DC.*

약 독

■ 새모래덩굴과 잎지는 덩굴나무 ■ 분포지 : 전국 산기슭 자갈밭

개화기 : 5~6월 결실기 : 10월 채취기 : 가을(줄기 · 잎), 가을~겨울(뿌리)

- **별 명** : 댕강넝쿨, 댄담덩쿨, 고냉이정당, 정동껍, 석해(石解), 분방기(紛防己), 재군행(載君行), 한방기(漢防己), 엄방기, 목향(木香), 독목향(毒木香)
- **생약명** : 목방기(木防己), 청단향(靑檀香)
- **유 래** : 산 속 양지바른 곳에서 줄기가 둥글고 잎이 길쭉한 방패처럼 생긴 덩굴나무를 볼 수 있는데, 바로 댕댕이덩굴이다. 옛날에는 이 나무로 바구니를 짜서 사용했는데, 줄기가 단단하고 팽팽하다는 뜻의 '댕댕'이 붙어서 '댕댕이덩굴'이라 부른다.

생태

길이 약 3m. 줄기에 잔털이 있고, 이웃식물을 왼쪽으로 감아 올라간다. 줄기는 처음 날 때 푸르다가 오래되면 나무색깔로 변한다. 잎은 길고, 잎자루 쪽이 날개모양이고 모두 3갈래로 갈라진다. 잎 뒷면에는 잔털이 있고, 가장자리가 매끄럽다. 꽃은 5~6월에 암나무와 수나무가 따로 피는데, 꽃대에 아주 작은 꽃이 2~4송이씩 모여 핀다. 꽃은 노란빛이 도는 하얀색이다. 열매는 10월에 아주 작은 포도알처럼 여문다.

＊유사종 _ 방기

꽃봉오리와 잎

약용

한방에서 뿌리를 목방기(木防己), 줄기와 잎을 청단향(靑檀香)이라 한다. 기를 통하게 하고, 풍과 통증을 없애며, 염증을 삭히는 효능이 있다.

관절이 쑤시고 아플 때, 신장염으로 몸이 부었을 때, 방광염, 습진, 종기, 풍으로 마비가 왔을 때, 열이 있을 때 약으로 처방한다. 뿌리, 줄기, 잎은 햇빛에 말려 사용한다.

민간요법

관절염, 허리가 쑤시고 아플 때, 풍으로 마비가 왔을 때, 신장 이상으로 몸이 부었을 때, 방광염, 토사곽란으로 배가 아프고 토할 때, 몸에 열이 날 때, 변비	뿌리 15g에 물 약 700㎖를 붓고 달여 마신다.
종기, 습진, 벌레에 물렸을 때	잎과 줄기를 날로 찧어 바른다.

주의사항

• 독성을 지닌 약재이므로 위가 약한 사람이나 임산부는 먹지 않으며, 정량만 단기간에 사용한다.

줄기 | 열매(작은 사진) | 뿌리

차나무과 082-084

특징 겨울에도 잎이 푸른 경우가 많으며, 꽃잎이 5장씩이며 소담스럽게 피는 종류는 대개 차나무과 식물이다.

줄기와 잎 잎은 비교적 도톰하다.

꽃과 열매 꽃은 1송이씩 달리는 경우가 많으며, 잎 크기와 모양이 일정하다.

종류 큰키나무와 작은키나무, 늘푸른나무와 잎지는나무가 있다. 우리나라에는 차나무, 노각나무, 동백나무, 사스레피나무 등 6종이 자란다.

약효 차나무과 식물은 주로 피를 활성화시킨다.

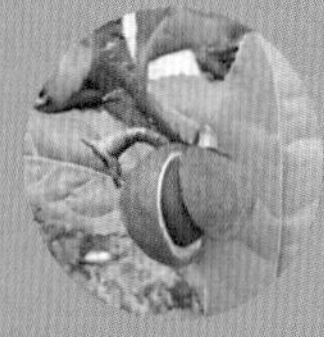

차나무

노각나무

동백나무

차나무 *Camellia sinensis L.*

약 식

■ 차나무과 늘푸른 작은키나무 ■ 분포지 : 중부 이남 산기슭과 절 부근

개화기 : 10~11월 결실기 : 다음 해 11월 채취기 : 봄(잎), 가을(열매), 수시(뿌리)

- **별 명** : 작설(雀舌), 고다, 원다
- **생약명** : 다엽(茶葉), 다수근(茶樹根), 다자(茶子)
- **유 래** : 늦가을에 절 근처에서 잎이 작고 갸름하고, 작고 탐스러운 꽃이 핀 나무를 볼 수 있는데 바로 차나무다. 잎으로 차를 만든다 하여 붙여진 이름이다.

생태

높이 2~15m. 줄기는 회색빛을 띤 갈색이다. 가지는 밑동 근처에서부터 많이 갈라져 나온다. 잎은 많이 달리며, 긴 타원형이고 약간 두껍다. 잎 앞면은 윤기가 나며, 잎맥이 있는 자리가 우글쭈글하다. 잎 가장자리에는 잔톱니가 있다. 꽃은 10~11월에 하얗게 피는데, 꽃잎은 6~8장이고 노란 꽃술이 풍성하다. 열매는 꽃이 핀 다음 해 11월에 작은 구슬처럼 여무는데, 처음에는 푸르다가 다 익으면 갈색을 띤다. 열매껍질은 매우 딱딱하다.

잎 | 꽃

약용

한방에서 잎을 다엽(茶葉), 열매를 다자(茶子), 뿌리를 다수근(茶樹根)이라 한다. 피와 머리를 맑게 하고, 심장의 열을 내리며, 눈이 맑아지고, 목마름을 없애며, 독을 없애고, 염증을 삭히며, 소화가 잘 되고, 설사가 멎으며, 소변을 잘 나오게 하는 효능이 있다. 〈동의보감〉에도 "차나무는 성질이 쓰고도 차서 기운을 내리게 하고, 체한 것을 낫게 하며, 머리를 맑게 하고, 소변을 잘 통하게 하며, 잠을 적게 하고, 화상을 해독시켜준다" 고 하였다.

머리가 아프고 눈이 침침할 때, 잠이 많을 때, 마음이 어지럽고 목이 마를 때, 심장 이상, 과식하여 체했을 때, 설사, 천식, 심한 기침 가래, 입 안 염증, 피부가 건조하고 가려울 때 약으로 처방한다. 어린잎은 날로, 열매와 뿌리는 그늘에 말려 사용한다.

머리가 아프고 눈이 침침할 때, 마음이 어지럽고 가슴이 답답할 때, 소화불량, 몸에 열이 나고 목이 마를 때, 심한 설사, 신장염	잎 5g에 물 약 400㎖를 붓고 달여 마신다.
심장 이상, 입 안이 헐었을 때, 아토피	뿌리 5g에 물 약 400㎖를 붓고 달여 마신다.
천식, 심한 기침 가래	열매 5g에 물 약 400㎖를 붓고 달여 마신다.
심한 피로, 위가 안 좋을 때, 소변을 보기 힘들 때, 강장제	어린잎이나 꽃 100g에 소주 1.8ℓ를 붓고 2개월간 숙성시켜 마신다.

풋열매

열매 | 채취한 열매

식용 비타민C, 플라보노이드, 미네랄, 탄닌, 정유, 카페인을 함유한다. 차나무 잎의 카페인은 커피와는 달리 몸 속에서 천천히 분해되고 빨리 배출된다. 어린잎은 솥에 덖어서 차로 마신다. 덖은 것을 말려 두었다가 각종 요리에 넣기도 한다. 쌉쌀하면서도 단맛과 개운한 향이 난다. 열매는 기름을 짜서 먹는다.

주의사항

- 차나무는 심은 지 3년 후에 잎을 딸 수 있으며, 4월 초에 딴 어린잎이 가장 약효가 좋다.
- 각성효과가 있고 심장을 빨리 뛰게 하므로 불면증이 있거나 혈압이 높은 사람은 먹지 않는다.

노각나무 *Stewartia koreana Nakai*

약

■ 차나무과 잎지는 큰키나무 ■ 분포지 : 중부 이남 산중턱
개화기 : 6~7월 결실기 : 10월 채취기 : 봄(수액), 가을~겨울(줄기 · 뿌리)

- **별 명** : 녹각나무, 노가지나무, 비단나무, 금수목(錦繡木), 조선자경
- **생약명** : 모란(帽蘭)
- **유 래** : 산 속에서 줄기가 매끄럽고 아주 얇은 회색 껍질이 군데군데 벗겨져 붉은 황금색 속살이 드러나 아름다운 무늬처럼 보이는 큰 나무가 있는데, 바로 노각나무다. 나무무늬가 사슴뿔(鹿角)을 닮았다 하여 '녹각나무' 라 하다가 '노각나무' 가 되었다. 얼룩무늬가 비단결 같다 하여 '비단나무' 라고도 한다.

생태 높이 7~15m. 줄기가 매끄럽고 곧으며, 얇은 껍질이 벗겨져 얼룩얼룩하다. 원줄기는 회색빛이 도는 갈색이며, 껍질이 벗겨진 속살은 은회색과 붉은 황금색이다. 잎은 둥근 타원형으로 끝이 뾰족하고 전체가 평평하며, 가장자리에는 동글동글한 톱니가 있다. 꽃은 6~7월에 잎이 나는 자리에 하얀색으로 작게 핀다. 열매는 10월에 노란빛을 띤 붉은색으로 여문다.

솔뫼 노트 노각나무처럼 껍질이 아주 얇은 나무는 목질이 잘 썩지 않는다.

겨울 모습
가지와 새잎
잎 | 줄기와 잎
꽃

약용

한방에서 줄기껍질을 모란(帽蘭)이라 한다. 몸 속 독을 풀고, 염증을 삭히며, 통증을 가라앉히는 효능이 있다.

간이 안 좋을 때, 각종 독을 풀 때, 손발이 뻣뻣하고 저릴 때, 타박상, 관절통에 약으로 처방한다. 줄기껍질은 햇빛에 말려 사용한다.

민간요법

간이 안 좋을 때, 손발이 뻣뻣하고 저릴 때, 근육이 뭉쳤을 때, 술독을 풀 때, 타박상 통증	줄기껍질 15g에 물 약 700㎖를 붓고 달여 마신다.
관절염, 위장병	봄에 수액을 받아 마신다.
신경통	줄기껍질 150g에 소주 1.8ℓ를 붓고 2개월간 숙성시켜 마신다.

밑동 | 줄기

동백나무 *Camellia japonica L.*

약 식

■ 차나무과 늘푸른 큰키나무 ■ 분포지 : 중부 이남 바닷가 야산과 섬 지역

개화기 : 2~4월 결실기 : 9~10월 채취기 : 봄(꽃), 가을(열매)

- **별 명** : 동백(棟柏), 산다목(山茶木), 산다수(山茶樹), 다매(茶梅), 한사(寒士), 춘(椿), 돔박낭, 동박낭
- **생약명** : 산다화(山茶花), 동백(冬柏)
- **유 래** : 낮은 산에서 겨울에도 잎이 푸르며 꽃잎이 핏빛처럼 붉고 노란 꽃술이 소복한 작은 나무가 무리지어 있는 것을 볼 수 있는데, 바로 동백나무다. 겨울을 잘 견디는 나무라는 뜻의 동백(冬柏)에서 유래하여 '동백나무'라 부른다. 산에서 자라며 잎이 차나무 비슷한 나무라 '산다수(山茶樹)'라고도 한다.

생태

높이 7~15m. 줄기는 둥글고 매끄러우며 회색빛이 도는 갈색으로 매우 단단하다. 가지는 옆으로 많이 벌어져 나온다. 잎은 타원형으로 어긋나고 두툼하다. 잎 앞면은 짙푸른 색이고 윤기가 나며, 뒷면은 약간 노란빛이 돈다. 잎 가장자리에는 자잘한 톱니가 있다. 꽃은 2~4월에 붉은색으로 피는데, 꽃자루 없이 1송이씩 달린다. 꽃잎은 5~7개로 다 피어도 활짝 벌어지지 않으며, 노란 꽃술이 100여 개 있다. 꽃은 싱싱한 상태로 한꺼번에 떨어진다. 열매는 9~10월에 녹색으로 여무는데, 둥글고 짙은 갈색 얼룩이 있다. 열매가 다 익으면 겉껍질이 떨어져 나가고 씨앗 여러 개가 근처로 떨어져 번식한다.

*유사종 _ 흰동백, 뜰동백, 애기동백

잎 앞뒤

약용

한방에서 꽃을 산다화(山茶花), 열매를 동백(冬柏)이라 한다. 피가 맑아지고, 피가 멎으며, 어혈을 없애고, 종기를 삭히는 효능이 있다.

피를 토할 때, 코피, 하혈, 설사에 피가 섞여 나올 때, 타박상, 화상에 약으로 처방한다. 꽃과 열매는 햇빛에 말려 사용한다.

민간요법

목이 아프고 부었을 때, 위염이나 위궤양, 어혈, 코피나 하혈, 치질이 있어 피가 묻어 나올 때, 설사에 피가 섞여 나올 때, 변비	꽃 10g에 물 약 700㎖를 붓고 달여 마신다.
축농증	말린 꽃을 가루로 내어 먹는다.
뇌출혈	열매 50g에 물 약 700㎖를 붓고 달여 마신다.
양기를 돋울 때, 거친 피부, 노화 방지	꽃 400g에 소주 1.8ℓ를 붓고 6개월간 숙성시켜 신다.
타박상이나 화상	말린 꽃을 가루로 내어 기름에 개어 바른다.
아토피, 피부나 머리카락이 건조할 때, 종기, 비듬	씨앗으로 기름을 짜서 바른다.

꽃봉오리 | 꽃

식용

비타민 D, 비타민 E, 항산화제, 비타민 K, 카로틴, 단백질, 사포닌을 함유한다.

봄에 어린잎을 소금물에 데친 다음 갖은 양념으로 나물을 무치거나 전을 부친다. 쓴맛이 있으므로 찬물에 담가 우려낸다. 꽃은 차로 마시거나 튀김, 꽃전을 해먹는다. 열매는 볶지 않고 기름을 짜서 먹는데, 잡맛이 없고 은은한 향이 난다.

솔뫼 노트

식물의 꽃가루받이 방법은 여러 가지가 있는데, 가장 원시적인 방법은 바람에 꽃가루를 날려 보내는 것이다. 소나무, 은행나무, 벼가 그런 종류이고, 원시의 모습이 남아 있어 꽃잎이 없고 꽃모양이 소박하며 향기가 없다. 꽃가루는 매우 작고 가벼우며, 바람에 날릴 때 유실될 가능성이 많아 매우 많은 양을 만들어낸다. 벌이나 나비가 꽃가루를 옮겨주는 종류는 후기에 나타난 식물들로 꽃이 향기롭고 아름답다. 동백나무처럼 한겨울에 꽃이 피는 종류는 겨울잠을 자는 곤충들 대신 동박새가 꽃가루를 옮겨준다. 동박새는 중부 이남 지역에 사는 텃새로 잡식성이며, 특히 동백나무 꿀을 좋아한다. 그 밖에 연꽃처럼 물 속에 사는 식물은 물살을 타고 꽃가루가 이동한다.

전체 모습 | 열매

가래나무과(호두나무과) 085-086

특징 열매 속 씨앗이 딱딱하고 크며 기름기가 많은 종류는 대개 가래나무과 식물이다.

줄기와 잎 줄기껍질이 아래쪽은 검고 위쪽으로 올라갈수록 회색빛이 도는 갈색을 띤다. 잎은 아카시아처럼 잎줄기가 따로 나오며 깃털모양이다.

꽃과 열매 꽃은 작고 벼이삭처럼 모여 달리며 한 그루에 암꽃, 수꽃이 따로 핀다. 열매 속 씨앗이 딱딱하고 크다.

종류 큰키나무와 작은키나무가 있다. 우리나라에는 호두나무, 가래나무, 굴피나무 등 3종이 자란다.

약효 가래나무과 식물은 주로 장기에 작용한다.

호두나무

굴피나무

호두나무 *Juglans regia. L. var. orientalis (Dode) Kitamura Juglans sinensis Dode*

약 식

■ 가래나무과 잎지는 큰키나무
■ 분포지 : 중부 이남 산속 평평하고 낙엽 쌓인 곳
개화기 : 4~5월
결실기 : 9~10월
채취기 : 가을(열매 · 뿌리), 봄(꽃), 봄~여름(잎), 수시(줄기 · 가지)

- **별 명** : 호도나무, 당추자(唐楸子)
- **생약명** : 호도인(胡桃仁), 호도육(胡桃肉), 핵도인(核桃仁), 호도청피(胡桃靑皮), 호도각(胡桃殼), 분심목(分心木), 호도근(胡桃根), 호도수피(胡桃樹皮), 호도지(胡桃枝), 호도엽(胡桃葉), 호도화(胡桃花)
- **유 래** : 바람이 적은 평지에서 높은 줄기에 가지가 넓게 퍼져 있고, 잎이 갸름하고 가로 잎맥이 여러 개 있는 큰 나무를 볼 수 있는데, 바로 호두나무다. 고려 충렬왕 때 중국에서 처음 들어왔는데, 오랑캐(胡) 나라에서 온 복숭아(桃) 닮은 열매가 달리는 나무라는 뜻으로 '호도나무'라 하다가, 씨앗이 사람 두뇌를 닮았다 하여 '호두나무'가 되었다.

생태

높이 15~20m. 뿌리는 땅 속 깊이 뻗으며, 양분을 많이 흡수한다. 줄기는 밝은 회색빛이고, 줄기껍질이 밋밋하면서도 세로로 갈라진다. 가지는 위쪽으로 성기게 나며, 새순을 잘라 코에 대면 달콤한 냄새가 난다. 가지가 자라면서 옆으로 많이 벌어지기 때문에 심을 때는 나무 간격을 넓게 잡아야 한다. 잎은 타원형이고, 긴 잎자루에 5~7장이 깃털모양으로 달리며, 잎 가장자리에 잔잔한 톱니가 있다. 꽃은 4~5월에 연한 녹색으로 핀다. 열매는 9~10월에 작은 복숭아 모양으로 푸르게 여무는데, 안에 크고 단단한 껍질에 쌓인 씨앗이 들어 있다.

* 유사종 _ 가래나무

겨울 모습

약용

한방에서 열매를 호도인(胡桃仁), 열매 겉껍질을 호도청피(胡桃青皮), 열매 속살을 호도각(胡桃殼), 씨앗 겉껍질을 분심목(分心木), 뿌리를 호도근(胡桃根), 줄기껍질을 호도수피(胡桃樹皮), 가지를 호도지(胡桃枝), 잎을 호도엽(胡桃葉), 꽃을 호도화(胡桃花)라 한다. 신장을 보하고, 기를 안정시키며, 독을 풀고, 균을 없애며, 혈관과 관절을 튼튼히 하고, 장을 윤택하게 하며, 생리를 잘 나오게 하고, 피로를 없애고, 기력을 북돋우고, 상처를 빨리 아물게 하는 효능이 있다. 〈동의보감〉에도 "호두는 살이 찌게 하고, 몸을 튼튼히 하며, 피부를 좋게 하고, 머리털을 검게 하며, 기와 혈을 보한다"고 하였다.

심한 기침, 천식이나 폐결핵, 신장이 약하여 소변이 잦을 때, 변비, 물 같은 설사를 할 때, 소변에 피가 섞여 나올 때, 신경통, 다리에 힘이 없을 때, 치통, 배가 아플 때, 종기나 사마귀, 피부병, 유방염, 중이염에 걸렸을 때, 자양강장제에 약으로 처방한다. 열매는 물에 담가 겉껍질을 썩힌 후 씨앗을 발라 햇빛에 말리고 열매 속살, 뿌리, 줄기, 잎, 꽃은 그대로 햇빛에 말려 사용한다.

새순

잎 앞뒤

민간요법

심한 기침, 천식이나 폐결핵, 신장이 약하여 소변이 잦을 때, 변비, 신경통, 다리에 힘이 없을 때, 배가 아플 때, 동맥경화	씨앗 10g에 물 약 700㎖를 붓고 달여 마신다.
종기가 나서 아플 때	까맣게 태운 씨앗 가루를 따뜻한 물에 타서 마신다.
잦은 설사, 소변에 피가 섞여 나올 때, 소변이 잘 안 나올 때	딱딱한 씨앗 겉껍질 10g에 물 약 700㎖를 붓고 달여 마신다.
유방염	씨앗 속껍질 20g에 물 약 800㎖를 붓고 달여 마신다.
배가 아프고 물 설사를 할 때, 종기가 나서 아플 때, 피부병	열매 껍질 10g에 물 약 700㎖를 붓고 달여 마신다.
치통, 노인이 기력이 없을 때	뿌리 20g에 물 약 800㎖를 붓고 달여 마신다.
물 설사를 할 때, 피부병	줄기껍질이나 가지 20g에 물 약 800㎖를 붓고 달여 마신다.
허리가 아플 때, 다리에 힘이 없을 때, 흰머리가 날 때, 거친 피부, 이명, 자양강장제	볶아서 빻은 씨앗 600g에 설탕과 소주 1.8ℓ를 붓고 2개월간 숙성시켜 마신다.
튼살, 머리가 많이 빠질 때, 습진이나 아토피	잎을 달인 물을 바른다.
사마귀	꽃을 술에 담갔다가 그 액을 바른다.
중이염, 심한 피부병	열매로 짠 기름을 바른다.
손이나 발에 물집이 잡혔을 때	씨앗 겉껍질을 태운 가루를 물에 개어 바른다.
흰머리가 날 때	줄기에서 수액을 받아 머리에 바른다.

식용

비타민 A, 비타민 B, 비타민 C, 비타민 E, 비타민 K, 비타민 P, 단백질, 리놀레산, 탄닌, 베타카로틴, 탄수화물, 지방유를 함유한다.

씨앗을 날로 먹으며 약밥, 영양밥, 곶감쌈, 볶음, 찜, 조림, 강정, 엿, 죽을 만든다. 씨앗으로 기름을 짜 먹기도 한다. 고소하고 씹히는 맛이 좋다.

주의사항

- 열이 많은 약재이므로 몸에 열이 많은 사람은 먹지 않는다. 여름철에도 먹지 않는다.
- 한꺼번에 많이 먹으면 풍이 동하고 머리가 빠지므로 주의한다.
- 음을 보할 때는 볶아서 사용하고, 기침을 멎게 하는 약으로 쓸 때는 날로 사용한다.

꽃 | 줄기

꽃 | 열매

굴피나무 *Platycarya strobilacea S. et Z.* 약

■ 가래나무과 잎지는 작은큰키나무 ■ 분포지 : 중부 이남 산중턱
개화기 : 5~6월 결실기 : 9월 채취기 : 봄~여름(잎), 가을(열매)

- **별 명** : 굴태나무, 굴황피나무, 산가죽나무, 꾸정나무, 화향수(化香樹), 화과수(化果樹), 필률향(必栗香)
- **생약명** : 화향수엽(化香樹葉), 화향수과(化香樹果)
- **유 래** : 산기슭 양지바른 곳에서 회색 줄기껍질이 길게 갈라지고, 잎줄기가 따로 나와 갸름한 잎들이 깃털처럼 붙어 있는 작은 나무를 볼 수 있는데, 바로 굴피나무다. 나무껍질을 벗겨 그물을 만든다 하여 '그물피나무'라 하다가 '굴피나무'가 되었다.

생태

높이 5~20m. 줄기껍질은 회색이고, 세로로 얕게 갈라지며, 껍질눈이 있다. 잎은 긴 잎자루에 깃털처럼 붙는데 잎 크기가 고르지 않다. 잎은 긴 타원형으로 끝이 뾰족하고, 초승달처럼 한쪽으로 휘어져 있으며, 가장자리에는 날카로운 톱니가 있다. 꽃은 5~6월에 노랗게 피는데, 소나무처럼 꽃잎 없는 작은 꽃들이 긴 막대기처럼 모여 달린다. 열매는 9월에 솔방울 모양으로 검은 갈색으로 여문다. 열매는 다음해 봄까지 가지에 붙어 있다가, 날개 달린 타원형의 납작한 씨앗이 나와 가까운 곳으로 날아가 번식한다.

*유사종 _ 털굴피나무

잎 | 잎 앞뒤

약용 한방에서 잎을 화향수엽(化香樹葉), 열매를 화향수과(化香樹果)라 한다. 기를 다스려 풍과 습을 없애고, 종기를 삭히며, 통증을 없애고, 나쁜 균을 죽이는 효능이 있다.

종기, 피부병이 낫지 않을 때, 복통이나 치통이 심할 때, 뼈와 근육이 아플 때 약으로 처방한다. 잎은 날로, 열매는 햇빛에 말려 사용한다.

민간요법

증상	방법
종기, 습진, 아토피	잎을 날로 찧어 바른다.
뼈마디가 쑤시고 아플 때, 근육통, 치통, 복통	열매 15g에 물 700㎖를 붓고 달여 마신다.

주의사항

• 잎에는 탄닌이 많아서 소화가 잘 안 되므로 먹지 않는다.

열매 | 줄기

감나무과 087

특징 잎이 두툼하며, 꽃받침이 커져 열매꼭지가 달리는 종류는 대개 감나무과 식물이다.

줄기와 잎 잎은 가지에 어긋나게 붙는다. 잎 앞면과 잎 가장자리는 매끄럽고 짙은 녹색이다.

꽃과 열매 꽃이 작으며 초여름에 노란색을 띤 하얀색 꽃이 핀다. 열매는 둥글고 살이 많으며, 풋것은 아주 떫고 다 익으면 붉은색이 돌면서 단맛이 난다.

종류 잎지는 작은키나무, 잎지는 큰키나무가 있다. 우리나라에는 감나무, 고욤나무 등 2종이 자란다.

약효 감나무과 식물은 주로 열을 내린다.

고욤나무

고욤나무

Diospyros lotus L.

약 식

■ 감나무과 잎지는 큰키나무 ■ 분포지 : 전국 산과 들
개화기 : 6월 결실기 : 10월 채취기 : 가을(열매)

- 별 명 : 고염나무, 고양나무, 똘감, 돌감, 소시(小柹), 우내시(牛嬭柹), 홍영조(紅楧棗)
- 생약명 : 군천자(桾櫏子)
- 유 래 : 늦가을 산 속 양지바른 곳에서 감나무와 비슷한데 잎이 얇고 좁으며 열매가 작고 떫은 큰 나무를 볼 수 있는데, 바로 고욤나무다. 예부터 감나무 가지를 접붙이면 감이 열리기 때문에 받쳐준다는 뜻으로 '고임'이라 하다가 '고염나무'가 되었다.

생태

높이 10~15m. 줄기는 짙은 회색이다. 잎은 감나무 잎보다 작고 얇으며, 모양이 길쭉하고, 가장자리가 밋밋하다. 잎 앞면은 짙푸른 색으로 반짝거리며, 뒷면은 약간 허옇다. 꽃은 6월에 연한 녹색 꽃이 감꽃모양으로 핀다. 열매는 10월에 짙은 갈색으로 여무는데, 겨울까지 그대로 달려서 곶감처럼 쪼글쪼글해진다.

* 유사종 _ 청고욤나무, 민고욤나무

열매와 잎 앞뒤 | 전체 모습

약용

한방에서 열매를 군천자(桾櫏子)라 한다. 갈증을 없애고, 열을 내리며, 피부가 윤택해지는 효능이 있다.

가슴이 답답하고 열이 날 때, 당뇨, 고혈압에 약으로 처방한다. 열매는 햇빛에 말려 사용한다.

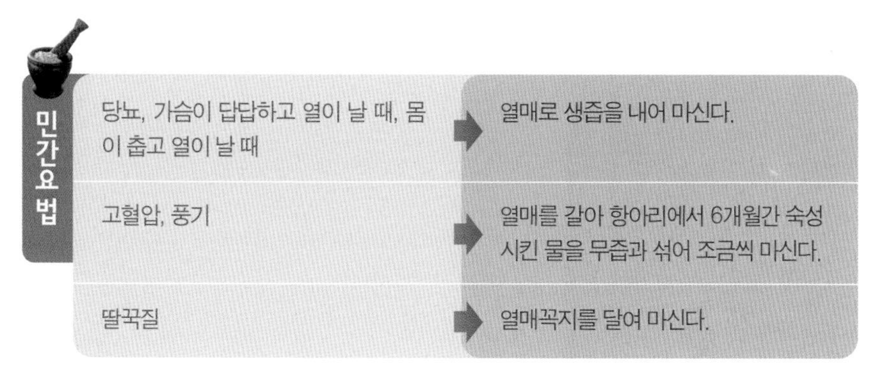

민간요법

당뇨, 가슴이 답답하고 열이 날 때, 몸이 춥고 열이 날 때	열매로 생즙을 내어 마신다.
고혈압, 풍기	열매를 갈아 항아리에서 6개월간 숙성시킨 물을 무즙과 섞어 조금씩 마신다.
딸꾹질	열매꼭지를 달여 마신다.

식용

탄닌, 비타민 C, 비타민 P를 함유한다.

겨울에 서리 맞은 열매를 먹거나, 단단한 열매를 항아리에 넣어 얼렸다가 먹는다. 단단한 열매는 매우 떫지만 얼었다 녹으면 떫은맛이 없어진다.

주의사항

- 서늘한 성질의 약재이므로 배가 차고 설사하는 사람, 임산부는 먹지 않는다
- 많이 먹으면 토하거나 변비가 생길 수 있으므로 소량만 먹는다.

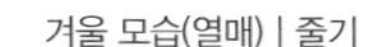

겨울 모습(열매) | 줄기

물푸레나무과 088-089

특징 줄기에 기공선이 넓고, 잎이 아카시아 잎처럼 여러 장이 마주 달리는 종류는 대개 물푸레나무과 식물이다.

줄기와 잎 큰 산에서 나는 것은 키가 크고 목질이 단단하며, 낮은 산에서 나는 것은 키가 작고 목질이 연하다. 잎은 마주나고 턱잎이 없다.

꽃과 열매 꽃이 작고 여러 송이가 한데 모여 달리며 노란색과 하얀색이 있다.

종류 잎지는 큰키나무와 잎지는 작은키나무가 있으며, 덩굴성도 드물게 있다. 우리나라에는 물푸레나무, 개나리, 이팝나무, 미선나무 등 24종이 서식한다.

약효 물푸레나무과 식물은 주로 나쁜 균을 죽인다.

물푸레나무

개나리

물푸레나무 *Fraxinus rhynchophylla Hance* 약

■ 물푸레나무과 잎지는 큰키나무 ■ 분포지 : 전국 높은 산
개화기 : 5월 결실기 : 9월 채취기 : 봄과 가을(줄기껍질)

- 별 명 : 떡물푸레나무, 물푸레낭, 쉬청나무, 수청목(水靑木), 목창목(木倉木), 청반목(靑反木)
- 생약명 : 진백목(秦白木), 진피(秦皮), 진백피(秦白皮), 백심목피(白心木皮)
- 유 래 : 높은 산에서, 뿌리에서 새싹이 많이 올라오고 가지가 옆으로 퍼져 잎들이 쟁반처럼 보이며, 잎이 길쭉하고 잎 가장자리가 물결모양인 큰 나무를 볼 수 있는데, 바로 물푸레나무다. 가지를 꺾어 물에 던지면 푸르르 소리를 내며 빙빙 돈다 하여 '물푸레나무'라 부른다.

생태

높이 약 10m. 줄기는 곧고 회색이며, 희끗희끗한 세로줄이 있다. 잎은 크고 긴 타원형이며, 길다란 잎줄기에 깃털모양으로 달린다. 잎 앞면은 매끄럽고, 가장자리가 물결모양이다. 꽃은 5월에 하얗게 피는데, 새로 나온 가지에 작은 꽃 수십 송이가 한꺼번에 달린다. 암꽃은 길쭉한 꽃잎이 있으나, 수꽃은 꽃잎 없이 수술만 길게 늘어져 있으며 향기가 좋다. 열매는 9월에 여무는데, 잠자리 날개 같은 것이 달려 있어 바람에 날려 번식한다. 가뭄에는 열매가 잘 맺히지 않는다.

*유사종 _ 쇠물푸레나무, 들메나무

꽃과 새순 | 잎 앞뒤

약용 한방에서 줄기껍질을 진피(秦皮)라 한다. 간과 담의 열을 내리고, 습을 조절하며, 숨이 찬 것과 기침을 멎게 하고, 눈이 밝아지며, 나쁜 균을 죽이는 효능이 있다.

세균성 이질이나 장염, 기관지염, 눈이 충혈되고 아플 때, 눈물이 자주 날 때, 어린선이 있을 때 약으로 처방한다. 줄기껍질을 햇빛에 말려 사용한다.

민간요법

심한 기침 가래, 천식, 갑작스런 심한 설사, 장염, 위가 약해 소화가 안 될 때, 관절이 쑤시고 아플 때, 산모의 입덧	줄기껍질 10g에 물 약 700㎖를 붓고 달여 마신다.
피부가 비늘처럼 갈라질 때, 눈이 아프고 눈물이 날 때, 결막염	줄기껍질을 달인 물로 씻어낸다.
통풍	가지를 달인 물로 찜질을 한다.
입맛이 없고 소화가 안 될 때, 장이 안 좋을 때	꽃 100g에 소주 1.8ℓ를 붓고 1개월간 숙성시켜 마신다.

주의사항

- 차가운 성질의 약재이므로 위나 비장이 약하거나 소화가 안 되는 사람은 먹지 않는다. 복용하는 동안 술, 생선, 담배를 금한다.

겨울 모습

전체 모습 | 잎
꽃봉오리 | 꽃
열매 | 줄기

개나리 *Forsythia koreana Nakai*

약

■ 물푸레나무과 잎지는 반덩굴성 작은키나무 ■ 분포지 : 전국 야산 기슭이나 마을 근처
개화기 : 4월 결실기 : 9월 채취기 : 봄(잎), 가을(열매 · 뿌리)

- **별 명 :** 게가비, 어라리나무, 어리자나무, 신리화, 연요, 한련자(旱連子), 대교자(大翹子), 공각(空殼), 영춘화
- **생약명 :** 연교(連翹), 연교근(連翹根), 연교경엽(連翹莖葉)
- **유 래 :** 봄 야산에서 축 처진 줄기에 잎이 나기도 전에 노란 꽃이 소복하게 피는 작은 나무를 볼 수 있는데 바로 개나리다. 나리꽃보다 못하다 하여 '개나리'라 부른다.

생태 길이 약 3m. 줄기는 가늘고 끝이 힘없이 처지며, 회색빛이 도는 갈색이다. 꽃은 잎이 나기 전인 4월에, 잎이 나는 자리 위쪽에 1~3송이씩 모여 노랗게 핀다. 꽃은 작은 편이며 끝이 4갈래로 갈라진다. 잎은 꽃이 질 무렵 줄기에 마주나기 시작하며, 긴 타원형에 앞면이 매끄럽고 뒷면은 조금 희다. 잎 가장자리에는 잔톱니가 있다. 열매는 9월에 끝이 갈색으로 여무는데, 모양은 둥글고 끝이 뾰족하다. 가지를 잘라 심거나 줄기를 휘묻이하여 번식시키는 경우가 많다. 열매는 보기 힘들며, 싹이 잘 트지 않는다.

*유사종 _ 산개나리, 만리화, 장수만리화

잎

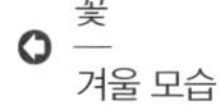
꽃
—
겨울 모습

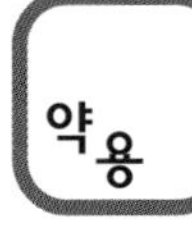

한방에서 열매를 연교(連翹), 뿌리를 연교근(連翹根), 줄기와 잎을 연교경엽(連翹莖葉)이라 한다. 열을 내리고, 독과 뭉친 것을 풀며, 종기를 삭히는 효능이 있다.

성홍열로 발진이 생겼을 때, 종기가 나서 아플 때, 소변을 보기 힘들 때, 열이 나고 변비가 있을 때 약으로 처방한다. 열매, 뿌리, 잎은 햇빛에 말려 사용한다.

민간요법

신장염이나 림프선염, 몸이 춥고 열이 날 때, 성홍열로 피부에 발진이 났을 때, 소변이 잘 나오지 않을 때	줄기와 잎 15g에 물 약 700㎖를 붓고 달여 마신다.
종기가 나서 고름이 잡혔을 때, 습진	열매 15g에 물 약 700㎖를 붓고 달여 마신다.
심장과 폐에 열이 있어 정신이 혼미할 때	잎 7g에 물 약 700㎖를 붓고 달여 마신다.
여성의 거친 피부	꽃 500g에 소주 1.8ℓ를 붓고 2개월간 숙성시켜 마신다.

주의사항

- 몸 속 열을 내리는 약재이므로 위장이 약한 사람, 기가 허하여 열이 나는 사람, 종기의 고름이 터진 사람은 먹지 않는다.
- 국산은 열매가 작고 잘라보면 속이 노란빛이지만, 중국산은 열매가 크고 속이 불그스름하다.

뿌리

측백나무과 090

특징 잎이 바늘처럼 길쭉하고 늘 푸르며, 나무 전체에서 향나무 냄새가 종류는 대개 측백나무과 식물이다.

줄기와 잎 줄기껍질이 세로로 길게 갈라지며, 줄기를 잘라보면 섬유질이 많고 안쪽 색깔이 짙다. 가지가 많이 나온다.

잎 노간주나무처럼 잎이 솔잎처럼 삐죽삐죽한 종류는 대개 산에서 가끔 볼 수 있으며, 옛날에는 우물가에 많이 심었다. 잎이 납작하고 비늘처럼 겹쳐 있으며 만지면 부드러운 종류는 대개 가지가 곧게 올라가 정삼각형의 수형을 이루며, 학교나 조경수로 많이 심는다.

열매 열매는 매끄럽고 둥글며 안에 씨앗이 들어 있다.

종류 늘푸른 큰키나무, 늘푸른 작은키나무가 있다. 우리나라에는 측백나무, 노간주나무, 향나무 등 14종이 자란다.

약효 측백나무과 식물은 주로 풍을 없앤다.

노간주나무

전체 모습 | 가을 모습

어린 나무

노간주나무 *Juniperus rigida S. et Z.*

약

■ 측백나무과 늘푸른 큰키나무 ■ 분포지 : 전국 산 속 벼랑이나 산비탈
개화기 : 4~5월 결실기 : 10월 채취기 : 가을(열매)

- **별 명** : 노가자(老柯子)나무, 노가지나무, 노가주나무, 노간주향나무, 노간주향, 두송(杜松), 봉송(棒松), 코뚜레나무
- **생약명** : 두송실(杜松實)
- **유 래** : 산 속 바위가 많고 양지바른 곳에서 나무모양이 홀쭉하고 끝이 날카로운 잎이 3장씩 달린 늘푸른 침엽수를 볼 수 있는데, 바로 노간주나무다. 지난해에 나온 묵은 가지에 꽃과 열매가 달린다 하여 '노가자(老柯子)나무' 라 하다가 '노간주나무' 가 되었다. 탄력이 좋아 소의 코뚜레를 만든다 하여 '코뚜레나무' 라고도 부른다.

생태

높이 약 8m. 줄기가 곧고 길며, 짙은 갈색을 띠고, 껍질이 세로로 갈라진다. 가지가 위쪽으로 자라며, 잎가지는 아래쪽으로 처진다. 줄기와 가지껍질이 뭉쳐 검붉은 혹이 많이 생긴다. 잎은 바늘처럼 뾰족하고 3개씩 돌려나며, 잎에 가는 흰색 홈이 있다. 꽃은 4~5월에 지난해에 나온 묵은 가지에 녹색으로 피는데, 암수딴그루로서 암꽃과 수꽃이 따로 핀다. 열매는 다음에 10월에 여무는데, 모양이 둥글고 많이 달리며 향기가 있다. 열매는 처음에는 푸르다가 다 익으면 거무스름하게 변하며 흰 가루가 붙어 있다.

* 유사종 _ 서울노간주, 평강노간주, 해변노간주, 긴잎해변노간주, 두송, 곱향나무

잎

약용

한방에서 열매를 두송실(杜松實)이라 한다. 풍과 습을 없애고, 소변을 잘 나오게 하는 효능이 있다.

몸이 부었을 때, 통풍, 소변이 잘 안 나올 때, 땀을 낼 때, 신경통에 약으로 처방한다. 열매는 그늘진 곳에 말려 사용한다.

민간요법

몸이 부었을 때, 통풍, 소변을 보기 힘들 때	열매 5g에 물 약 700㎖를 붓고 달여 마신다.
류머티즘성 관절염, 허리가 쑤시고 아플 때	열매를 날로 찧어 바른다.
풍으로 손발이 마비되었을 때, 관절이 쑤시고 아플 때, 근육이 뭉쳐 아플 때, 어깨가 결리고 아플 때	열매로 기름을 내어 바른다.
코막힘, 변비, 혈액순환이 안 될 때, 풍기, 소화불량, 심한 기침 가래	열매 150g에 소주 1.8ℓ를 붓고 6개월간 숙성시켜 마신다. 드라이진(dry gin) 맛이 난다.

주의사항

- 열매에 독성을 지닌 송진을 함유하므로 정량 이상 먹지 않는다.
- 콩팥과 심장이 좋지 않은 사람은 먹지 않는다.

열매

느릅나무과 091-092

특징 잎이 무성하여 가로수로 많이 심고, 꽃잎 없는 꽃들이 모여 피며, 열매가 딱딱하게 열리는 종류는 대개 느릅나무과 식물이다.

줄기와 잎 줄기가 곧고 껍질이 질기며, 나뭇결이 아름답다. 잎 아래쪽의 좌우모양이 다르다.

꽃과 열매 꽃은 여러 송이가 모여 핀다. 열매가 매우 딱딱하고 씨앗이 1개 들어 있다. 씨앗에는 날개가 달려 있어 바람에 날려가는 것이 많다.

종류 큰키나무와 작은키나무가 있다. 우리나라에는 느릅나무, 느티나무, 팽나무 등 19종이 자란다.

약효 느릅나무과 식물은 주로 염증을 가라앉힌다.

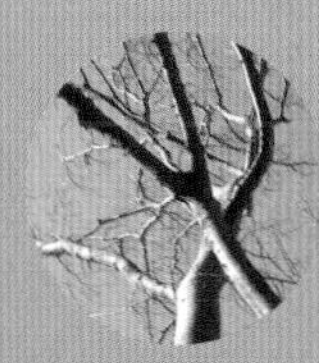
느티나무

팽나무

전체 모습 | 겨울 모습
가지와 새잎 | 잎
줄기

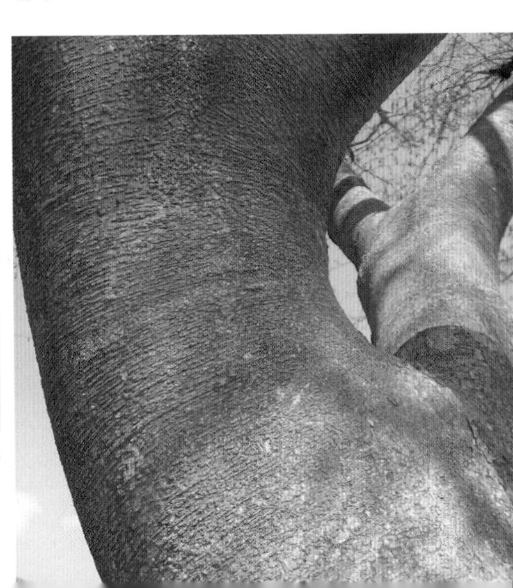

느티나무 *Zelkova serrata Makino*

■ 느릅나무과 잎지는 큰키나무 ■ 분포지 : 전국 산 속

개화기 : 4~5월 결실기 : 10월 채취기 : 봄(잎 · 꽃), 가을(열매), 수시(줄기껍질)

- 별 명 : 규목(槻木), 굴목낭, 굴무기, 느끼낭, 귀몽, 귀한나무, 귀목나무
- 생약명 : 괴목(槐木)
- 유 래 : 시골 마을 입구에서 줄기에 누르스름한 반점이 있고, 가지에서 가지가 계속 뻗어 나와 나무모양이 우산을 넓게 편 것 같은 큰 나무를 볼 수 있는데, 바로 느티나무다. 나무껍질이 누르스름하고 거무튀튀하다 하여 '누튀나무'라 하다가 '느티나무'가 되었다.

생태

높이 약 26m. 뿌리는 매우 길고 굵으며, 곁뿌리가 많이 나온다. 줄기는 곧고 길며, 줄기껍질이 매끄럽고, 누르스름한 비늘 같은 것이 줄무늬처럼 붙어 있다. 잎은 타원형으로 긴 잎줄기에 깃털처럼 마주난다. 잎은 줄기보다 작고, 잎 가장자리에 약간 둥그스름한 톱니가 있다. 꽃은 4~5월에 연한 노란빛이 도는 녹색으로 피는데, 수꽃은 아래쪽에 달리고 암꽃은 위쪽에 달린다. 열매는 10월에 납작한 공모양으로 여무는데, 아주 작고 딱딱하다.

*유사종 _ 긴잎느티나무, 둥근잎느티나무

느티나무처럼 암꽃과 수꽃이 한 그루에 같이 피는 나무들은 극심한 가뭄 같은 극한상황이 아니면 같은 나무에서 꽃가루받이를 하지 않는다. 뿌리가 다른 나무의 꽃가루를 받아야만 건강하고 질 좋은 씨앗을 맺을 수 있기 때문이다. 그래서 이런 나무들은 암꽃과 수꽃이 달리는 위치와 꽃 피는 시기를 미세하게 달리하여 자가수정을 최대한 방지한다. 대개 수꽃은 아래쪽에 달리고 암꽃은 위쪽에 달려 같은 나무의 꽃가루가 닿지 않게 한다. 그리고 암꽃은 수꽃에서 꽃가루가 날릴 때쯤 개화한다.

약용

한방에서 줄기, 잎, 열매를 괴목(槐木)이라 한다. 혈압을 낮추고, 피를 멈추게 하며, 염증을 가라앉히는 효능이 있다.

고혈압, 노쇠하여 눈이 침침할 때, 치질, 자궁이나 장의 출혈, 치통에 약으로 처방한다. 줄기, 잎, 열매는 햇빛에 말려 사용한다.

민간요법

치질, 자궁이나 장의 출혈	줄기껍질 10g에 물 약 700㎖를 붓고 달여 마신다.
고혈압	꽃 10g에 물 700㎖를 붓고 달여 마신다.
노화로 눈이 침침할 때	열매 10g에 물 700㎖를 붓고 달여 마신다.
심한 치통	가지를 달인 물로 양치질을 한다.

식용

폐암에 좋은 카달렌 성분을 함유한다.

봄에 어린잎을 멥쌀가루에 섞은 다음 팥고물을 켜켜이 얹어 시루떡을 만든다. 예부터 이를 느티떡이라 하여 4월 초파일에 해 먹었다. 맛이 쌉쌀하면서도 향이 좋다.

꽃 | 잎

팽나무 *Celtis sinensis Pers.*

약 식

■ 느릅나무과 잎지는 큰키나무 ■ 분포지 : 산기슭과 마을 앞 물가
개화기 : 4~5월 결실기 : 10월 채취기 : 봄~여름(줄기 · 잎)

- 별　명 : 평나무, 폭나무, 포구나무, 달주나무, 매태나무, 박목(朴木), 청단(靑檀)
- 생약명 : 박수피(朴樹皮), 박수엽(朴樹葉), 박유지(樸楡枝), 상자지(桑仔枝)
- 유　래 : 시골에서 줄기가 곧고 가지가 넓게 퍼지며 줄기껍질이 거무스름하고 갈라짐이 적은 나무를 볼 수 있는데, 바로 팽나무다. 느티나무처럼 마을 입구에 당나무로 많이 심으며, 대나무통에 꽂을대를 꽂은 총에 열매를 넣고 쏘면 '팽' 소리가 난다 하여 붙여진 이름이다.

생태

높이 약 20m. 뿌리는 곧고, 곁뿌리가 옆으로 뻗어 나간다. 줄기는 곧게 자라는데, 줄기껍질이 검은 갈색이며 잘 갈라지지 않는다. 가지는 옆으로 뻗어 깊은 그늘을 만든다. 잎은 갸름한 타원형으로 어긋나며, 잎의 좌우 크기가 조금 다르고, 잎 앞뒷면이 거칠다. 잎 가장자리에는 물결모양의 톱니가 있다. 꽃은 4~5월에 작은 꽃들이 꽃대에 여러 송이 모여 달린다. 열매는 10월에 작은 콩처럼 여무는데, 처음에는 노랗다가 점차 붉어진다.

＊유사종 _ 산팽나무, 노랑팽나무, 자주팽나무, 섬팽나무

가지와 잎

전체 모습

줄기 | 꽃

열매

한방에서 줄기껍질을 박수피(朴樹皮), 잎을 박수엽(朴樹葉)이라 한다. 피가 잘 돌고, 폐가 좋아지며, 염증을 가라앉히고, 통증을 없애는 효능이 있다.

생리불순, 두드러기, 폐렴, 옻이 올랐을 때 약으로 처방한다. 잎과 줄기는 그늘에 말려 사용한다.

민간요법

생리불순, 두드러기, 폐렴, 폐결핵, 허리나 무릎이 쑤시고 아플 때, 두통, 가슴이 두근거릴 때, 유방염	줄기껍질 15g에 물 약 700㎖를 붓고 달여 마신다.
심한 변비, 혈액순환이 안 될 때	가지나 열매 15g에 물 약 700㎖를 붓고 달여 마신다.
옻이 올랐을 때	잎으로 생즙을 내어 바른다.
심한 탈모증, 종기	가지와 열매를 달인 물을 바른다.
화상	줄기껍질을 달인 물로 찜질을 한다.
관절염, 잠을 잘 못 잘 때, 소변이 잘 안 나올 때	줄기껍질 200g에 소주 1.8ℓ를 붓고 8개월간 숙성시켜 마신다.

사포닌, 알칼로이드를 함유한다.

열매는 날로 먹는데, 작지만 맛이 달달하다. 씨앗으로 기름을 짜 먹는다.

멀구슬나무과 093

특징 아카시아처럼 잎줄기가 따로 나와 잎이 깃털처럼 달리며, 잔꽃이 우산처럼 소복하게 모여 피는 나무는 대개 멀구슬과 식물이다.

줄기와 잎 잎이 가늘고 길쭉하며 잎줄기에 나란히 붙는다.

꽃과 열매 꽃은 잎 위쪽에 달리며, 꽃대가 여러 개로 갈라져 꽃이 달린다.

종류 큰키나무와 작은키나무가 있으며 풀 종류도 간혹 있다. 우리나라에는 멀구슬나무, 참죽나무 등 2종이 자란다.

약효 멀구슬나무과 식물은 주로 열과 습한 것을 없앤다.

참죽나무

참죽나무 *Cedrela sinensis Juss.*

약 식

■ 멀구슬나무과 잎지는 큰키나무 ■ 분포지 : 중부 이남 산 속

개화기 : 6월 결실기 : 10월 채취기 : 봄(뿌리 · 줄기 · 잎), 가을(열매 · 수액)

- **별 명** : 참중나무, 쭉나무, 가죽나무, 진승목(眞僧木), 향춘수(香椿樹), 저향(樗香)
- **생약명** : 춘백피(椿白皮), 춘엽(椿葉), 향춘자(香椿子)
- **유 래** : 산 속에서 길쭉한 잎이 깃털처럼 붙어 있고 쿰쿰한 가죽냄새가 나는 큰 나무를 볼 수 있는데, 바로 참죽나무다. 절에서 나물로 먹는 진짜 나무라 하여 '참중나무'라 하다가 '참죽나무'가 되었다. 경상도에서는 참죽나무를 가죽 냄새가 난다 하여 '가죽나무'라 부르고, 잎을 먹지 않는 소태나무과의 가죽나무는 '개가죽나무'라 부른다.

생태

높이 20~30m. 줄기는 겉껍질이 얇고 튼살처럼 갈라지며, 옅은 적갈색이다. 잎은 긴 타원형으로 긴 잎줄기에 층층이 마주난다. 잎 뒷면은 하얀색이고, 잎 가장자리에 잔물결처럼 밋밋한 톱니가 있으며, 잎에서 독특한 향이 난다. 꽃은 6월에 긴 꽃대에 작고 하얀 꽃이 뭉쳐서 달리며, 향기가 짙다. 열매는 9월에 긴 타원형으로 여문다. 열매가 다 익으면 껍질이 갈라지고 양쪽에 날개 달린 작은 씨앗이 바람에 날려 번식한다.

잎 앞뒤

약용 한방에서 줄기와 뿌리껍질을 춘백피(椿白皮), 잎을 춘엽(椿葉), 열매를 향춘자(香椿子)라 한다. 열을 내리고, 한기를 흩어주며, 습과 풍을 내보내고, 피를 멈추게 하며, 통증과 독을 없애고, 염증을 삭히며, 균을 죽이는 효능이 있다.

만성설사, 대변에 피가 섞여 나올 때, 장염, 소변색이 탁할 때, 옻이 올랐을 때, 찬바람을 쐬어 감기에 걸렸을 때, 가슴이 답답하고 배가 아플 때, 관절이나 허리가 아플 때, 출산 후 하혈, 종기가 났을 때 약으로 처방한다. 뿌리, 줄기, 잎, 열매는 햇빛에 말려 사용한다.

민간요법

장염, 설사를 오래 할 때, 대변에 피가 섞여 나올 때, 소변색이 탁하고 아랫배가 아플 때, 출산 후 하혈이 계속될 때	뿌리껍질이나 줄기껍질 10g에 물 약 700㎖를 붓고 달여 마신다.
종기가 나서 아플 때, 옻이 올랐을 때	잎을 달인 물로 찜질을 한다.
감기, 류머티즘성 관절염	열매 5g에 물 약 400㎖를 붓고 달여 마신다.

줄기

식용

비타민 A, 비타민 B, 비타민 C, 비타민 E, 탄닌, 카로틴, 철, 단백질을 함유한다.

봄에 어린순을 날로 고추장에 찍어 먹거나, 살짝 데쳐서 쌈을 싸 먹거나 고추장에 박아 장아찌를 만든다. 살짝 데쳐 말린 잎에 찹쌀풀을 입혀 다시 말린 뒤 튀기거나, 전을 부친다. 씹는 맛이 꼬들꼬들하면서도 노릿한 향이 있어 별미로 즐길 수 있다.

주의사항

- 차가운 성질의 약재이므로 비장, 위장, 신장이 약한 사람은 먹지 않는다.

순
—
겨울 모습

능소화과 094

특징 잎이 크고, 꽃 안쪽에 긴 줄무늬가 있으며, 씨앗에 털이나 날개가 달려 바람에 의해 번식하는 종류는 대개 능소화과 식물이다.

줄기와 잎 줄기가 길고, 잎은 잎줄기에 여러 장씩 달린다.

꽃과 열매 꽃은 통모양으로 끝이 5장으로 갈라지며, 꽃잎 끝이 매끈하지 않다. 꽃향기가 좋다. 꼬투리 모양의 열매가 터져 씨앗이 나온다.

종류 작은키나무와 큰키나무가 있으며, 덩굴성도 있다. 귀화식물이 많으며 우리나라에는 능소화, 개오동, 꽃개오동 등 4종이 자란다.

약효 능소화과 식물은 주로 피를 맑게 한다.

능소화

능소화 *Campsis grandiflora (Thunb.) K. Schum.*

약

■ 능소화과 잎지는 덩굴나무 ■ 분포지 : 중부 이남 절이나 민가의 담장
개화기 : 6~8월 결실기 : 9~10월 채취기 : 여름(꽃 · 잎 · 줄기), 수시(뿌리)

- **별　명** : 양반꽃, 미국나팔꽃, 금등화(金藤花), 등라화(藤羅花), 망강남, 대화능소화, 오과룡
- **생약명** : 능소화(凌霄花), 자위근(紫葳根), 자위경엽(紫葳莖葉)
- **유　래** : 여름에 시골 담장이나 죽은 나무 위에서 덩굴이 무성하고 나팔처럼 생긴 주황색 꽃이 피었다가 시들지 않은 채 땅에 떨어지는 것을 볼 수 있는데, 바로 능소화다. 옛날 임금의 눈길을 받지 못한 '능소'라는 궁녀가 죽어 핀 꽃이라 하여 붙여진 이름이다. 양반집에만 심던 꽃이라 하여 '양반꽃'이라고도 한다.

생태

길이 약 10m. 줄기는 길게 자라고, 껍질이 길게 벗겨지며, 갈색을 띤다. 가지는 푸른색이며, 가지에서 잔뿌리가 나와 담장에 달라붙어 자란다. 잎은 타원형으로 마주나며, 긴 잎줄기에 깃털모양으로 달린다. 잎 앞면은 잎맥이 선명하게 드러나며, 잎 가장자리에 톱니가 있다. 꽃은 6~8월에 노란빛이 도는 주황색 꽃이 종모양으로 피는데, 꽃잎이 5장으로 갈라지며, 안쪽에 붉은 선이 있다. 꽃은 가지 끝에 여러 송이가 함께 달린다. 열매는 9~10월에 둥글고 길쭉하게 여무는데, 다 익으면 꼬투리가 벌어져 씨앗이 나와 번식한다. 봄부터 여름까지 가지나 뿌리를 잘라 심기도 한다.

*유사종 _ 미국능소화

꽃 | 잎 앞뒤

약용 한방에서 꽃을 능소화(凌霄花), 줄기와 잎을 자위경엽(紫葳莖葉), 뿌리를 자위근(紫葳根)이라 한다. 피를 맑게 하고, 어혈과 풍을 없애는 효능이 있다.

생리불순, 출산 후 산모의 몸이 좋지 않을 때, 풍기, 허리나 다리 마비, 통풍, 춥고 열이 날 때, 피부가 가려울 때, 목이 붓고 아플 때 약으로 처방한다. 꽃, 잎, 뿌리는 햇빛에 말려 사용한다.

민간요법

생리불순, 풍기, 출산 후 잔병치레, 당뇨	꽃 6g에 물 약 700㎖를 붓고 달여 마신다.
풍으로 허리와 다리를 못 쓸 때, 통풍	뿌리 10g에 물 약 500㎖를 붓고 달여 마신다.
손발이 저리고 아플 때, 관절염, 목이 붓고 아플 때	줄기와 잎 15g에 물 약 700㎖를 붓고 달여 마신다.
정신이상	꽃 100g에 소주 1.8ℓ를 붓고 1개월간 숙성시켜 마신다.
코끝에 빨갛게 염증이 있을 때, 유방염	말린 꽃을 가루로 내어 바른다.
피부가 가렵거나 발진이 났을 때	말린 뿌리를 가루로 내어 바른다.

주의사항

• 어혈을 풀고 피를 돌게 하는 약재이므로, 임산부와 허약한 사람은 먹지 않는다.

겨울 모습

잎과 줄기

겨울 줄기 | 여름 줄기

뽕나무과 095-096

특징 봄철 물이 올라올 때 줄기껍질을 벗기면 끈적끈적하고 하얀 유액이 나오며, 열매가 둥글고 익으면 단맛이 나는 종류는 대개 뽕나무과 식물이다.

줄기와 잎 줄기에 유액이 있으며, 잎이 무성하게 달린다.

꽃과 열매 꽃이 작고 여러 송이가 한데 모여 핀다. 열매는 아주 작은 열매가 뭉쳐서 하나처럼 맺힌다.

종류 큰키나무, 작은키나무, 한해살이풀, 여러해살이풀이 있으며 덩굴성도 있다. 우리나라에는 뽕나무, 닥나무, 무화과 등 10종이 자란다.

약효 뽕나무과 식물은 주로 장에 작용한다.

닥나무 무화과

닥나무 *Broussonetia kazinoki Sieb.*

약 식

■ 뽕나무과 잎지는 작은키나무 ■ 분포지 : 전국 산과 들
개화기 : 5월 결실기 : 9월 채취기 : 봄(줄기 · 잎), 가을(열매 · 뿌리)

- 별 명 : 닥낭, 저뽕, 저상(楮桑)
- 생약명 : 구피마(構皮麻), 구수자(構樹子), 저실(楮實), 저엽(楮葉), 저수피(楮樹皮)
- 유 래 : 산 속 양지바른 곳에서 나무줄기가 회색이고 가지가 탄력 있어 잘 부러지지 않으며 겉껍질이 매우 질긴 작은 나무를 볼 수 있는데, 바로 닥나무다. 가지를 꺾을 때 '딱' 소리가 난다 하여 붙여진 이름이다. 예부터 줄기껍질을 솥에 쪄서 말린 다음 한지나 옷을 만들거나 팽이줄을 만든다.

생태

높이 약 3m. 뿌리줄기에서 싹이 많이 올라온다. 줄기는 회색빛이 나는 갈색이다. 잎은 둥근 타원형으로 어긋나며, 잎 가장자리에 잔톱니가 있다. 꽃은 5월에 붉은 자주색으로 피는데, 꽃잎이 실처럼 가늘다. 열매는 9월에 붉은 산딸기모양으로 여문다.

＊유사종 _ 애기닥나무

줄기와 잎

약용 한방에서 잎을 저엽(楮葉), 줄기껍질을 저수피(楮樹皮), 뿌리껍질을 구피마(構皮麻)라 한다. 습과 풍을 없애고, 소변을 잘 나오게 하며, 피를 활성화시키고, 뼈와 근육을 튼튼하게 하며, 양기를 북돋우는 효능이 있다. 〈동의보감〉에서도 "닥나무 열매는 힘줄과 뼈를 튼튼히 하고, 양기를 돕고 허약함을 보하며, 허리와 무릎을 따뜻하게 해주고, 얼굴빛을 좋게 하고, 피부를 보호하며, 눈을 밝게 한다"고 하였다.

류머티즘, 타박상, 몸이 차고 부기가 있을 때, 림프선염이 있을 때 약으로 처방한다. 열매는 술에 쪄서 햇빛에 말려 사용한다.

민간요법

신경통, 얼굴이 부었을 때, 허리와 무릎이 시릴 때, 림프선염, 타박상, 풍으로 팔다리가 마비되었을 때, 당뇨	줄기껍질이나 뿌리껍질 10g에 물 약 700㎖를 붓고 달여 마신다.
양기 저하, 거친 피부나 얼굴빛이 좋지 않을 때, 눈이 침침할 때	열매 10g에 물 약 700㎖를 붓고 달여 마신다.
아토피, 피부가 가려울 때, 종기	잎을 달인 물로 씻어낸다.

꽃

식용

단백질, 탄산칼슘, 세로토닌, 리파아제, 아밀라아제, 항산화성분을 함유한다.

고기를 삶을 때 열매를 넣으면 육질이 부드러워지고 깊은 맛과 향이 난다. 맛은 달면서도 떫다. 잎은 메주나 누룩을 띄울 때 짚과 함께 덮으면 발효가 잘 된다.

주의사항

- 차가운 성질의 약재이므로 위장과 비장이 약한 사람은 먹지 않는다.

겨울 모습

꺾은 줄기 모습

무화과 *Ficus carica L.*

약 식

■ 뽕나무과 잎지는 작은키나무 ■ 분포지 : 중부 이남 마을 근처
개화기 : 6~7월 결실기 : 8~10월 채취기 : 늦여름~가을(열매))

• 생약명 : 무화과(無花果), 무화과엽(無花果葉), 천생자(天生子)
• 유 래 : 남부지방 마을 근처에서 아주 큰 손바닥 모양의 잎이 하늘을, 향하고 가지를 꺾으면 하얀 유액이 나오는 작은 나무를 볼 수 있는데, 바로 무화과나무다. 꽃이 열매모양의 꽃이삭 주머니 안에 숨어 피기 때문에 꽃(花)이 없는(無) 듯 하게 열매(果)를 맺는 나무라 하여 붙여진 이름이다.

생태

높이 2~4m. 줄기는 회색빛이 나는 갈색이다. 가지는 굵고 위쪽으로 벌어진다. 잎은 어긋나며, 매우 크고 두꺼우며 앞뒷면이 거칠다. 잎은 손바닥을 펼친 듯 깊게 갈라지고, 잎 가장자리에 불규칙한 톱니가 있다. 꽃은 6~7월에 물방울 모양의 꽃이삭 주머니 속에서 피는데, 크기가 아주 작고 여러 송이가 함께 핀다. 열매는 꽃턱이 자라 8~9월에 둥글고 길쭉하며 붉은 자줏빛 열매가 여문다. 열매 속에 씨눈이 없는 경우가 많아 꺾꽂이로 번식시킨다.

약용

한방에서 열매를 무화과(無花果), 잎을 무화과엽(無花果葉)이라 한다. 피를 맑게 하고, 위를 건강하게 하며, 장을 깨끗히 하고, 종기를 삭히며, 독을 없애는 효능이 있다. 〈동의보감〉에서도 "무화과는 설사를 그치게 하고, 각혈 치료에 좋으며, 잎을 말려 구충제와 신경통 약제로 사용한다" 고 하였다.

소화불량, 장염, 설사, 변비나 치질, 빈혈, 자궁 출혈, 결핵으로 피를 토할 때, 목의 염증, 피부병이나 종기, 황달기가 있을 때 약으로 처방한다. 열매와 잎은 햇빛에 말려 사용한다.

민간요법

입맛이 없고 소화가 안 될 때, 변비나 설사, 위나 장이 안 좋을 때, 목이 붓고 아플 때, 결핵으로 피를 토할 때, 자궁 출혈, 변비, 술독을 풀 때, 생선을 먹고 탈이 났을 때	열매 30g에 물 약 1.2ℓ를 붓고 달여 마신다.
빈혈	잎 15g에 물 약 400㎖를 붓고 달여 마신다.
소화불량, 변비, 관절염	열매 500g에 소주 1.8ℓ를 붓고 3개월간 숙성시켜 마신다.
치질이나 신경통	잎을 달인 물로 찜질을 한다.

식용

비타민C, 비타민 B, 단백질, 탄수화물, 칼슘, 인, 나트륨, 마그네슘, 섬유소, 당분, 사과산을 함유한다.

열매는 과실로 먹는다. 열매로 주스, 잼, 화채를 만들거나 곶감처럼 말려서 먹는다. 맛이 달콤하다.

잎과 열매 | 열매 속

층층나무과 097-099

특징 잎이 둥글고 잎맥이 세로로 여러 개씩 선명하며, 봄에 수많은 꽃송이가 모여 하늘을 향해 피고, 열매가 작고 둥글게 맺히는 종류는 대개 층층나무과 식물이다.

줄기와 잎 잎이 둥글고 가장자리가 밋밋하며 톱니가 없다.

꽃과 열매 꽃은 봄이나 초여름에 아주 작은 꽃송이들이 뭉쳐 피며, 색깔이 하얗거나 노랗다. 열매는 둥글고 붉거나 검은색이다.

종류 작은키나무와 큰키나무가 있으며, 풀 종류도 드물게 있다. 우리나라에는 층층나무, 말채나무, 산수유나무, 산딸나무 등 8종이 자란다.

약효 층층나무과 식물은 주로 수렴 작용을 한다.

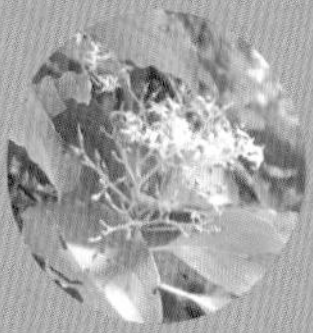
말채나무

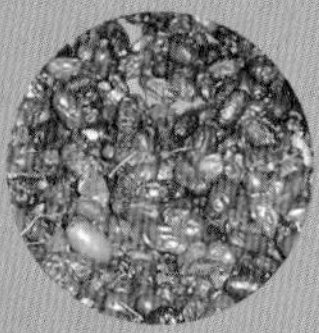
산수유나무

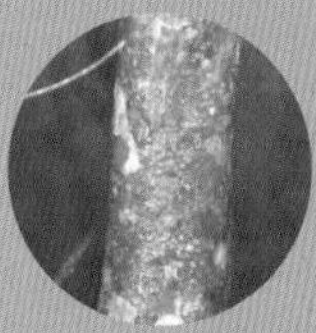
산딸나무

말채나무 *Cornus walteri Wanger.* 약

■ 층층나무과 잎지는 큰키나무 ■ 분포지 : 전국 산 속 계곡가
개화기 : 5~6월 결실기 : 9~10월 채취기 : 봄(줄기껍질), 봄~여름(잎)

- 별 명 : 빼빼목, 홀쭉이나무, 피골목, 막께낭
- 생약명 : 모래지엽(毛徠枝葉)
- 유 래 : 산 속 물가에서 나무껍질이 거무스름하고 그물모양으로 갈라지며, 잎이 넓고, 가지가 낭창낭창한 큰 나무를 볼 수 있는데, 바로 말채나무다. 봄에 나무에 한창 물이 오르면 낭창낭창한 가느다란 가지를 말채찍으로 사용하기에 안성맞춤이었기 때문에 이런 이름이 붙여졌다.

생태

높이 약 10m. 줄기가 검은 갈색이고, 줄기껍질이 그물처럼 갈라진다. 가지는 가늘고 길게 뻗으며 탄력이 있다. 잎은 넓은 타원형으로 끝이 뾰족하며, 잎맥이 세로로 4~5줄씩 있고, 잎 가장자리가 매끄럽다. 꽃은 5~6월에 꽃대가 산호초처럼 갈라진 끝에 아주 작고 하얀 꽃들이 모여 핀다. 꽃잎은 가늘고 길쭉하며 4장이 십자모양으로 벌어진다. 열매는 9~10월에 작고 둥글며 검은 열매가 맺힌다.

＊유사종 _ 흰말채나무

잎과 꽃 | 꽃

약용 한방에서 줄기껍질과 잎을 모래지엽(毛徠枝葉)이라 한다. 열을 내리고, 독을 없애며, 경락을 잘 통하게 하고, 대소변을 잘 나오게 하는 효능이 있다.

늑막염이나 신장염, 피를 토할 때, 설사, 변비가 있을 때 약으로 처방한다. 가지와 잎을 햇빛에 말려 사용한다.

민간요법

증상	방법
설사, 피를 토할 때, 기력이 쇠했을 때, 당뇨, 고혈압, 살이 쪘을 때, 변비, 눈과 귀가 어두워졌을 때, 산모의 젖이 안 나올 때, 폐경이 왔을 때, 위장병	가지와 잎 10g에 물 약 700㎖를 붓고 달여 마신다.
옻이 올랐을 때	잎을 달인 물로 씻어낸다.

주의사항

- 살을 내리는 성질의 약재이므로 음과 양이 허하고 마른 사람, 임산부, 신장이 약한 사람은 먹지 않는다.

줄기

산수유나무 *Cornus officinalis S. et Z.*

■ 층층나무과 잎지는 큰키나무 ■ 분포지 : 중부 이남 산속 계곡가나 논둑과 밭둑
개화기 : 3~4월 결실기 : 8~10월 채취기 : 가을(열매)

• 별 명 : 산수육(山茱肉), 오수유(吳茱萸), 촉조(蜀棗), 서시(鼠矢), 야춘계(野春桂), 약조, 석조

• 생약명 : 산수유(山茱萸)

• 유 래 : 이른 봄에 산기슭에서 줄기껍질이 너덜너덜하고 잎이 피기 전에 깨알 같은 샛노란 꽃들이 수십 송이씩 모여 둥그렇게 펼쳐져 피는 나무를 볼 수 있는데, 바로 산수유다. 중국 오나라에서 많이 심었다 하여 '오수유'라 하다가 '산수유'가 되었다.

생태

높이 5~7m. 줄기는 연한 갈색이며, 겉껍질이 불규칙하게 벗겨져 너덜너덜하다. 가지는 우산처럼 위와 옆으로 길게 뻗는다. 꽃은 3~4월에 잎이 나기 전에 노랗게 피는데, 아주 작은 꽃들이 뭉쳐서 하늘을 향해 활짝 벌어진다. 잎은 꽃이 핀 다음 나오는데, 크고 긴 타원형으로 끝이 뾰족하다. 잎 앞면은 윤이 나며, 잎모양을 따라 세로홈이 깊게 여러 개 있다. 잎 가장자리는 매끄럽다. 열매는 8~10월에 긴 타원형으로 여무는데, 겉이 반질반질하고 처음에는 푸르다가 다 익으면 붉어진다. 열매는 겨울까지 붙어 있다.

* 유사종 _ 층층나무, 말채나무

약용

한방에서 열매를 산수유(山茱萸)라 한다. 간과 신장을 튼튼히 하고, 원기와 혈을 보하며, 혈압을 내리고, 염증을 가라앉히는 효능이 있다. 〈동의보감〉에도 "산수유는 정력을 강하게 하고, 뼈를 튼튼히 하며, 허리와 무릎을 따뜻하게 해주고, 소변이 잦은 것을 낫게 한다"고 하였다.

병후나 산후에 몸이 쇠약해졌을 때, 생리량이 많거나 자궁 출혈이 있을 때, 심한 기침, 뼈마디가 시리고 아플 때, 꿈이 많을 때, 야뇨증, 어지럽고 이명이 들릴 때 약으로 처방한다. 열매는 씨를 발라낸 뒤 쪄서 햇빛에 말려 사용한다.

민간요법

증상	방법
몸이 허약하여 꿈이 많고 이명이 들릴 때, 병후나 산후 쇠약, 과로로 인한 탈진, 식은땀이 나고 한기가 들 때, 노인성 신경통, 생리량이 많거나 자궁 출혈이 있을 때, 고혈압, 잦은 소변이나 야뇨증, 설사를 계속 할 때	열매 10g에 물 약 700㎖를 붓고 달여 마신다.
자양강장제	열매 150g에 소주 1.8ℓ를 붓고 3개월간 숙성시켜 마신다.

풋열매 | 채취한 열매

전체 모습 | 겨울 모습

밑동 | 줄기

식용

비타민 A, 사과산, 주석산, 당분, 수지 등을 함유한다.

봄에 어린잎을 살짝 데쳐 나물로 먹거나 차를 끓여 마신다. 열매는 쌀과 함께 갈아 죽을 끓이거나, 말려두었다가 차로 마신다. 맛은 새콤하면서도 단맛이 조금 있다.

주의사항

- 몸에 열이 많거나 소변을 볼 때 통증이 느껴지면 복용하지 않는다.
- 씨앗을 함께 먹으면 오히려 정력을 해치므로 반드시 제거하고 사용한다.
- 국산은 색깔이 선명하고 원래 모양을 유지하지만, 중국산은 색깔이 검붉고 모양이 흐트러져 있다.

산딸나무

Cornus kousa Buerg.

약 식

■ 층층나무과 잎지는 작은큰키나무 ■ 분포지 : 중부 이남 산 속 습한 곳
개화기 : 6~7월 결실기 : 10월 채취기 : 봄~여름(잎), 여름(꽃)

- **별 명** : 박달나무, 쇠박달나무, 미영꽃나무, 사조화(四照花)
- **생약명** : 야여지(野荔枝)
- **유 래** : 산 속 기름진 땅에서 잎 가장자리가 잔잔한 물결모양이고, 딸기처럼 겉이 울퉁불퉁하고 둥근 열매가 맺히는 나무가 있는데, 바로 산딸나무다. 산 속에서 자라고 딸기 같은 열매가 달리는 나무라 하여 붙여진 이름이다.

생태

높이 7~12m. 뿌리는 곧고 길게 자란다. 줄기는 곧고 길며, 얇은 줄기껍질이 둥글게 벗겨져 노랗거나 푸른 속살이 들어난다. 가지는 층층이 나서 옆으로 퍼진다. 잎은 크고 긴 타원형이며, 잎자루가 조금 길고, 잎 앞면에 사선무늬 잎맥이 많다. 잎 가장자리는 잔잔한 물결모양이다. 꽃은 6~7월에 하얗게 피는데, 꽃잎 모양의 크고 하얀 꽃받침 4장이 십자모양으로 납작하게 펼쳐지고, 그 안에 아주 작은 꽃들이 공처럼 동그랗게 모여 핀다. 열매는 10월에 동그랗게 여무는데, 처음에는 푸르다가 다 익으면 딸기처럼 붉어진다.

* 유사종 _ 풀산딸나무, 미국산딸나무

줄기 | 전체 모습

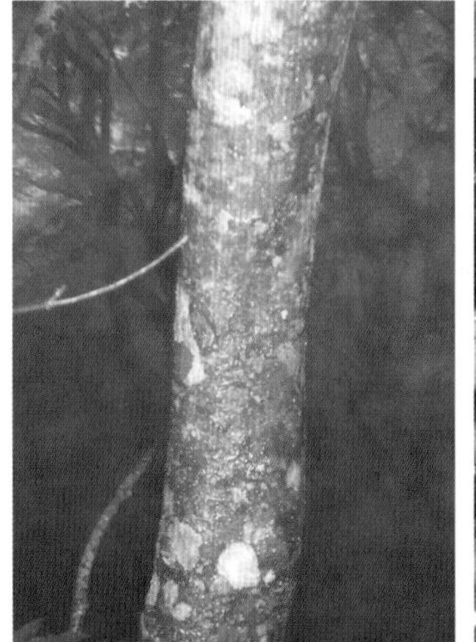

약용

한방에서 꽃과 열매를 야여지(野荔枝)라 한다. 장을 깨끗이 하고, 설사를 멎게 하며, 뼈를 이어주는 효능이 있다.

소화불량, 설사, 골절상을 입었을 때 약으로 처방한다. 잎과 열매는 햇빛에 말려 사용한다.

증상	방법
소화가 안 되고 배가 아플 때, 설사	잎과 꽃 15g에 물 약 700㎖를 붓고 달여 마신다.
골절상, 상처에서 피가 날 때	꽃과 잎을 날로 찧어 바른다.

비타민과 당분을 함유한다.

열매는 날로 먹고, 잎은 차를 끓여 마신다. 조금 달달하면서도 떫은맛이 있다.

열매 | 잎앞뒤 / 꽃

보리수나무과 100

특징 묵은 가지는 검고, 새로 나온 가지는 하얗다. 열매는 작고 털이 있으며, 첫맛은 떨떠름하고 뒷맛이 단 것은 보리수나무과 식물이다.

줄기와 잎 줄기에 털이 있다. 잎은 뒷면이 은색을 띠고, 잎 가장자리가 매끄럽다.

꽃과 열매 꽃받침이 통처럼 생겼으며, 열매에 물이 많다.

종류 작은키나무와 큰키나무가 있다. 우리나라에는 보리수나무, 보리밥나무, 보리장나무 등 6종이 자란다.

약효 보리수나무과 식물은 주로 열을 내리고 습을 없앤다.

보리수나무

보리수나무 *Elaeagnus umbellata Thunb.*

■ 보리수나무과 잎지는 작은키나무 ■ 분포지 : 전국 산기슭

개화기 : 5~6월 결실기 : 10월 채취기 : 봄~여름(잎), 가을(열매 · 뿌리)

- **별 명** : 뽈두나무, 보리화주나무, 볼네나무, 벌레낭, 호퇴목(虎頹木)
- **생약명** : 우내자(牛奶子), 호퇴자(虎頹子), 목반하(木半下)
- **유 래** : 봄에 산 속 비탈진 풀밭에서 가지에 가시가 있고 긴 열매꼭지에 긴 앵두 같은 열매가 주렁주렁 달린 작은 나무를 볼 수 있는데, 바로 보리수나무다. 열매가 불그스름하고 껍질에 잇똥 같은 얼룩이 있다 하여 '볼잇똥나무', '보리똥나무' 라 하다가 보리수를 본따 '보리수나무' 가 되었다. 보리수는 인도보리수와 서양보리수가 있는데, 인도보리수는 석가모니가 해탈한 나무로 뽕나무과의 핍팔라(pippala)나무이고, 서양보리수는 열매로 염주를 만든다.

생태

높이 3~4m. 줄기는 옆으로 기울어 자라며, 회색빛이 도는 갈색이다. 가지는 옆으로 무성하게 나오며, 가시가 있다. 잎은 긴 타원형으로 2~3장씩 붙어 나며, 잎 뒷면에 하얀 잔털이 있다. 꽃은 5~6월에 노란빛이 도는 하얀색으로 피며, 향기가 난다. 열매는 10월에 빨갛게 여무는데, 모양이 둥글면서도 길쭉하고 열매꼭지가 길다. 개량종은 열매가 크고 빨리 익으며, 자연산은 알이 작고 늦게 익는다.

*유사종 _ 보리수, 보리장나무, 보리밥나무

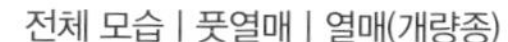

전체 모습 | 풋열매 | 열매(개량종)

한방에서 뿌리, 잎, 열매를 우내자(牛奶子)라 한다. 열을 내리고, 습을 없애며, 오장을 튼튼히 하고, 피를 멎게 하며, 목마름을 없애고, 가래를 삭히는 효능이 있다.

기침이 나고 숨이 찰 때, 천식, 설사, 몸이 부었을 때, 치질, 술독을 풀 때, 생리불순, 소화가 안 되거나 체했을 때, 장 출혈, 황달이 있을 때 약으로 처방한다. 뿌리, 잎, 열매는 햇빛에 말려 사용한다.

심한 기침 가래, 천식, 위가 안 좋아 소화가 안 될 때, 골수염, 산모의 젖이 잘 안 나올 때	열매나 잎 15g에 물 약 700㎖를 붓고 달여 마신다.
설사, 장 출혈, 치질, 자궁 출혈, 술독을 풀 때, 종기	잎과 가지 15g에 물 약 700㎖를 붓고 달여 마신다.
천식으로 숨이 찰 때	잎을 약한 불에 말려서 가루로 내어 먹는다.
풍기, 얼굴이 누렇게 떴을 때, 류머티즘성 관절염, 폐결핵, 생리량이 많을 때, 목이 붓고 아플 때, 출산 후 부기	뿌리 15g에 물 약 700㎖를 붓고 달여 마신다.
습진이나 아토피	뿌리를 달인 물을 바른다.
벌이나 뱀에 물렸을 때	잎으로 생즙을 내어 바른다.
기관지가 안 좋을 때, 천식, 기침 가래, 장이 안 좋을 때, 설사	열매 500g에 소주 1.8ℓ를 붓고 1개월간 숙성시켜 마신다.

잎 앞뒤

식용

비타민 A, 비타민 C, 단백질, 인, 칼슘, 유기산, 아스파라긴산, 탄닌을 함유한다.

열매는 과실로 먹는다. 약간 떨떠름하면서도 새콤달콤한 맛이 있다. 열매를 꿀에 재웠다가 우려내 차로 마시거나, 잎도 차를 끓여 마신다.

가지와 잎 | 줄기
꽃 | 겨울 모습

운향과 101-102

특징 몸체에서 향기가 많이 나며, 열매에 강한 맛이 있어 과실이나 향료로 쓰이는 종류는 대개 운향과 식물이다.

줄기와 잎 줄기에서 가지가 많이 갈라지고, 줄기껍질이 짙은 풀색을 띤다. 잎에는 작고 투명한 점무늬가 있다.

꽃과 열매 꽃은 흰색이나 노란색으로 핀다. 열매는 탱자처럼 둥글거나 초피처럼 얇은 껍질에 싸여 있다.

종류 큰키나무와 작은키나무가 있으며, 간혹 풀 종류도 있다. 우리나라에는 황벽나무, 탱자나무, 귤나무, 초피나무 등 20종이 자란다.

약효 운향과 식물은 주로 독을 없애고 소화를 돕는다.

황벽나무

탱자나무

황벽나무 *Phellodendron amurense Rupr.*

약

■ 운향과 잎지는 큰키나무 ■ 분포지 : 깊은 산 비옥한 곳

개화기 : 5~6월 결실기 : 7~10월 채취기 : 봄(줄기껍질), 수시(뿌리)

- 별 명 : 황벽(黃檗), 황백(黃柏)나무, 황경피나무, 황경나무
- 생약명 : 황백(黃柏), 황백피(黃柏皮), 황경피, 황파라과(黃派羅裸), 단환(檀桓)
- 유 래 : 깊은 산에서 줄기껍질이 코르크처럼 갈라지고 줄기껍질을 벗겨보면 색깔이 샛노랗고 독특한 냄새가 나는 큰 나무를 볼 수 있는데, 바로 황벽나무다. 줄기껍질 안쪽이 노란색((黃)을 띠는 나무(柏)라 하여 '황백나무'라 하다가 '황벽나무'가 되었다.

생태

높이 7~20m. 줄기는 연한 회색이며, 줄기껍질이 세모꼴로 뭉치듯이 갈라진다. 가지는 줄기 위쪽에서 갈라져 옆으로 퍼진다. 잎은 크고 길쭉하며, 길다란 잎자루에 5~13장이 새털처럼 붙어 있다. 잎 앞면은 진한 녹색을 띠고 윤이 나며, 뒷면은 조금 하얗다. 꽃은 5~6월에 노란빛을 띤 하얀 꽃이 피는데, 작아서 눈에 잘 띄지 않는다. 열매는 7~10월에 작은 콩알처럼 주렁주렁 여무는데, 처음에는 푸르다가 다 익으면 검게 변하고, 겨울까지 그대로 붙어 있다.

*유사종 _ 털황벽, 넓은잎황벽, 섬황벽

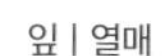
잎 | 열매

약용

한방에서 줄기껍질을 황백피(黃柏皮), 열매를 황파라과(黃派羅裸), 뿌리를 단환(檀桓)이라 한다. 열을 내려 음기의 손상을 막고, 하초의 허열을 내보내며, 습한 것을 조절하고, 장을 튼튼히 해주며, 균을 없애고, 독을 풀어주며, 통증을 없애는 효능이 있다. 〈동의보감〉에서도 "황백나무는 오장에 몰린 열을 꺼주고, 황달과 치질을 주로 없애며, 설사와 이질을 낫게 하고, 눈이 충혈되고 입 안이 헌 것을 낫게 한다"고 하였다.

더위를 먹어 설사를 할 때, 당뇨, 황달, 하반신이 뻣뻣할 때, 대변에 피가 섞여 나올 때, 소화불량, 눈이 충혈되고 아플 때, 입 안이 헐었을 때, 종기독이 올랐을 때, 타박상, 관절을 삐었을 때 약으로 처방한다. 10년 이상 된 나무의 속껍질을 햇빛에 말려 사용한다. 털황벽, 넓은잎황벽, 섬황벽의 줄기껍질을 대신 쓰기도 한다.

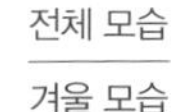
전체 모습
겨울 모습

민간요법

더위를 먹어 설사를 할 때, 당뇨, 황달, 하반신이 뻣뻣할 때, 대변에 피가 섞여 나올 때, 소화가 안 되고 입맛이 없을 때, 치질, 고혈압, 담석증, 간 이상	줄기껍질 10g에 물 약 700㎖를 붓고 달여 마신다.
폐결핵, 심한 기침 가래,	열매 10g에 물 약 700㎖를 붓고 달여 마신다.
명치가 쑤시고 아플 때	뿌리 10g에 물 약 700㎖를 붓고 달여 마신다.
종기독이 올랐을 때, 타박상, 관절을 삐었을 때	줄기껍질 달인 물을 바른다.
입 안이 헐었을 때, 결막염	줄기껍질 달인 물로 씻어낸다.
손이나 입술이 텄을 때, 종기, 습진이나 아토피	말린 줄기껍질 가루를 살짝 볶아서 바른다.

주의사항

- 열을 내리는 약재이므로 배가 차고 설사를 자주 하는 사람, 위가 약한 사람은 먹지 않는다.

줄기

탱자나무 *Poncirus trifoliata Rafin.* 약

■ 운향과 잎지는 작은키나무 ■ 분포지 : 중부 이남 야산과 인가 근처
개화기 : 5월 결실기 : 9~10월
채취기 : 늦여름(풋과일), 가을(열매 · 씨앗), 수시(뿌리껍질 · 줄기껍질 · 가시)

- 별 명 : 개탕쉬낭, 왜귤, 구길(狗桔), 취길(臭桔), 지귤(枳橘), 지실(枳實), 동정(洞庭), 부(麩)
- 생약명 : 구귤(枸橘), 구귤자(枸橘刺), 구귤핵(枸橘核), 구귤엽(枸橘葉), 지근피(枳根皮), 지여(枳茹), 지각(枳殼)
- 유 래 : 야산 양지바른 곳에서 각이 진 짙은 초록색 줄기가 무성하게 엉켜 있고 날카로운 가시가 달린 나무를 볼 수 있는데, 바로 탱자나무다. 예부터 '귤화위지(橘化爲枳)'라 하여 남쪽(회남)의 귤을 북쪽(회북)에 옮겨 심으면 못 먹는 열매가 달린다는 말이 있는데, 땡감처럼 써서 못 먹는 열매라는 말과 한자 구귤자(枸橘刺)의 '자'가 합쳐져 '땡자나무'라 하다가 '탱자나무'가 되었다.

생태

높이 3~5m. 줄기는 붉은 갈색이며 구부러져 자란다. 어린 나무는 귤나무를 접붙일 때 밑나무로 쓴다. 가지는 짙은 녹색이고, 납작하면서도 각이 졌으며, 마디마다 굽어진다. 가지에는 커다란 가시가 많이 달려 있어 찔리기 쉽다. 꽃은 5월에 잎보다 먼저 피는데, 하얀 꽃잎이 5장씩 붙어 있다. 잎은 꽃이 핀 후 타원형으로 나는데, 두껍고 질기다. 잎 가장자리는 매끄럽다. 열매는 9~10월에 작고 딱딱한 공처럼 여무는데 처음에는 푸르다가 다 익으면 노랗게 변하고, 겉에 솜털이 있다. 열매에서 새콤한 향기가 난다.

꽃과 새순

겨울 모습
익은 열매 | 풋열매

약용

한방에서 풋열매를 구귤(枸橘), 익은 열매를 지각(枳殼), 씨앗을 구귤핵(枸橘核), 가시를 구귤자(枸橘刺), 잎을 구귤엽(枸橘葉), 뿌리껍질을 지근피(枳根皮), 줄기껍질을 지여(枳茹)라 한다. 간과 위를 튼튼히 하고, 기운을 북돋우며, 풍과 통증을 없애며, 몸 속 독을 내보내고, 뭉친 것을 풀어주며, 가래를 없애며, 장을 깨끗이 하는 효능이 있다. 〈동의보감〉에도 "탱자는 피부가 매우 가려운 데 특효가 있으며, 오랜 체증을 없애 소화를 촉진시키며, 기침과 가슴 속에 가래가 고이는 것을 낫게 한다"고 하였다.

소화가 안 되고 더부룩할 때, 음식을 잘못 먹어 토할 때, 체한 것이 오래되었을 때, 기침 가래, 술독을 풀 때, 눈이 침침할 때, 풍기, 치통, 대변에 피가 섞여 나올 때, 설사, 유방에 멍울이 잡힐 때, 자궁하수, 치질, 타박상, 뼈와 근육이 아플 때, 피부병에 약으로 처방한다.

민간요법

증상	방법
소화가 안 되고 더부룩할 때, 음식을 잘못 먹어 토할 때, 체한 것이 오래되었을 때, 유방에 멍울이 잡힐 때, 술독을 풀 때, 심한 기침 가래, 두드러기	풋열매 10g에 물 약 700㎖를 붓고 달여 마신다.
자궁하수, 항문이 빠져 나왔을 때	익은 열매 10g에 물 약 700㎖를 붓고 달여 마신다.
치질, 대변에 피가 섞여 나올 때	뿌리껍질 10g에 물 약 700㎖를 붓고 달여 마신다.
뼈와 근육이 아플 때, 풍기, 설사	줄기껍질 10g에 물 약 700㎖를 붓고 달여 마신다.
눈이 침침할 때, 풍기	잎 10g에 물 약 700㎖를 붓고 달여 마신다.
설사에 피가 섞여 나올 때	볶은 씨앗 3g을 가루로 내어 먹는다.
위가 안 좋을 때, 심한 피로	열매 150g에 소주 1.8ℓ를 붓고 1개월간 숙성시켜 마신다.
치통	술에 담갔다 말린 뿌리껍질이나 가시를 달인 물로 양치를 한다.
종기, 타박상, 관절이 쑤시고 아플 때	줄기껍질을 달인 물로 찜질을 한다.
아토피, 피부가 가려울 때	열매를 달인 물로 목욕을 한다.
거친 피부, 손발이 텄을 때	열매로 생즙을 내어 청주에 섞어서 바른다.

- 차가운 성질의 약재이므로 임산부는 먹지 않는다.
- 국산은 열매 겉껍질과 속살이 밝은 노란색이지만, 중국산은 겉껍질과 속살이 진한 갈색이다.

버드나무과 103

특징 이른 봄에 버들강아지 같은 꽃이 피고, 가지가 가늘어 바람에 잘 흔들리는 나무 종류는 대개 버드나무과 식물이다.

줄기와 잎 줄기에 비해서 가지가 가늘고 잘 휘어진다. 잎은 1장씩 달린다.

꽃과 열매 꽃이 작고 꽃잎이 없으며, 모양이 길쭉하다. 주로 봄이나 초여름에 핀다. 열매는 작고, 껍질이 말라 터지면서 긴 털이 달린 씨앗들이 나와 바람에 날려 번식한다.

종류 큰키나무와 작은키나무가 있다. 우리나라에는 버드나무, 수양버들, 사시나무 등 40종이 자란다.

약효 버드나무과 식물은 주로 열을 내리고 염증을 없앤다.

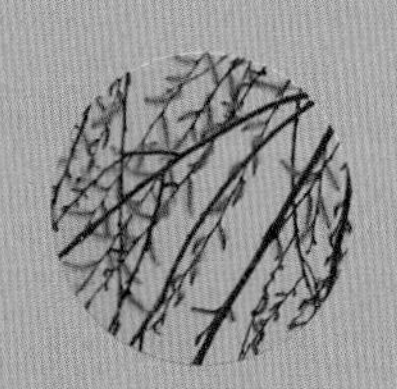

수양버들

수양버들 *Salix babylonica L.* 약

■ 버드나무과 잎지는 큰키나무 ■ 분포지 : 산기슭과 들판 습한 곳과 바닷가
개화기 : 4월 결실기 : 6월 채취기 : 봄(꽃), 봄~여름(잎), 수시(가지 · 뿌리)

- 별 명 : 버들강아지, 버들개지, 버들나무, 버들, 양유, 수유(垂柳)
- 생약명 : 유지(柳枝), 유근(柳根), 유백피(柳白皮), 유엽(柳葉), 유화(柳花), 유설(柳屑)
- 유 래 : 산이나 들 물가 근처에서 붉고 가는 가지들을 아래로 늘어뜨린 나무를 볼 수 있는데, 바로 수양버들이다. 수나라 양제가 향락을 위해 2,000km 길이의 강 언덕에 심었던 버드나무라 하여 '수양버들'이라 부른다.

생태

높이 15~20m. 습한 땅을 좋아하며, 공해가 심한 도시에서도 잘 자란다. 줄기는 회색빛이 도는 녹색이며, 세로로 비늘처럼 갈라진다. 가지는 가늘고 길게 늘어지며, 붉은 갈색이다. 능수버들과 혼동하기 쉽지만 능수버들은 가지가 푸르고, 버드나무는 가지가 늘어지지 않는다. 잎은 작고 길며, 잎 뒷면에 하얀색을 띤다. 잎 가장자리에는 잔톱니가 있다. 꽃은 잎이 나는 4월에 노란빛을 띤 녹색으로 피는데, 꽃잎 없이 길쭉한 꽃술만 달린다. 열매는 6월에 작게 여무는데, 열매껍질이 터지면서 솜털에 쌓인 씨앗이 바람에 날려 번식한다. 인공으로 번식시킬 때는 씨앗을 파종하기보다 새로 나온 가지를 꺾꽂이 한다.

* 유사종 _ 왕버들, 떡버들, 꽃버들,

꽃

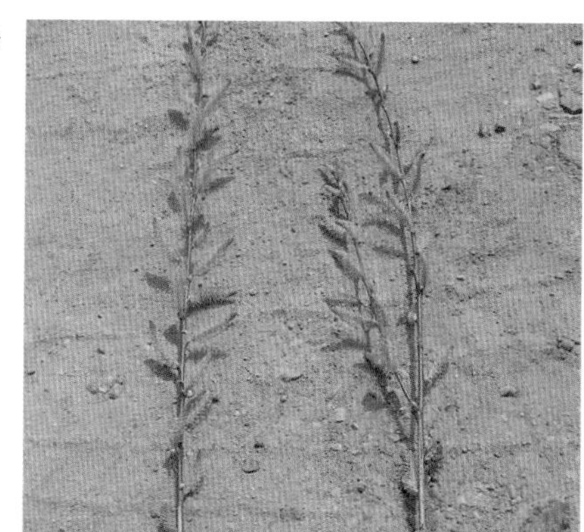

꽃
잎 | 줄기
겨울 모습

한방에서 가지를 유지(柳枝), 뿌리를 유근(柳根), 가지나 뿌리껍질을 유백피(柳白皮), 잎을 유엽(柳葉), 꽃을 유화(柳花), 벌레 먹은 나무 구멍의 부스러기를 유설(柳屑)이라 한다. 풍을 없애고, 열을 내리며, 염증을 가라앉히고, 몸 속 물을 내보내며, 통증을 없애는 효능이 있다.

간염, 소변 색이 탁할 때, 류머티즘성 관절염, 치통, 화상, 종기, 상처에서 피가 날 때 약으로 처방한다. 줄기껍질은 아스피린의 원료로 사용한다. 가지, 뿌리, 잎, 꽃은 햇빛에 말려 사용한다.

류머티즘성 관절염, 소변을 보기 힘들거나 소변 색이 탁할 때, 간염, 종기, 치통, 감기, 심한 기침	뿌리나 가지 30g에 물 약 800㎖를 붓고 달여 마신다.
얼굴이 누렇게 떴을 때	줄기껍질 15g에 물 약 700㎖를 붓고 달여 마신다.
심한 관절통, 피부가 가려울 때, 유방염, 화상 입어 아플 때, 옻이 올랐을 때	잎이나 줄기껍질을 달인 물로 찜질을 한다.
치통	줄기껍질을 진하게 달인 물을 입에 머금는다.
갑상선 이상, 홍역에 걸렸는데 발진이 안 올라올 때, 감기	잎 50g에 물 약 800㎖를 붓고 달여 마신다.
기침에 피가 섞여 나올 때, 소변이나 대변에 피가 섞여 나올 때, 생리가 안 나올 때	꽃 15g에 물 약 700㎖를 붓고 달여 마신다.
종기가 붓고 아플 때	벌레 먹은 나무 구멍의 부스러기를 달인 물로 찜질을 한다.

• 독은 없지만 위장이 약한 사람은 출혈할 수 있으므로 먹지 않는다.

녹나무과 104-105

특징 나뭇가지를 꺾으면 좋은 향이 나고 열매가 콩알처럼 작게 달리는 나무 종류는 대개 녹나무과 식물이다.

줄기와 잎 줄기가 곧게 자란다. 잎은 갸름하고 작으며, 손바닥 모양이다.

꽃과 열매 꽃이 작고 여러 송이가 모여 달린다. 열매에 물기가 많으며 씨앗은 1개씩 들어 있다.

종류 큰키나무, 작은키나무가 있다. 우리나라에는 녹나무, 감태나무, 생강나무 등 14종이 자란다.

약효 녹나무과 식물은 주로 뼈와 근육의 통증을 없앤다.

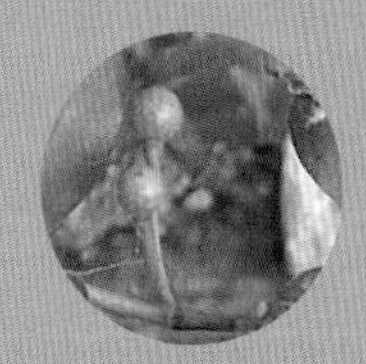
감태나무

생강나무

감태나무 *Lindera glauca (Siebold & Zucc.) Blume var. glauca*

약 식

■ 녹나무과 잎지는 작은키나무 ■ 분포지 : 중부 이남 산기슭과 바닷가
개화기 : 4~5월 결실기 : 9월 채취기 : 봄~여름(잎), 가을(열매)

- 별 명 : 가무태나무, 간자목, 백동백나무, 산향목(山香木), 노래홍(老來紅), 우근조(牛筋條)
- 생약명 : 산호초(山胡椒), 산호초엽(山胡椒葉)
- 유 래 : 산 속 양지바른 곳에서 줄기가 거무스름하고 잎에서 좋은 향이 나며, 겨울에도 도톰한 갈잎이 그대로 붙어 있는 작은 나무를 볼 수 있는데, 바로 감태나무다. 줄기에 거무스름한 때가 낀 것 같다 하여 '가무때나무'라 하다가 '감태나무'가 되었다.

생태

높이 약 5m. 줄기는 회색빛이고, 줄기껍질이 밋밋하다. 가지는 여러 갈래로 갈라지는데, 새 가지는 붉은 갈색이고 매끄럽다. 잎은 갸름한 타원형으로 좌우 크기가 다르고, 약간 도톰하다. 잎 앞면은 윤기가 나고, 뒷면은 약간 하얗다. 가을에 주홍색 단풍이 들며, 겨울까지 떨어지지 않는다. 꽃은 4~5월에 노랗게 피는데, 작은 꽃 여러 송이가 뭉쳐서 달린다. 열매는 9월에 작은 콩처럼 여무는데, 처음에는 푸르다가 다 익으면 검어진다.

*유사종 _ 뇌성목

잎 앞뒤 | 열매

약용 한방에서 열매를 산호초(山胡椒), 잎을 산호초엽(山胡椒葉)이라 한다. 열을 내리고, 풍을 몰아내며, 뼈와 위를 튼튼하게 하고, 어혈을 풀어주며, 피를 멎게 하고, 염증을 가라앉히며, 통증을 없애는 효능이 있다.

중풍으로 말을 못할 때, 아랫배가 차고 아플 때, 몸살감기, 관절이나 근육이 쑤시고 아플 때, 타박상일 때 약으로 처방한다. 잎과 열매는 햇빛에 말려 사용한다.

민간요법

풍으로 인한 마비, 관절 · 근육이 쑤시고 아플 때, 심한 두통, 소화불량, 체했을 때, 출산 후 몸이 안 좋을 때, 아랫배가 차고 아플 때, 혈액순환이 안 될 때	열매 10g에 물 약 700㎖를 붓고 달여 마신다.
몸살감기	잎 15g에 물 약 700㎖를 붓고 달여 마신다.
타박상, 관절을 삐었을 때, 상처에서 피가 날 때, 종기	잎을 날로 찧어 바른다.

줄기

정유를 함유한다.

식용

봄에 어린잎을 살짝 데쳐서 나물로 먹는다. 개운하면서도 향긋한 맛이 있어 별미로 즐길 수 있다. 잎을 말려두었다가 차를 끓여 마시기도 한다.

잎
—
단풍

생강나무 *Lindera obtusiloba Bl.*

약 식

■ 녹나무과 잎지는 작은큰키나무 ■ 분포지 : 산기슭 반그늘과 바닷가
개화기 : 3월 결실기 : 9~10월 채취기 : 수시(가지 · 줄기껍질)

- 별 명 : 새앙, 아위나무, 가세촉, 단향매(檀香梅)
- 생약명 : 황매목(黃梅木), 삼찬풍(三鑽風)
- 유 래 : 이른 봄에 산 속에서 매끄럽고 잎이 피기 전에 노란 꽃이 피는 산수유와 비슷한 나무를 볼 수 있는데, 바로 생강나무다. 가지를 꺾어 코에 대보면 생강 냄새가 난다 하여 붙여진 이름이다.

생태 높이 3~6m. 줄기는 검은 회색이며, 산수유와는 달리 줄기껍질이 매끄럽다. 가지는 노르스름하면서도 푸르고, 꺾어보면 연한 생강 냄새가 난다. 꽃은 잎이 나오기 전에 노랗게 먼저 핀다. 꽃이 산수유와 비슷하지만, 꽃대가 짧고 모양이 공처럼 둥글며 가지 여기저기에 수북이 달린다. 잎은 꽃이 핀 후 둥근 잎이 나오는데, 산수유 잎과는 달리 앞면에 윤기가 없고 밋밋하며, 끝이 3갈래로 갈라진다. 열매는 9~10월에 작은 콩알처럼 여무는데, 처음에는 푸르다가 노란빛을 띤 붉은색에서 검은색으로 변한다.

* 유사종 _ 털생강나무, 둥근잎생강나무, 고로쇠생강나무

잎

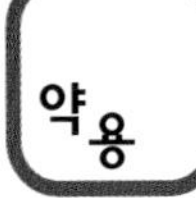

한방에서 가지를 황매목(黃梅木), 줄기껍질을 삼찬풍(三鑽風)이라 한다. 피를 잘 돌게 하고, 근육을 이완시키며, 어혈을 흩어주고, 염증을 삭히는 효능이 있다.

어혈이 있을 때, 위가 안 좋거나 배가 아플 때, 오한 · 열이 날 때, 산후풍, 타박상, 멍들고 삐었을 때 약으로 처방한다. 가지와 줄기껍질을 햇빛에 말려 사용한다.

민간요법

허리나 다리를 삐었을 때, 위가 아플 때, 오한과 열이 날 때, 산후에 몸이 안 좋을 때	가지나 줄기껍질 10g에 물 약 700㎖를 붓고 달여 마신다.
멍이 들었을 때, 타박상으로 아플 때, 뭉친 근육, 종기	줄기껍질을 날로 찧어 바른다.
산후풍	열매 300g에 소주 1.8ℓ를 붓고 6개월간 숙성시켜 마신다.
머릿결이 거칠 때	씨앗으로 기름을 짜서 바른다.

꽃봉오리 | 꽃

탄화수소, 방향유, 동백산, 올레산, 리놀렌산을 함유한다.

봄에 어린잎으로 튀각을 하거나 전을 부쳐 먹는다. 어린잎을 말렸다가 차를 끓여 마시기도 한다. 개운하고 담백한 맛이 있다.

열매

겨울 모습

마편초과 106

특징 줄기가 가늘고 곧으며, 잎과 줄기에서 좋거나 나쁜 냄새가 나는 종류는 대개 마편초과 식물이다.

줄기와 잎 줄기가 곧게 자라며, 가지가 둥글지 않고 모나다.

꽃과 열매 꽃은 작은 편이며 여러 송이가 뭉쳐 달린다. 열매는 작고 둥글게 맺힌다.

종류 큰키나무, 작은키나무, 여러해살이풀이 있다. 우리나라에는 마편초, 층꽃나무, 누린내풀 등 12종이 자란다.

약효 마편초과 식물은 주로 피에 작용한다.

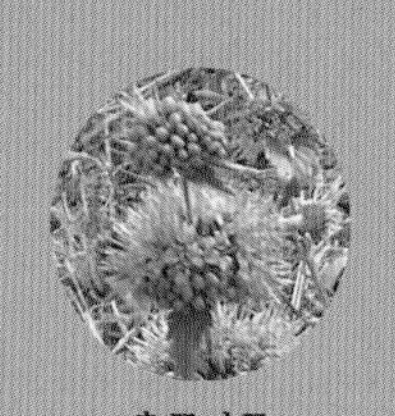

층꽃나무

층꽃나무 *Caryopteris incana (Thunb.) Miq.*

약

■ 마편초과 잎지는 반작은키나무　■ 분포지 : 남부지방 산과 들 양지바른 곳이나 섬
개화기 : 7~8월　결실기 : 9~10월　채취기 : 여름~가을(전체)

- 별　명 : 층꽃풀, 구층탑, 석모초(石母草), 야선초(野仙草), 가선초(假仙草)
- 생약명 : 난향초(蘭香草)
- 유　래 : 산 속에서 줄기와 잎에 솜털이 있고 작은 보라색 꽃들이 층층이 뭉쳐서 핀 향기로운 식물을 볼 수 있는데, 바로 층꽃나무다. 반은 나무고 반은 풀인 식물로 겨울에 줄기가 시들어 죽는데, 층층이 꽃이 핀다 하여 '층꽃풀' 또는 '층꽃나무'라 부른다.

생태

높이 30~60cm. 줄기는 곧게 올라오고, 위쪽은 푸르지만 밑동이 나무 같으며, 잔털이 있다. 가지는 모가 나 있다. 잎은 긴 타원형이고, 잎 앞면은 짙은 녹색이고, 앞뒷면 모두 잔털이 있다. 잎 가장자리에는 커다란 톱니가 있다. 꽃은 7~8월에 푸른빛이 도는 보라색으로 피는데, 줄기 위아래에 층층이 작은 꽃들이 둥그렇게 모여 핀다. 열매는 9~10월에 깨알처럼 여무는데, 다 익으면 검게 변하고, 씨앗에 작은 날개가 달려 있어 바람에 날려 번식한다.

* 유사종 _ 흰층꽃나무

한방에서 뿌리째 캔 줄기를 난향초(蘭香草)라 한다. 풍과 습한 것을 몰아내고, 어혈을 없애며, 기침을 가라앉히고, 염증을 가라앉히는 효능이 있다.

고열 감기, 류머티즘성 관절염, 기관지염, 생리불순, 자궁 출혈, 산후에 몸이 안 좋을 때, 습진, 종기가 났을 때 약으로 처방한다. 뿌리째 캔 줄기는 햇빛에 말려 사용한다.

민간요법

고열 감기, 류머티즘성 관절염, 기관지염, 생리불순, 자궁 출혈, 산후에 몸이 안 좋을 때	뿌리째 캔 줄기 15g에 물 약 700㎖를 붓고 달여 마신다.
습진, 종기	뿌리째 캔 줄기를 달인 물을 바른다.

꽃과 잎

피나무과 107

특징 줄기가 곧고 굵으며, 껍질이 잘 벗겨지고, 가지나 잎에 잔털이 붙어 있는 종류는 대개 피나무과 식물이다.

줄기와 잎 축축한 땅에서 잘 자라며, 줄기 끝에서 가지가 나기 때문에 사람이 올라가기 힘들다. 줄기껍질에는 점액이 많고 나뭇결이 부드럽다. 잎은 깻잎처럼 넓다.

꽃과 열매 꽃이 작고 여러 송이가 모여 아래로 처져서 핀다. 열매는 작고 둥글다.

종류 큰키나무와 작은키나무가 있으며, 간혹 풀 종류도 있다. 우리나라에는 피나무, 보리자나무, 구수피나무 등 14종이 자란다.

약효 피나무과 식물은 주로 염증을 가라앉힌다.

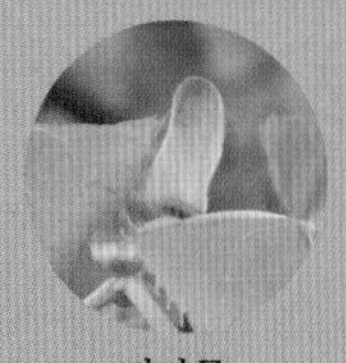

피나무

피나무 *Tilia amurensis Rupr.*

약

■ 피나무과 잎지는 큰키나무 ■ 분포지 : 산중턱 계곡가

개화기 : 6월 결실기 : 9~10월 채취기 : 봄(새순 · 줄기껍질), 여름(꽃)

- **별 명** : 달피나무, 모피목(毛皮木), 모피단(毛皮椴), 단수(椴樹), 호단수(胡椴樹), 백단
- **생약명** : 자단(紫椴)
- **유 래** : 산 속 습한 곳에서 줄기껍질이 촘촘하고 세로결이 있으며, 둥근 잎 뒷면에 회색 잔털이 있는 큰 나무를 볼 수 있는데, 바로 피나무다. 질긴 껍질(皮)로 밧줄이나 미투리를 만들고 약으로도 쓰는 나무라 하여 붙여진 이름이다.

생태

높이 10~20m. 줄기는 밝은 회색빛이 도는 갈색이며, 겉껍질이 매우 질기다. 나뭇결이 연하다. 가지는 많지 않으며 위로 뻗는다. 잎은 둥글고 끝이 뾰족한 심장모양이며, 앞면은 평평하고 뒷면에 회색빛 털이 있다. 잎 가장자리에는 톱니가 있다. 꽃은 6월에 맑은 노란색으로 피는데, 작은 꽃들이 여러 송이 뭉쳐 달리며, 향기가 좋고 꿀이 많다. 열매는 9~10월에 작은 염주알처럼 여문다.

* 유사종 _ 털피나무, 뽕잎피나무

약용

한방에서 줄기껍질을 자단(紫椴)이라 한다. 열을 내리고, 땀을 나오게 하며, 염증을 가라앉히고, 인체의 저항력을 높이며, 신경을 안정시키고, 통증을 없애는 효능이 있다.

감기나 열병, 폐결핵, 심한 기침 가래, 신장염, 목이 붓고 입 안이 헐었을 때, 위장이 안 좋을 때, 관절염, 상처가 곪았을 때 약으로 처방한다.

잎과 새순 | 잎

새순 | 꽃

전체 모습 | 겨울 모습

민간요법

몸살감기, 몸에 열이 나고 한기가 들 때, 폐결핵, 심한 기침 가래, 관절염, 고혈압, 동맥경화, 골다공증	줄기껍질 10g에 물 약 700㎖를 붓고 달여 마신다.
골수염	줄기를 잘라 항아리에 넣고 진흙으로 밀봉한 뒤 겨로 덮어 태워서 받은 액을 10g씩 먹는다.
신장염	새순 15g에 물 약 700㎖를 붓고 달여 마신다.
위염이나 위에 열이 있을 때, 신경쇠약으로 잠을 못 잘 때	꽃 5g에 물 약 400㎖를 붓고 달여 마신다.
신장 결석, 통풍, 관절이 쑤시고 아플 때	줄기 속껍질을 까맣게 태운 가루를 물에 타서 마신다.
기미나 주근깨, 거친 피부	줄기껍질을 달인 물을 바른다.
목이 붓고 입 안이 헐었을 때	줄기껍질을 달인 물로 양치질을 한다.
종기, 상처가 곪았을 때	줄기 속껍질을 붙인다.

줄기

지치과 108-109

특징 식물의 키가 작고, 땅속뿌리가 붉으며, 작은 종모양 꽃이 피는 종류는 대개 지치과 식물이다.

줄기와 잎 줄기에 억센 털이 있다. 잎은 좁고 길며 1장씩 붙는다.

꽃과 열매 꽃은 하얀색, 연하늘색, 연자주색 등으로 핀다. 열매는 작다.

종류 한해살이풀, 여러해살이풀, 작은키나무, 큰키나무가 있으며 덩굴성도 간혹 있다. 우리나라에는 지치, 반디지치, 꽃마리 등 22종이 자란다.

참꽃마리

컴프리

참꽃마리 *Trigonotis nakaii Hara*

약 식

■ 지치과 여러해살이풀 ■ 분포지 : 산과 들의 습한 곳
개화기 : 5~7월 결실기 : 9월 채취기 : 초여름(전체)

- 별 명 : 잣냉이, 꽃다지, 난장초
- 생약명 : 부지채(附地菜)
- 유 래 : 봄에 산 속에서 줄기가 땅에 누운 듯이 자라고 꽃대 끝에 작고 푸른빛이 도는 흰색 꽃이 달린 풀을 볼 수 있는데, 바로 참꽃마리다. 꽃대 끝이 돌돌 말려 있는 종류를 꽃마리라 하는데, 그 중에서도 꽃이 크게 핀다 하여 '참꽃마리' 라 부른다. 땅(地)에 붙어(附) 나는 나물(菜)이라 하여 '부지채' 라고도 한다.

생태

높이 10~15cm. 뿌리는 길고 곧으며, 잔뿌리가 무성하다. 줄기는 여러 포기가 함께 올라오는데, 색깔이 약간 붉고, 어릴 때는 위로 뻗으면서 자라다가 땅 쪽으로 눕는다. 잎은 둥근 방패모양이고, 잎 가장자리가 매끄럽다. 꽃은 5~7월에 푸른빛이 도는 흰색으로 피는데, 몇 가지로 벌어진 꽃대 끝에 1송이씩 달린다. 열매는 9월에 작고 딱딱하게 여문다.

*유사종 _ 꽃마리, 덩굴꽃마리

군락 | 잎

약용

한방에서 뿌리째 캔 줄기를 부지채(附地菜)라 한다. 풍을 몰아내고, 고름과 소변을 잘 나오게 하며, 염증을 가라앉히는 효능이 있다.

늑막염, 감기, 종기에 고름이 찼을 때, 풍으로 손발이 마비되었을 때, 이질 설사에 약으로 처방한다. 뿌리째 캔 줄기는 햇빛에 말려 사용한다.

민간요법

증상	방법
늑막염, 감기, 풍으로 인한 손발 마비, 손발이 차고 저릴 때, 대장염, 소변이나 설사가 붉게 나올 때, 소변을 자주 볼 때, 아이가 밤에 오줌을 쌀 때 .	뿌리째 캔 줄기 20g에 물 약 700㎖를 붓고 달여 마신다.

식용

비타민을 함유한다.

봄에 어린순을 살짝 데쳐서 나물로 먹거나 된장국, 튀김으로도 해 먹는다. 감칠맛이 있어 봄철 입맛을 돋우는 데 좋다.

새순 | 군락

뿌리 | 꽃

컴프리 *Symphytum officinale L.*

약 식

■ 지치과 여러해살이풀 ■ 분포지 : 들판과 밭
개화기 : 6~7월 결실기 : 8월 채취기 : 봄~여름(전체)

- 별 명 : 감부리(甘富利)
- 생약명 : 감부리(甘富利)
- 유 래 : 밭에서 뿌리가 우엉처럼 굵고 길며, 그물모양의 굵은 잎맥이 있는 큰 풀을 볼 수 있는데, 바로 컴프리다. 유럽에서 들어온 귀화식물이며, 프랑스어로 '병을 다스린다'고 하여 '컴프리(Comfrey)'라는 이름이 붙여졌다. '기적의 풀', '밭의 우유', '채소의 왕'이라고도 불리며, 맛이 달고(甘) 영양이 풍부(富)하며 몸에 이로운(利) 풀이라 하여 '감부리'라고도 한다.

생태 높이 60~90cm. 뿌리는 매우 굵고 길며, 붉은 갈색이다. 잔뿌리는 드물게 있다. 줄기는 곧게 올라오며 잔털이 많다. 가지는 여러 갈래로 갈라진다. 잎은 긴 타원형으로 어긋나며, 잎자루는 조금 길게 올라오며, 납작하면서도 둥글게 말려 있다. 잎 앞뒷면에는 선명한 그물모양의 잎맥이 있다. 꽃은 6~7월에 흰색, 연자주색, 연홍색으로 피는데, 작은 종모양 꽃들이 여러 송이 모여 아래쪽을 향해 달린다. 열매는 8월에 작은 달걀모양으로 여문다.

잎 앞뒤 | 잎과 꽃

약용 한방에서 뿌리째 캔 줄기를 감부리(甘富利)라 한다. 피를 만들고, 위와 비장을 튼튼하게 하며, 간을 깨끗하게 하고, 기력을 돋우고, 기침과 피를 멎게 하며, 체내에 산소를 공급하고, 말초신경을 활성화시키는 효능이 있다.

심한 빈혈, 천식, 습진, 뼈가 부러졌을 때, 당뇨로 혈액순환이 안 될 때, 치질, 위궤양이나 십지이장궤양, 고혈압이나 저혈압에 약으로 그리고 정력제로도 처방한다. 뿌리째 캔 줄기는 살짝 데쳐 그늘에 말려 사용한다.

민간요법

심한 빈혈, 천식, 골절, 당뇨로 혈액순환이 안 될 때, 치질, 위궤양이나 십지이장궤양, 고혈압이나 저혈압	뿌리째 캔 줄기 20g에 물 약 700㎖를 붓고 달여 마신다.
기력 저하, 습진이나 아토피	말린 뿌리를 가루로 내어 먹는다.

식용 비타민 A, 비타민 B1 · B2 · B6 · B12, 비타민 C, 비타민 E, 칼슘 · 인 · 철분 등의 무기질, 당질, 단백질, 지방, 니아신, 콜린, 엽산, 알란토인, 엽록소, 유기 게르마늄을 함유한다.

봄에 어린잎을 살짝 데쳐 나물로 먹거나 볶음, 튀김, 부침을 해서 먹는다. 큰 잎과 줄기는 생즙을 내거나, 말린 것을 가루로 내어 따뜻한 물에 타서 차로 마신다. 풋내가 심하지 않고 단맛이 있어 먹기 좋다.

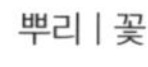

바늘꽃과 110

특징 줄기가 길고, 잎이 원줄기에 붙어 나며, 꽃잎이 기왓장처럼 겹쳐서 피는 종류는 대개 바늘꽃과 식물이다.

줄기와 잎 줄기가 곧고 길다. 잎은 가늘고 길며 1장씩 붙는다.

꽃과 열매 꽃이 한쪽으로 말리면서 겹쳐서 피고, 열매껍질이 갈라지면서 씨앗이 나온다.

종류 한해살이풀과 여러해살이풀이 있으며, 작은키나무도 간혹 있다. 우리나라에는 바늘꽃, 달맞이꽃 등 26종이 자란다.

약효 바늘꽃과 식물은 주로 염증을 가라앉힌다.

달맞이꽃

달맞이꽃 *Oenothera odorata Jacq.*

약 식

■ 바늘꽃과 두해살이풀
■ 분포지 : 전국 산비탈과 개울가 자갈밭
개화기 : 7월
결실기 : 9월
채취기 : 봄~여름(줄기 · 잎), 여름(꽃), 가을(열매), 수시(뿌리)

- 별 명 : 금달맞이꽃, 향대소초(香待宵草), 야래향(夜來香), 월하향(月下香), 월견초(月見草), 산지마
- 생약명 : 대소초(待宵草), 월견초(月見草), 월견자(月見子)
- 유 래 : 여름 들판에서 통통하고 곧은 줄기에 잎이 층층이 달려 있으며, 크고 노란 꽃이 피어 있는 풀을 볼 수 있는데, 바로 달맞이꽃이다. 낮에는 꽃잎이 약간 오므라들고 달이 뜰 무렵에 활짝 펴진다 하여 붙여진 이름이다.

생태

높이 50~90cm. 뿌리는 굵고 곧게 뻗으며, 줄기는 통통하고 위로 곧게 자란다. 잎은 줄기를 둘러싸고 층층이 달리는데, 모양이 작고 길쭉하며, 좌우가 비대칭이다. 잎 가장자리에는 잔물결 같은 톱니가 있다. 꽃은 7월에 잎보다 큰 맑은 노란색 꽃이 핀다. 꽃잎은 심장모양으로 4장씩 달린다. 열매는 9월에 작고 길쭉하게 여물고, 껍질이 갈라지면서 깨알 같은 씨앗이 나와 번식한다. 씨앗은 가을에 땅속에서 싹을 틔우고 겨울을 난다.

* 유사종 _ 큰달맞이꽃, 애기달맞이꽃

새순 | 잎 앞뒤

한방에서 뿌리를 월견초(月見草), 씨앗을 월견자(月見子)라 한다. 열을 내리고, 독을 풀며, 뼈와 근육을 튼튼히 하고, 풍과 습한 것을 몰아내는 효능이 있다.

독감, 목이 붓고 아플 때, 기관지염, 피부염이 있을 때 약으로 처방한다. 줄기, 잎, 뿌리, 열매는 햇빛에 말려 사용한다.

감기, 두통, 목이 붓고 아플 때, 기관지염, 천식, 관절염, 몸이 차고 쑤실 때	뿌리 10g에 물 약 700㎖를 붓고 달여 마신다.
당뇨, 고혈압, 면역력 저하, 고지혈증, 혈액순환이 안 될 때	씨앗으로 기름을 내어 마신다.
여드름, 아토피	잎을 날로 찧어 바른다.
거친 피부, 기미	꽃을 청주에 담가 1개월간 숙성시켜 바른다.

열매

식용

잎에는 단백질, 지질, 당질, 칼슘, 철을 함유하며, 씨앗에는 감마리놀렌산 등 필수지방산을 함유한다.

봄에 어린잎을 삶아서 찬물에 담갔다가 갖은 양념에 무쳐 나물로 먹는다. 약간 매운맛이 있으므로 물에 담가 우려내는 것이 좋다. 씨앗과 뿌리를 말렸다가 차를 끓여 마신다.

꽃 | 뿌리

군락

현호색과 111-113

특징 꽃이 작은 종처럼 생기고 꿀주머니가 달려 있는 종류는 대개 현호색과 식물이다.

줄기와 잎 줄기가 연하고 물이 많다.

꽃과 열매 꽃은 통모양으로 끝이 갈라지고 꿀주머니가 길게 달려 있다. 열매에 씨앗이 많다.

종류 한해살이풀, 여러해살이풀이 있다. 우리나라에는 현호색, 금낭화, 괴불주머니 등 15종이 자란다.

약효 현호색과 식물은 주로 통증을 없앤다.

현호색

산괴불주머니

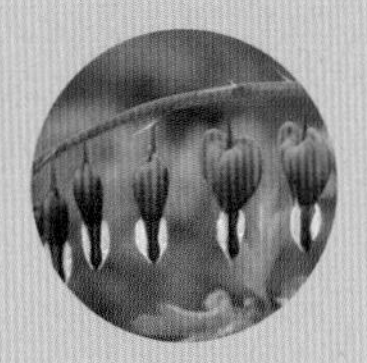
금낭화

현호색 *Corydalis turtschaninovii Bess.*

약

■ 현호색과 여러해살이풀 ■ 분포지 : 산기슭과 들판

개화기 : 3~5월 결실기 : 6월 채취기 : 초여름(뿌리)

- 별 명 : 고깔꽃, 연황색, 연호(延胡), 연호삭, 원호(元胡), 원호색, 남작화, 남화채
- 생약명 : 연호색(延胡索)
- 유 래 : 이른 봄에 산 속에서 작은 뿔나팔 모양의 청보라색 꽃들이 피어 있는 아주 작은 풀을 볼 수 있는데, 바로 현호색이다. 뿌리가 거무스름하고(玄) 오랑캐(胡) 땅인 중국 북쪽지방에서 나며, 줄기(索)가 말라 죽은 후 캐낸다 하여 붙여진 이름이다.

생태

높이 약 20cm. 뿌리는 둥근 덩어리로 되어 있으며 아랫부분에 잔뿌리가 있다. 뿌리 색깔은 누르스름하다. 줄기는 길게 올라오는데, 뿌리쪽은 하얗고 위로 올라갈수록 붉어진다. 가지는 줄기 위쪽에서 드물게 갈라진다. 잎은 길다란 잎자루에 3장씩 붙어 나는데, 종류에 따라 잎끝이 여러 모양으로 갈라지며, 전체 모양이 평평하다. 꽃은 3~5월에 푸른빛이 도는 연보라색으로 피는데, 꽃잎이 아래쪽을 향하고, 길고 끝이 약간 구부러진 꿀주머니는 위쪽으로 들려 있다. 열매는 6월에 길쭉한 타원형으로 여문다.

*유사종 _ 애기현호색, 들현호색, 좀현호색, 섬현호색

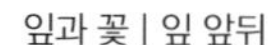
잎과 꽃 | 잎 앞뒤

약용 한방에서 덩이뿌리를 연호색(延胡索)이라 한다. 피를 잘 돌게 하고, 막힌 기운과 어혈을 풀어주며, 구토를 멎게 하고, 통증을 빠르게 가라앉히는 효능이 있다.

혈액순환이 안 될 때, 폭음이나 폭식으로 인한 위경련, 아랫배가 차고 아플 때, 허리와 무릎이 시리고 아플 때, 생리불순, 심한 생리통, 산후 출혈, 기관지염, 심한 기침, 타박상일 때 약으로 처방한다. 덩이뿌리는 삶아서 햇빛에 말려 사용한다.

민간요법

가슴이 답답하고 아플 때, 생리통이 심할 때	볶은 덩이뿌리 2g을 가루로 내어 먹는다.
위장병	술에 담갔다가 볶은 덩이뿌리 5g을 가루로 내어 먹는다.
허리를 삐었을 때, 두통이나 신경통	덩이뿌리 3g에 물 약 400㎖를 붓고 달여 마신다.

주의사항

- 강한 진통작용이 있는 약재이지만, 막힌 것을 뚫고 내보내는 성질이 있으므로 임산부는 절대 먹지 않는다. 식초에 볶아서 사용하면 진통효과가 높아진다.
- 국산은 뿌리 표면이 매끄럽고 연노랗지만, 중국산은 표면이 거칠고 색깔이 누렇다.

뿌리

산괴불주머니 *Corydalis speciosa Max.*

약 독

■ 현호색과 두해살이풀 ■ 분포지 : 산기슭 물기 많고 양지바른 곳

개화기 : 4~6월 결실기 : 8월 채취기 : 봄(뿌리)

- 별 명 : 암괴불주머니, 산뿔꽃, 주과황근(珠果黃堇), 마씨자근(馬氏紫堇)
- 생약명 : 국화황련(菊花黃連), 황근(黃堇)
- 유 래 : 산 속에서 잎이 잘게 찢어지고 붉은 꽃대에 노란 뿔나팔 모양의 꽃들이 솔처럼 모여 달린 풀을 볼 수 있는데, 바로 산괴불주머니다. 산에 있고, 꽃모양이 삼재를 물리치기 위해 아이들의 옷에 달아주던 '귀불(貴佛) 주머니'라는 노리개를 닮았다 하여 붙여진 이름이다.

생태

높이 30~50cm. 뿌리는 굵고 길며, 짙은 갈색이다. 줄기는 곧게 올라오고, 푸르면서도 붉은 빛을 띠며, 속이 비어 있다. 잎은 길다란 잎자루에 어긋나고, 긴 타원형으로 잘게 갈라진다. 꽃은 4~6월에 노랗게 피는데, 붉고 긴 꽃대가 올라와 뿔나팔 모양의 작은 꽃들이 위아래로 수북이 모여 달린다. 열매는 8월에 콩깍지처럼 길쭉하게 여무는데, 다 익으면 껍질이 벌어져 검은 씨앗이 나온다.

* 유사종 _ 자주괴불주머니, 염주괴불주머니

줄기와 잎

약용 한방에서 뿌리를 국화황련(菊花黃連)이라 한다. 열을 내리고, 염증과 통증을 없애며, 독을 풀어주는 효능이 있다.

피부병, 종기에 독이 올랐을 때, 풍기로 눈이 아플 때, 타박상을 입었을 때 약으로 처방한다. 뿌리는 햇빛에 말려 사용한다.

민간요법

증상	방법
피부병, 종기에 독이 올랐을 때, 타박상을 입었을 때	뿌리로 생즙을 내어 바른다.

주의사항

• 독성이 있는 약재이므로 외용으로만 사용하고 절대 복용하지 않는다.

꽃 | 뿌리

금낭화 *Dicentra spectabilis (L.) Lem.*

약 독

■ 현호색과 여러해살이풀 ■ 분포지 : 전국 산기슭 자갈밭과 계곡가

개화기 : 5~6월 결실기 : 6월 채취기 : 가을(뿌리)

- 별 명 : 며느리주머니, 며느리취, 며느리밥풀꽃, 등모란, 덩굴모란
- 생약명 : 하포모단근(荷包牡丹根), 하포목단근(荷包牧丹根),
- 유 래 : 봄에 산 속 자갈밭 약간 그늘진 곳에서 작은 주머니처럼 생긴 꽃들이 주렁주렁 달린 풀을 볼 수 있는데, 바로 금낭화다. 처녀들이 달고 다니는 비단주머니(錦囊)를 닮았다 하여 '금낭화' 라 부른다.

생태

높이 40~50cm. 뿌리는 굵고 길게 자란다. 줄기는 연약하지만 곧게 뻗으며, 색깔이 조금 붉고 하얀 잔털이 있다. 가지는 많이 벌어진다. 잎은 무성하게 나오는데, 잎자루가 길고 줄기에 어긋난다. 잎은 길쭉하고, 3장씩 V자로 깊게 갈라진 다음 다시 맨 끝이 3개씩 갈라진다. 꽃은 5~6월에 연한 홍색과 흰색이 섞여 피는데, 아주 작은 주머니처럼 생겼다. 긴 꽃대에 꽃들이 한쪽으로 몰려 주렁주렁 달려서 꽃대가 둥글게 휘어진다. 열매는 6월에 길쭉한 콩깍지 모양으로 여문다. 깍지 안에 작은 씨앗이 많이 들어 있어서 동물이 건드리면 깍지가 터지면서 씨앗이 퍼진다.

*유사종 _ 흰금낭화

새순

약용

한방에서는 뿌리를 하포모단근(荷包牡丹根)이라 한다. 풍을 없애고, 열을 내리며, 종기와 베인 상처를 소독하는 효능이 있다.

타박상, 종기, 베인 상처가 덧났을 때 약으로 처방한다. 뿌리를 햇빛에 말려 사용한다.

민간요법

증상	요법
베인 상처가 아플 때, 위가 심하게 아플 때	뿌리 3g에 물 약 400㎖를 붓고 달여 마신다.
베인 상처가 심하게 덧났을 때	뿌리 3g을 간 다음, 소주를 조금 부어서 1작은술을 마신다.
종기, 타박상으로 아플 때	뿌리를 날로 갈아 붙인다.

주의사항

- 현호색과 식물에는 독성이 있어서 날로 먹거나 많이 사용하면 경련을 일으킬 수 있으므로 소량만 사용한다.

꽃
뿌리 | 꽃
열매

군락

양귀비과 114-116

특징 줄기를 꺾으면 뽀얗거나 누리끼리한 유액이 나오고, 좌우 대칭을 이룬 꽃이 피는 종류는 대개 양귀비과 식물이다.

줄기와 잎 줄기 속이 비어 있고 유액이 들어 있다. 잎은 어긋나게 붙는다.

꽃 꽃은 봄에 하늘을 향해 피고, 노란색, 붉은색, 연한 홍자색, 자주색 꽃이 있다.

종류 한해살이풀과 여러해살이풀이 대개이며, 작은키나무도 간혹 있다. 우리나라에는 양귀비, 애기똥풀, 피나물, 매미꽃 등 16종이 자란다.

약효 양귀비과 식물은 주로 통증을 없앤다.

양귀비

애기똥풀

피나물

양귀비 *Papaver somniferum L.*

약 독

■ 양귀비과 두해살이풀 ■ 분포지 : 산과 들 모래땅

개화기 : 5~6월 결실기 : 9월 채취기 : 봄(새순), 가을(열매)

- 별 명 : 얘편고장, 약담배, 아편꽃
- 생약명 : 앵속눈묘(罌粟嫩苗), 앵속(罌粟), 아편(鴉片), 앵속각(罌粟殼)
- 유 래 : 봄에 산에서 길다란 꽃대 끝에 붉고도 검은 꽃잎이 4장 붙어 있고, 노란 꽃술이 왕관처럼 둥글게 퍼져 있는 꽃을 볼 수 있는데, 바로 양귀비다. 다른 꽃들이 부끄러워할 만큼 이 꽃의 아름다움이 당나라 현종의 애첩 양귀비와 비길 만하다 하여 '양귀비' 라 부른다.

생태

높이 50~150cm. 줄기는 곧고 매끄러우며, 줄기를 자르면 하얀 유액이 나온다. 잎은 긴 타원형으로, 회색빛이 도는 연녹색 잎이 줄기를 감싸듯이 나온다. 잎 가장자리에는 불규칙한 톱니가 깊게 있다. 꽃은 5~6월에 검붉은색, 붉은색, 흰색, 연보라색, 자주색으로 피는데, 길다란 꽃대 끝에 1송이씩 고개 숙여 달린다. 꽃잎은 모두 5장이며, 작은 수술들이 커다란 암술 1개를 둘러싸고 있다. 열매는 9월에 타원형으로 여무는데, 풋열매에 상처를 내면 줄기와 마찬가지로 유액이 나온다.

*유사종 _ 개양귀비

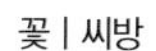
꽃 | 씨방

약용

한방에서 새싹을 앵속눈묘(罌粟嫩苗), 열매 유액을 아편(鴉片), 열매껍질을 앵속각(罌粟殼), 열매 씨앗을 앵속(罌粟)이라 한다.

통증을 없애고, 열을 내리며, 식욕을 북돋우고, 장을 윤택하게 하며, 기침을 멈추게 하는 효능이 있다. 새싹, 열매는 햇빛에 말려 사용한다.

주의사항

- 강한 독성을 지닌 약재로서 환각을 일으키는 등 부작용이 심하고, 재배와 채취가 금지되어 있으므로 민간요법으로 절대 사용하지 않는다.

전체 모습

애기똥풀 *Chelidonium majus var. asiaticum (Hara) Ohwi*

약 독

■ 양귀비과 두해살이풀 ■ 분포지 : 들이나 마을 근처 양지바른 곳
개화기 : 5~8월 결실기 : 9월 채취기 : 봄~여름(전체)

- 별 명 : 씨아똥, 젖풀, 버짐풀, 고개초, 산황연, 까치다리
- 생약명 : 백굴채(白屈菜), 백굴채근(白屈菜根)
- 유 래 : 여름에 들에서 잎이 평평하면서도 날이 둔한 삼지창처럼 생기고 샛노란 꽃이 핀 큰 풀을 볼 수 있는데, 바로 애기똥풀이다. 줄기를 꺾으면 애기똥처럼 노랗고 묽은 유액이 나오는 풀이라 하여 붙여진 이름이다.

생태

높이 30~80cm. 뿌리는 굵고 길게 뻗으며, 붉은빛이 도는 노란색이다. 줄기는 통통하고 곧게 올라오는데, 어릴 때는 뽀얀 솜털이 잔뜩 붙어 있다. 잎은 길다란 잎자루에 마주나고, 끝이 2~3장으로 둥글게 갈라지며, 앞면이 평평하다. 잎 가장자리에는 둥글면서도 불규칙한 톱니가 있다. 꽃은 5~8월에 노랗게 피는데, 길다란 꽃대가 여러 갈래로 갈라진 끝에 작은 꽃들이 모여 달린다. 열매는 9월에 둔한 바늘모양으로 여문다.

새순 | 뿌리

약용 한방에서 줄기를 백굴채(白屈菜), 뿌리를 백굴채근(白屈菜根)이라 한다. 통증을 없애고, 어혈과 독을 풀어주며, 피를 멎게 하고, 기침을 가라앉히며, 소변을 잘 나오게 하고, 염증을 삭히는 효능이 있다.

위가 심하게 아플 때, 황달, 부기, 심한 생리통, 생리불순, 피부병, 뱀이나 벌레에 물려 아플 때 약으로 처방한다. 줄기와 뿌리는 그늘에 말려 사용한다.

민간요법

증상	요법
위가 아플 때, 심한 기침, 황달과 부기, 심한 생리통	줄기 1g에 물 약 400㎖를 붓고 달여 마신다.
피부병, 뱀이나 벌레에 물려 아플 때	뿌리를 달인 물을 바른다.

주의사항

- 독성이 있는 약재이므로 정량만 사용하며, 오래 복용하지 않는다.

꽃과 잎

피나물 *Hylomecon vernale Max.*

약 독

■ 양귀비과 여러해살이풀 ■ 분포지 : 산 속 수풀

개화기 : 4~5월 결실기 : 6~7월 채취기 : 수시(뿌리)

- 별 명 : 노랑매미꽃, 여름매미꽃
- 생약명 : 하청화근(荷靑花根)
- 유 래 : 산 속에서 윤기 나는 노란색 꽃잎이 4장씩 붙어 있고, 줄기를 꺾으면 붉은 유액이 나오는 작은 풀을 볼 수 있는데, 바로 피나물이다. 줄기에서 피처럼 붉은 물이 나오고, 옛날에는 먹을 것이 귀할 때 물에 담가 독을 빼내고 나물로도 먹었다 하여 붙여진 이름이다.

생태

높이 약 30cm. 뿌리는 옆으로 뻗는다. 줄기는 약간 비스듬하게 자란다. 잎은 갸름한 타원형이며 길다란 잎자루에 마주나고, 잎 가장자리에는 깊게 패인 톱니가 있다. 꽃은 4~5월에 윤기 나는 노란색으로 피는데, 길다란 꽃대에 1송이씩 달린다. 유사종인 매미꽃은 6~7월에 꽃이 피고, 꽃대에 꽃이 1~3개씩 붙는다. 열매는 6~7월에 뭉툭한 바늘모양으로 달리는데, 다 익으면 껍질이 벌어져 자잘한 씨앗이 나온다.

* 유사종 _ 매미꽃

약용

한방에서 뿌리를 하청화근(荷靑花根)이라 한다. 풍을 없애고, 습한 것과 어혈을 몰아내며, 근육을 이완시키고, 경락을 활성화시키며, 염증을 삭히고, 피를 멎게 하며, 통증을 없애는 효능이 있다.

류머티즘성 관절염, 과로로 피곤할 때, 타박상을 입었을 때 약으로 처방한다. 뿌리는 햇빛에 말려 사용한다.

민간요법

류머티즘성 관절염, 과로로 피곤할 때, 타박상 통증	뿌리 3g에 물 약 400㎖를 붓고 달여 마신다.

주의사항

• 독성이 있어서 많이 먹으면 설사를 하므로 정량만 사용하며, 오래 복용하지 않는다.

꽃과 잎

마타리과 117

특징 풀 전체가 곧게 서고, 작은 꽃이 우산처럼 모여 피는 종류는 대개 마타리과 식물이다.

줄기와 잎 줄기가 가늘고 곧으며 마디가 있다. 줄기마디마다 잎이 마주난다.

꽃과 열매 긴 꽃대에 작은 꽃 여러 송이가 모여 하늘을 향해 핀다. 꽃은 노란색, 흰색, 연분홍색 등으로 핀다. 열매는 아주 작고 1알씩 맺힌다.

종류 한해살이풀, 여러해살이풀이 있다. 우리나라에는 마타리, 뚜깔, 쥐오줌풀 등 10종이 자란다.

약효 마타리과 식물은 주로 염증을 가라앉힌다.

마타리

마타리

Patrinia scabiosaefolia Fisch.

약 식

■ 마타리과 여러해살이풀 ■ 분포지 : 전국의 산기슭 양지바른 곳
개화기 : 7~8월 결실기 : 9~10월 채취기 : 늦여름(뿌리)

- 별 명 : 굼각초, 가얌취, 강양취, 여랑화, 녹수(鹿首), 녹장(鹿醬), 야고채(野苦菜)
- 생약명 : 패장(敗醬), 황굴화(黃屈花)
- 유 래 : 여름에 산 속 양지바른 풀밭에서 작고 노란 꽃이 피며 뿌리에서 꼬리꼬리한 냄새가 나는 키 큰 풀을 볼 수 있는데, 바로 마타리다. 굵은 실타래 같은 뿌리에서 몰(똥의 옛말) 냄새가 난다 하여 '몰타래'라 하다가 '마타리'가 되었다. 썩은(敗) 된장(醬) 냄새가 난다 하여 '패장'이라고도 한다.

생태

높이 60~150cm. 뿌리는 굵고 길게 옆으로 뻗으며, 길쭉한 잔뿌리가 갈라져 나온다. 줄기는 길게 자라며, 가지는 듬성듬성 나온다. 잎은 깃털모양으로 갈라지며, 잎자루가 있다. 꽃은 7~8월에 노란색으로 피는데, 긴 꽃대에 작은 꽃 여러 송이가 소복하게 모여 달린다. 열매는 9~10월에 아주 작고 길쭉한 타원형으로 여문다.

* 유사종 _ 금마타리, 돌마타리, 뚜깔

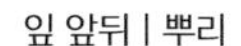
잎 앞뒤 | 뿌리

약용

한방에서는 뿌리째 캔 줄기를 패장(敗醬), 꽃 달린 가지를 황굴화(黃屈花)라 한다. 피가 맑아지고, 어혈과 염증을 풀어주며, 통증과 독을 없애고, 고름을 삭히며, 잠이 오게 하는 효능이 있다. 〈동의보감〉에도 "마타리는 몸 속 죽은 피와 여러 해 된 악혈과 고름을 삭혀 물이 되게 하고, 아이를 낳은 후 생긴 여러 가지 질병을 낫게 하는 효능이 있으며, 피부병과 눈에 핏발이 선 증상과 귀를 앓아 듣지 못하는 경우에 사용한다"고 하였다.

유행성 눈병, 부기, 폐렴으로 피고름을 토할 때, 출산 후 혈액순환이 안 될 때, 충수염, 간염, 종기에 고름이 잡혔을 때, 귀의 염증, 눈의 충혈, 치질이 있을 때 약으로 처방한다. 뿌리째 캔 줄기를 햇빛에 말려 사용한다.

민간요법

신장이나 심장 이상으로 몸이 부었을 때, 기침과 누런 가래, 장염	뿌리째 캔 줄기로 생즙을 내어 마신다.
출산 후 혈액순환이 안 되거나 어혈이 쌓여 배와 허리가 아프거나 붉은 대하가 나올 때, 귀나 위장의 염증, 폐결핵, 폐렴으로 피고름을 토할 때, 간 이상, 신장염으로 소변보기가 힘들 때, 치질로 피고름이 나올 때, 장염으로 인한 설사	뿌리째 캔 줄기 15g에 물 약 700㎖를 붓고 달여 마신다.
생리불순	꽃 달린 가지 15g에 소주 1.8ℓ를 붓고 1개월간 숙성시켜 마신다.
유행성 눈병	뿌리를 달인 물로 씻어낸다.
종기에 고름이 잡혔을 때, 화상	뿌리째 캔 줄기를 날로 찧어 바른다.

주의사항

- 차가운 성질의 약재이므로 몸이 차고 쇠약한 사람은 먹지 않는다.
- 어혈을 푸는 약재이므로 출산 후 어혈이 없거나 빈혈일 때는 먹지 않는다.
- 파 · 마늘과는 상극이므로 함께 먹지 않는다.
- 꽃차는 오래 복용하지 않는다.

식용

단백질, 칼슘, 철분, 비타민 A, 비타민 C, 사포닌을 함유한다.

봄철에 어린순을 삶아서 물에 우려낸 다음 나물로 먹거나 국을 끓여 먹는다. 삶은 다음 말려두고 묵나물로 먹기도 한다. 쓴맛이 있으므로 뜨거운 물에 여러 번 우려내어 사용한다. 꽃으로 차를 끓여 마신다.

꽃 | 열매

익은 열매

취방울덩굴과 118

특징 잎이 크고 둥근 심장모양이며, 열매가 방울처럼 작게 달리는 종류는 대개 쥐방울덩굴과 식물이다.

줄기와 잎 줄기가 가늘거나 덩굴성이며, 잎은 어긋난다.

꽃과 열매 꽃잎 윗부분이 나팔꽃처럼 갈라지며, 꽃은 노란색이나 검붉은 자주색으로 핀다. 열매는 작고 모양이 둥글거나 길다.

종류 한해살이풀, 여러해살이풀, 작은키나무, 덩굴나무가 있다. 우리나라에는 쥐방울덩굴, 족도리풀, 등칡 등 4종이 자란다.

약효 쥐방울덩굴과 식물은 주로 오장을 편하게 한다.

족도리풀

족도리풀 *Asarum sieboldii Miq.* 약

■ 쥐방울덩굴과 여러해살이풀 ■ 분포지 : 전국 산 속 그늘
개화기 : 4~5월 결실기 : 8~9월 채취기 : 봄(잎)

- 별 명 : 만병초, 세삼, 놋동이풀
- 생약명 : 세신(細辛)
- 유 래 : 봄에 산 속 그늘지고 습한 곳에서 자줏빛 바탕의 꽃에 화려한 꽃술이 둥글게 핀 풀이 무리지어 자라는 것을 볼 수 있는데, 바로 족도리풀이다. 꽃모양이 위에서 내려다 본 족도리를 닮았다 하여 붙여진 이름이다.

생태

높이 5~10cm. 뿌리는 옆으로 뻗으며, 마디마다 작은 뿌리가 나온다. 뿌리에서 매운 냄새가 난다. 잎자루는 길고 붉은 자줏빛을 띠며, 잎이 2장씩 나온다. 잎은 커다란 심장모양이며, 잎 가장자리가 매끄럽고, 뒷면에 잔털이 있다. 꽃은 잎자루가 길게 올라올 때 검은 자줏빛으로 땅에 붙어 피고, 아래쪽은 통모양이며, 위쪽은 삼각형으로 3장씩 갈라진다. 열매는 8~9월에 맺힌다.

* 유사종 _ 개족도리풀, 구족도리풀, 민족도리풀

전체 모습

약용

한방에서는 뿌리를 세신(細辛)이라 한다. 오장을 편하게 하고, 담낭을 튼튼하게 하며, 눈이 밝아지고, 가래와 기침을 가라앉히며, 몸과 폐를 따뜻하게 하고, 통증을 없애는 효능이 있다. 〈동의보감〉에 "담기를 세게 하고, 속을 따뜻하게 하며, 기를 내리며, 눈을 밝게 하고, 땀이 나게 한다"고 하였다.

심한 기침 가래, 춥고 열이 날 때, 눈이나 이가 아플 때, 염증이나 어혈을 풀 때, 관절염이나 간염, 풍기가 있을 때 약으로 처방한다. 땅 위에 드러난 뿌리는 자르고 땅속뿌리만 그늘에 말려 사용한다. 매운 맛이 난다. 은단을 만드는 재료로 사용한다.

민간요법

풍으로 얼굴이 마비되거나 몸이 저리고 아플 때, 심한 두통, 소화불량, 눈이 어둠침침하거나 눈물이 자꾸 흐를 때, 온몸에 열이 날 때, 알레르기, 심한 기침 가래, 천식, 관절염, 생리가 멈추었을 때	뿌리 2g에 물 약 400㎖를 붓고 달여 마신다.
잇몸이 붓고 아플 때	뿌리를 달인 물을 머금는다.
축농증으로 코가 막혔을 때	말린 뿌리를 가루로 내어 콧속에 불어 넣는다.
인삼을 오래 보관할 때	뿌리를 함께 넣어둔다.

잎 앞뒤

- 열이 많은 약재이므로 기가 허하고 땀이 많이 나거나 폐에 열이 있어 기침을 하는 사람은 먹지 않는다.
- 복용 중에는 황기, 산수유, 생채를 먹지 않는다.
- 국산은 줄기가 가늘고 밝은 갈색이지만, 중국산은 줄기가 굵고 짙은 갈색이다.

뿌리

꽃

초롱꽃과 119-120

특징 꽃이 커다란 종처럼 생겼으며, 땅쪽으로 고개 숙여 피는 종류는 대개 초롱과 식물이다.

줄기와 잎 줄기를 꺾으면 하얀 유액이 나온다. 잎은 어긋난다.

꽃과 열매 꽃은 봄, 여름, 가을에 피는데 모양이 초롱처럼 생겼다. 봄에 꽃피는 것은 야생화가 많고 뿌리가 잔뿌리다. 여름과 가을에 피는 것은 더덕처럼 뿌리가 굵고 약용으로 쓴다.

종류 한해살이풀과와 여러해살이풀이 많고, 덩굴성도 있으며, 나무 종류도 간혹 있다. 우리나라에는 초롱꽃, 모시대, 더덕, 만삼, 잔대, 도라지 등 13종이 자란다.

약효 초롱과 식물은 주로 몸 속 독을 풀어준다.

초롱꽃

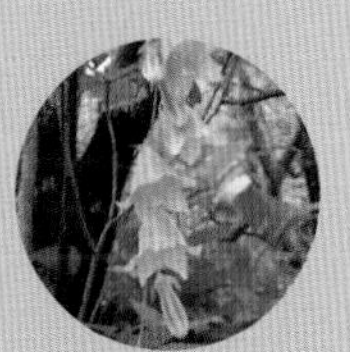

모시대

초롱꽃 *Campanula punctata Lamarck*

약 식

■ 초롱꽃과 여러해살이풀 ■ 분포지 : 전국 야산 풀밭

개화기 : 6~8월 결실기 : 8~9월 채취기 : 봄~여름(줄기 · 잎 · 뿌리)

- 별　명 : 풍령초, 산소채(山小菜), 까치밥통
- 생약명 : 자반풍령초(紫斑風鈴草)
- 유　래 : 여름에 낮은 산 풀밭 양지바른 곳에서 초롱을 닮은 꽃이 무리지어 핀 것을 볼 수 있는데, 바로 초롱꽃이다. 초롱을 닮았다 하여 붙여진 이름이다. 산에 나는 채소라 하여 '산소채(山小菜)' 라고도 한다.

생태

높이 40~100cm. 뿌리는 수염처럼 무성하다. 줄기가 가늘고, 가지는 옆으로 뻗으며, 전체에 잔털이 있다. 잎은 달걀모양이며, 잎 가장자리에 불규칙한 톱니가 있다. 꽃은 6~8월에 피는데, 몸체에 비해 크고 아래로 처져 있다. 꽃은 흰색과 연한 붉은 자주색이고, 연한 자주색 반점이 있으며, 꽃잎 끝이 여러 갈래로 갈라진다. 열매는 8~9월에 작은 달걀모양으로 여문다.

*유사종 _ 자주초롱꽃, 금강초롱꽃, 섬초롱꽃

꽃

약용

한방에서는 식물 전체를 자반풍령초(紫斑風鈴草)라 한다. 열을 내리고, 독을 풀어주며, 통증을 없애는 효능이 있다.

목의 염증, 두통, 산모의 해산을 촉진할 때 약으로 처방한다. 뿌리째 캔 줄기를 그늘에 말려 사용한다.

민간요법

몸에 열이 있을 때, 두통, 산모의 진통이 심할 때, 출산 후 산모의 몸이 안 좋을 때	→	뿌리째 캔 줄기 10g에 물 약 700㎖를 붓고 달여 마신다.

식용

봄에 어린잎과 줄기를 살짝 데쳐서 갖은 양념을 하거나 기름에 볶아 나물로 먹는다. 말려두었다가 묵나물로 먹는다. 약간 떫은맛이 있으므로 물에 담가 우려내어 요리한다.

꽃 | 뿌리

모시대

Adenophora remotiflora (S. et Z.) Miq.

약 식

■ 초롱꽃과 여러해살이풀 ■ 분포지 : 전국 산과 들

개화기 : 8~9월 결실기 : 10월 채취기 : 가을~봄(뿌리)

- 별 명 : 모싯대, 싯대, 오시대, 모시잔대, 몽아지, 외발채, 행삼(杏參), 행엽사삼(杏葉沙參), 매삼(梅蔘), 남사삼(南沙參), 행엽채(杏葉菜), 취소(臭蘇)
- 생약명 : 제니(薺苨)
- 유 래 : 초가을에 산 속 약간 그늘진 곳에서 잎이 갸름하고, 줄기를 자르면 하얀 유액이 나오며, 뿌리가 굵고 옆으로 뻗어 있는 풀을 볼 있는데, 바로 모싯대다. 잎모양이 모시풀과 비슷하고 뿌리가 잔대처럼 생겼다 하여 '모시잔대'라 하다가 '모시대'가 되었다.

생태

높이 40~100cm. 뿌리는 붉고 굵으며, 옆으로 뻗어 나간다. 줄기는 가늘고 곧다. 잎은 줄기에 어긋나며, 긴 타원형에 끝이 뾰족하고, 잎 가장자리에 톱니가 있으며, 잎 뒷면이 허옇다. 잎자루가 길지만 위로 올라갈수록 짧아진다. 꽃은 8~9월에 종모양의 옅은 청보라색 꽃이 피는데, 꽃잎이 5개로 갈라지며 아래쪽을 향해 달린다. 열매는 10월에 여문다. 씨방은 하위(下位)이고 암술머리가 3개로 갈라진다.

* 유사종_흰모싯대, 도라지모싯대

잎

약용

한방에서 뿌리를 제니(薺苨)라 한다. 열을 내리고, 독을 풀어주며, 가래를 없애는 효능이 있다.

기관지염, 폐에 열이 있을 때, 기침 감기, 두통 감기, 종기, 당뇨가 있을 때 약으로 처방한다. 뿌리를 햇빛에 말려 사용한다.

민간요법

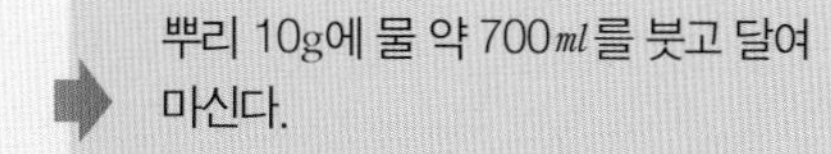

심한 기침 가래, 폐렴, 감기로 기침과 열이 날 때, 목이 붓고 아플 때, 당뇨, 눈이 침침할 때	뿌리 10g에 물 약 700㎖를 붓고 달여 마신다.
종기가 나서 아플 때, 뱀에 물렸을 때	뿌리째 캔 줄기를 달인 물로 찜질한다.
열이 나고 아플 때, 감기로 춥고 열이 날 때, 손발이 화끈거릴 때, 위가 안 좋아 소화가 잘 되지 않고 입맛이 없을 때, 간염	뿌리째 캔 줄기 10g에 물 약 700㎖를 붓고 달여 마신다.

꽃 | 잎 앞뒤

식용

칼슘, 인, 철, 헤모글로빈을 함유한다.

봄에 어린잎을 갖은 양념에 무쳐 나물로 먹거나 된장국을 끓인다. 들기름에 볶거나 꽃과 함께 튀김을 한다. 삶아서 말린 것을 묵나물로 먹기도 한다. 맛이 달달하고 향기로워 입맛을 돋운다.

뿌리는 더덕처럼 생으로 무치거나 구이로 먹는다. 쌉쌀하면서도 씹히는 맛이 있어 별미로 먹을 수 있다.

뿌리

쐐기풀과 121

특징 줄기와 잎에 거친 잔털이 있어 껄끄러우며, 꽃이 이삭모양으로 달리는 종류는 대개 쐐기풀과 식물이다.

줄기와 잎 줄기가 질기고 섬유질이 많다. 잎 가장자리가 거칠게 갈라진다.

꽃과 열매 꽃이 작고 여러 송이가 이삭모양으로 뭉쳐 달린다. 열매는 크기가 작고 딱딱하다.

종류 작은키나무, 여러해살이풀, 한해살이풀이 있다. 우리나라에는 쐐기풀, 모시풀 등 28종이 자란다.

약효 쐐기풀과 식물은 주로 열을 내린다.

모시풀

모시풀 *Boehmeria frutescens Thunberg*

약 식

■ 쐐기풀과 여러해살이풀 ■ 분포지 : 중부 이남 들과 밭 물기 많은 곳

개화기 : 7~8월 결실기 : 9월 채취기 : 겨울과 봄(뿌리)

• 별 명 : 남모시풀, 정마, 야마, 청마
• 생약명 : 저근(苧根), 저마근(苧麻根)
• 유 래 : 들이나 밭에서 잎이 깻잎과 비슷하지만 뒷면에 하얀 솜털이 잔뜩 붙어 있는 키 큰 풀을 볼 수 있는데, 바로 모시풀이다. 줄기껍질을 벗겨 만든 실로 모시를 짜는 풀이라 하여 붙여진 이름이다.

생태

높이 1.5~2m. 뿌리는 굵고 옆으로 길게 뻗는다. 줄기는 곧게 올라오며, 잔털이 많이 붙어 있다. 잎은 둥근 타원형으로 어긋나며, 잎자루가 길고, 잎 뒷면이 허옇고 잔털로 뒤덮여 있다. 꽃은 7~8월에 노란빛이 도는 하얀 꽃이 피는데, 꽃대에 자잘한 꽃들이 벼이삭처럼 모여 달린다. 열매는 9월에 작고 둥글게 여문다.

전체 모습

약용 한방에서 뿌리를 저근(苧根)이라 한다. 음기를 보하고, 열을 내리며, 어혈을 없애고, 피를 멎게 하며, 모세혈관을 튼튼히 하고, 독을 풀어주며, 소변을 잘 나오게 하는 효능이 있다.

피부염, 산모의 몸에 열이 날 때, 임신 중 태동이 불안하거나 자궁 출혈이 있을 때, 장 출혈이나 잇몸 출혈, 소변을 보기 힘들 때, 소변이 붉게 나올 때, 열감기, 치매, 노화 방지, 살이 쪘을 때, 피를 토하거나 하혈을 할 때, 뱀에 물렸을 때, 코피, 상처에서 피가 날 때 약으로 처방한다. 뿌리는 햇빛에 말려 사용한다.

민간요법

피부염, 임신 중 태동이 불안하거나 자궁 출혈이 있을 때, 소변이 붉게 나올 때, 소변을 보기 힘들 때, 산모의 몸에 열이 날 때, 열감기, 치매, 노화 방지, 살이 쪘을 때, 피를 토하거나 하혈을 할 때	뿌리 20g에 물 약 700㎖를 붓고 달여 마신다.
상처 출혈, 코피, 잇몸 출혈, 뱀에 물렸을 때	잎을 날로 찧어 바른다.

새순

식용

플라보노이드, 루틴, 아라키딘산, 카페산 유도체, 섬유질을 함유한다.

봄에 어린순을 살짝 데쳐서 나물로 먹거나 말린 잎을 가루로 내어 절편, 개떡, 칼국수를 만든다. 쫄깃하면서도 단맛이 있으며 열량이 적어 다이어트 식품으로 좋다.

주의사항

- 소화기가 약하여 설사를 하는 사람, 혈액에 열이 있어 생긴 병이 아닌 경우에는 복용하지 않는다.

앵초과 122

특징 식물의 키가 작고, 잎이 1장씩 나며, 납작하게 벌어진 작은 꽃이 수북이 모여 피는 종류는 대개 앵초과 식물이다.

뿌리와 잎 뿌리는 옆으로 뻗어 나간다. 잎은 1장씩 수북이 난다.

꽃과 열매 꽃은 아래쪽은 서로 붙어 있고 끝은 5장으로 갈라지며, 봄과 여름에 주로 흰색, 노란색, 붉은 자주색으로 핀다. 열매 속에는 씨앗이 많이 들어 있다.

종류 한해살이풀, 여러해살이풀이 있다. 우리나라에는 앵초, 까치수염, 좁쌀풀, 봄맞이꽃 등 23종이 자란다.

약효 앵초과 식물은 주로 염증을 가라앉힌다.

까치수염

뿌리
잎 앞뒤

까치수염 *Lysimachia barystachys Bunge*

약 식

■ 앵초과 여러해살이풀 ■ 분포지 : 전국 산비탈과 들판
개화기 : 6~8월 결실기 : 8~9월 채취기 : 여름(줄기 · 잎 · 뿌리)

- 별 명 : 까치수영, 개꼬리풀, 꽃꼬리풀, 진주화(珍珠花), 낭미화(狼尾花)
- 생약명 : 진주채(珍珠菜), 낭미진주채(狼尾珍珠菜), 낭미파화(狼尾巴花)
- 유 래 : 여름에 산 속 그늘지고 습한 풀밭에서 밋밋하고 긴 타원형 잎이 수북이 나오며, 작고 하얀 꽃이 개 꼬리처럼 뭉쳐 핀 풀이 무리지어 있는 것을 볼 수 있는데, 바로 까치수염이다. 꽃들이 뭉쳐 휘어진 모양이 까치 몸통 같고 끝이 수염처럼 구부러져 있다 하여 붙여진 이름이다. 열매가 작은 진주처럼 동글동글하게 맺히는 나물이라 하여 '진주채' 라고도 부른다.

생태

높이 50~100㎝. 뿌리는 옆으로 퍼져 나간다. 줄기는 둥글고, 가지 없이 줄기 하나만 길게 올라온다. 잎은 어긋나는데, 긴 타원형으로 가운데가 오목하며, 잎 가장자리가 밋밋하다. 꽃은 6~8월에 하얗게 피는데, 길다란 꽃대에 아주 작은 꽃이 촘촘히 달린다. 꽃대 아래쪽에 꽃이 많이 붙으며, 끝부분으로 갈수록 수가 줄어들면서 모양이 구부러진다. 열매는 8~9월에 붉은 갈색으로 여무는데, 모양이 둥글고 크기가 아주 작다.

＊유사종 _ 큰까치수염, 갯까치수염

새순

약용

한방에서 뿌리째 캔 줄기를 진주채(珍珠菜)라 한다. 피를 활성화시키고, 어혈을 풀어주며, 열을 내리고, 생리를 조절하며, 수분을 배출시키고, 종기를 삭히는 효능이 있다.

생리불순이나 심한 생리통, 몸이 부었을 때, 목이 붓고 아플 때, 유방염이 있을 때 약으로 처방한다. 뿌리째 캔 줄기를 햇빛에 말려 사용한다.

민간요법

생리불순, 심한 생리통, 찬바람을 쐬어 열나고 감기에 들었을 때, 목이 아플 때, 머리가 지끈지끈 아플 때, 간염	뿌리째 캔 줄기 15g에 물 약 700㎖를 붓고 달여 마신다.
관절염, 허리가 쑤시고 아플 때	뿌리로 생즙을 내어 마신다.
유방염, 타박상, 관절을 삐었을 때	잎과 줄기를 날로 찧어 바른다.

줄기 · 잎 · 꽃

잎 앞뒤

식용

비타민C, 탄닌, 옥살산(수산)을 함유한다.

봄철에 어린순을 날로 초장에 찍어 먹거나, 살짝 데쳐 갖은 양념을 하여 나물로 먹는다. 맛은 조금 시큼하고, 씹히는 맛이 부드럽고 순하다.

꽃

겨울 열매 | 꽃

마디풀과 123-124

특징 매우 작은 꽃이 수북하게 모여 피고, 잎자루 끝이 줄기를 감싸고 있는 종류는 대개 마디풀과 식물이다.

줄기와 잎 줄기가 조금 붉다. 잎은 1장씩 줄기에 어긋나며, 잎자루가 줄기를 감싸고 있다.

꽃과 열매 꽃은 매우 작고 수북이 모여 피며, 꽃자루에 마디가 있다. 열매는 매우 작고, 열매 끝에 꽃받침이 그대로 붙어 있다.

종류 한해살이풀과 여러해살이풀이 있으며, 작은키나무도 간혹 있다. 우리나라에는 여뀌, 수영, 쪽, 고마리, 하수오 등 82종이 자란다.

약효 여뀌과 식물은 주로 균에 대한 저항력을 높인다.

여뀌

수영

여뀌 *Persicaria hydropiper (L.) Spach*

약 식 독

■ 마디풀과 한해살이풀 ■ 분포지 : 전국 들판과 개울가
개화기 : 6~9월 결실기 : 9월 채취기 : 여름~가을(줄기 · 잎), 가을(뿌리 · 열매)

- 별 명 : 엿구, 야꾹대, 버들여뀌, 매운여뀌, 택료(澤蓼), 천료(川蓼), 수홍화(水紅花), 홍요자초(洪蓼子草)
- 생약명 : 수료(水蓼), 수료근(水蓼根), 요실(蓼實)
- 유 래 : 개울가에서 잎 아랫부분이 붉고 가는 줄기를 감싸며, 잎에서 매운 맛이 나는 풀이 무리지어 자라는 것을 볼 수 있는데, 바로 여뀌다. 옛날에는 냇가에서 물고기를 잡을 때 물길을 막고 이 풀을 짓이겨 넣어 물고기를 기절시키는 데 사용하였다.

생태

높이 40~80cm. 줄기는 곧고 가늘며, 매끄럽고, 붉은색을 띤다. 가지가 많이 갈라진다. 잎은 줄기를 감싸듯이 올라오고, 끝으로 갈수록 가늘고 길쭉해지며, 잎 가장자리가 매끄럽다. 유사종인 개여뀌는 잎에서 매운 맛이 나지 않는다. 꽃은 6~9월에 붉은색으로 매우 작게 피는데, 꽃잎이 없고, 긴 꽃대에 성긴 벼이삭처럼 여러 송이가 모여 달린다. 열매는 9월에 작은 타원형으로 검게 여문다.

* 유사종 _ 가는여뀌, 물여뀌, 꽃여뀌, 털여뀌, 개여뀌, 기생여뀌, 봄여뀌, 흰여뀌, 명아자여뀌, 끈끈이여뀌

잎 | 전체 모습

약용 한방에서 뿌리째 캔 줄기를 수료(水蓼), 뿌리를 수료근(水蓼根), 열매를 요실(蓼實)이란 한다. 습한 기운을 없애고, 피를 활성화시키며, 뭉친 것과 어혈을 풀어주고, 막힌 것을 뚫으며, 풍과 독을 없애고, 소변을 잘 나오게 하며, 종기를 삭히는 효능이 있다.

설사와 복통, 구토와 근육 마비, 관절이 아플 때, 종기, 습진이나 피부병, 생리불순, 몸이 부었을 때, 자궁 출혈이 있을 때 뿌리째 캔 줄기를 그늘에 말려 사용한다.

민간요법

복통과 심한 설사, 토사곽란, 장염, 소변을 보기 힘들 때, 간질, 폐결핵	뿌리째 캔 줄기 20g에 물 약 400㎖를 붓고 달여 마신다.
생리불순, 자궁 출혈과 배가 아플 때, 치질, 고혈압, 위염이나 기관지염	뿌리 15g에 물 약 400㎖를 붓고 달여 마신다.
몸이 부었을 때, 종기가 잘 낫지 않을 때	열매를 20g에 물 약 400㎖를 붓고 달여 마신다.
관절이 아플 때, 종기, 아토피, 타박상, 뾰루지, 베인 상처에서 피가 날 때	뿌리째 캔 줄기를 달인 물을 바른다.

식용 비타민 K, 플라보노이드, 탄닌, 염화칼슘, 철을 함유한다.

봄에 어린잎을 따서 고기를 삶을 때 향신료로 넣는다. 잎과 줄기로 생즙을 낸 다음 그 즙에 찹쌀을 하룻밤 담갔다가 밀가루와 반죽하여 누룩을 만든다. 매우면서도 화한 맛이 난다.

주의사항

• 독성이 약간 있으므로 생리 중인 여성이나 산모는 먹지 않는다.

꽃

수영 *Rumex acetosa L.*

약 식

■ 마디풀과 여러해살이풀 ■ 분포지 : 전국 산과 들 풀밭
개화기 : 5~6월 결실기 : 8월 채취기 : 여름~가을(줄기 · 잎뿌리)

- 별 명 : 승아, 생게, 괴싱아, 괴시양, 괴승애, 가마귀웨줄, 산시금치, 시금초, 산대황(山大黃), 산황(酸黃), 산양제(山羊蹄), 녹각설(鹿角舌)
- 생약명 : 산모(酸模), 산모엽(酸模葉)
- 유 래 : 산 속 풀밭에서 창모양의 긴 잎이 수북이 올라와 있고 잎에서 시큼한 맛이 나는 풀을 볼 수 있는데, 바로 수영이다. 맛이 시다 하여 '시엉'이라고 하다가 '수영'이 되었다.

생태 높이 30~80cm. 뿌리는 짧고 무성하며, 색깔이 붉으면서 누르스름하다. 건조한 곳에서도 잘 자란다. 줄기는 곧고, 색깔이 약간 붉으며, 세로 홈이 여러 개 있다. 잎은 한꺼번에 수북이 올라오는데, 넓고 긴 창모양이고 잎자루가 길다. 꽃은 5~6월에 붉은 빛을 띤 녹색으로 피는데, 긴 꽃대가 올라와 가지가 벌어지고 꽃잎 없는 작은 꽃들이 여러 송이 달린다. 열매는 8월에 검은 갈색으로 여무는데, 둥글고 납작하며 작은 날개가 붙어 있다.

* 유사종 _ 애기수영, 대황, 소리쟁이

새순

약용 한방에서 뿌리를 산모(酸模), 잎을 산모엽(酸模葉)이라 한다. 열을 내리고, 피가 맑아지며, 소변을 잘 나오게 하고, 소화가 잘 되게 하며, 균을 죽이고, 종기를 삭히는 효능이 있다.

열이 나고 설사를 할 때, 소변이 안 나올 때, 피를 토할 때, 종기나 피부병, 위질환이 있을 때 약으로 처방한다. 뿌리째 캔 줄기를 햇빛에 말려 사용한다.

민간요법

몸에 열이 나고 심한 설사, 소변을 보기 힘들 때, 피를 토할 때, 음식을 잘못 먹어 토할 때, 종기, 관절이 쑤시고 아플 때, 얼굴이 누렇게 떴을 때	뿌리 15g에 물 약 700㎖를 붓고 달여 마신다.
위가 안 좋을 때	뿌리째 캔 줄기 15g에 물 약 700㎖를 붓고 달여 마신다.
종기가 나서 붓고 아플 때, 아토피, 치질, 화상, 상처에서 피가 날 때	뿌리째 캔 줄기를 날로 찧어 바른다.
관절염	뿌리 300g에 소주 1.8 l 를 붓고 1개월 동안 숙성시켜 마신다.

잎 앞뒤 | 잎

식용

비타민 C, 탄닌, 탄산칼슘, 옥살산(수산)을 함유한다.

봄에 어린잎과 줄기를 날로 초장에 찍어 먹거나, 살짝 데친 다음 갖은 양념을 하여 나물로 먹는다. 된장국을 끓이거나 고기요리에 넣으며, 꽃으로 차를 끓여 마시기도 한다. 씹히는 맛이 연하고 시큼한 맛이 있어 입맛을 돋운다.

주의사항

• 너무 많이 먹으면 설사를 하거나 구역질이 날 수 있다.

꽃 | 꽃봉오리

열매 | 뿌리

석죽과 125-126

특징 대나무처럼 줄기에 마디가 있고, 꽃잎이 활짝 펴지는 종류는 대개 석죽과 식물이다.

줄기와 잎 줄기는 길게 자란다. 잎은 줄기를 반쯤 감싸듯이 나며, 모양이 가늘고 길쭉하다.

꽃과 열매 꽃잎은 5장씩 붙는다. 열매는 작고, 얇은 껍질이 있다.

종류 한해살이풀과 여러해살이풀이 있으며, 작은키나무도 간혹 있다. 우리나라에는 동자꽃, 패랭이꽃 등 47종이 자란다.

약효 석죽과 식물은 주로 열을 내린다.

동자꽃

패랭이꽃

동자꽃 *Lychnis cognata Max.* 약

■ 석죽과 여러해살이풀 ■ 분포지 : 깊은 산 속 양지바른 곳
개화기 : 7~8월 결실기 : 9월 채취기 : 여름~가을(전체)

- 별 명 : 동자화(童子花), 전추라화(剪秋蘿花), 전하라(剪夏羅)
- 생약명 : 천열전추라(淺裂剪秋蘿)
- 유 래 : 여름에 깊은 산 속에서 줄기가 길고 녹색이며, 꽃잎 가장자리가 천조각처럼 갈라진 주황색 꽃이 피어 있는 풀을 볼 수 있는데, 바로 동자꽃이다. 주지 스님이 겨울 식량을 얻으러 간 사이 큰눈이 내려 산 속에 혼자 남아 얼어 죽은 동자승의 넋이 어린 꽃이라 하여 '동자꽃'이라 부른다.

생태

높이 40~100cm. 뿌리는 굵고 길게 내려오고, 여러 덩어리로 뭉쳐 있으며, 짙은 갈색을 띤다. 줄기는 곧고 길며, 잎이 난 자리마다 마디가 있다. 잎은 긴 타원형으로, 아랫부분이 줄기를 감싸듯이 마주난다. 잎 가장자리는 밋밋하고, 앞뒷면에 잔털이 있다. 꽃은 7~8월에 주황색으로 꽃이 피는데, 심장모양의 꽃잎이 5장씩 붙으며, 꽃잎 가장자리에 짧고 작은 톱니가 있어 매끄럽지 않다. 열매는 9월에 긴 타원형으로 여문다. 여름에 햇빛이 강하면 잎이 타들어버리기도 한다.

* 유사종 _ 가는동자꽃, 털동자꽃, 제비동자꽃

새순

약용

한방에서 뿌리째 캔 줄기를 천열전추라(淺裂剪秋蘿)라 한다. 열을 내리고 독을 풀어주는 효능이 있다.

머리에 부스럼이 났을 때 약으로 처방한다. 뿌리째 캔 줄기는 햇빛에 말려 사용한다.

머리에 종기가 나서 아플 때	뿌리째 캔 줄기 10g에 물 약 700㎖를 붓고 달여 마신다.

꽃과 꽃봉오리

줄기와 잎 | 뿌리

패랭이꽃 *Dianthus chinensis L.* 약

■ 석죽과 여러해살이풀 ■ 분포지 : 낮은 산이나 들판의 메마르고 양지바른 곳
개화기 : 6~8월 결실기 : 9월 채취기 : 여름~가을(전체)

- 별 명 : 패리꽃, 참대풀, 지여죽(枝如竹), 산죽(山竹), 석죽화(石竹花), 낙양화, 천국화
- 생약명 : 구맥(瞿麥), 구맥자(瞿麥子), 구맥엽(瞿麥葉)
- 유 래 : 산 속이나 냇가 마른 땅에서 잎이 매우 가늘고 꽃잎 끝이 뾰족하게 갈라진 붉은 자주색 꽃이 핀 풀을 볼 수 있는데, 바로 패랭이꽃이다. 패랭이는 옛날 보부상이 쓰던 갓인 햇빛 가리개라는 뜻의 '폐양자(蔽陽子)'에서 나온 말인데, 꽃모양이 마치 패랭이를 닮았다 하여 붙여진 이름이다.

생태

높이 약 30cm. 뿌리는 가늘고 길게 뻗으며, 잔뿌리가 드문드문 나 있다. 줄기는 뿌리에서 여러 개가 올라오는데, 가늘고 곧게 위로 뻗으며, 잎이 난 자리마다 마디가 있다. 잎은 매우 작고 가늘며, 줄기를 감싸듯이 마주나고, 잎 가장자리가 매끄럽다. 꽃은 6~8월에 붉은 자주색으로 피는데, 길쭉한 삼각형 꽃잎이 5장씩 달린다. 꽃잎 안쪽에는 짙은 색 선이 둥글게 있으며, 꽃잎 끝이 날카로운 톱니처럼 갈라진다. 열매는 9월에 원통모양으로 여문다. 열매가 다 익으면 껍질이 갈라져 씨앗이 나와 번식한다.

* 유사종 _ 술패랭이꽃, 수염패랭이꽃, 갯패랭이꽃, 난장이패랭이꽃

새순 | 뿌리

약용

한방에서 뿌리째 캔 줄기를 구맥(瞿麥), 꽃을 구맥엽(瞿麥葉), 씨앗을 구맥자(瞿麥子)라 한다. 열을 내리고, 피를 잘 돌게 하며, 어혈을 없애고, 생리혈과 소변을 잘 나오게 하며, 염증을 가라앉히는 효능이 있다.

소변이 잘 안 나올 때, 신장염, 간이 안 좋아 복수가 찼을 때, 심장이 안 좋아 몸이 부었을 때, 생리불순, 심한 생리통, 치질, 종기가 났을 때 약으로 처방한다. 뿌리째 캔 줄기, 꽃, 씨앗은 햇빛에 말려 사용한다.

민간요법

간이 안 좋아 복수가 찼을 때, 심장이 안 좋아 몸이 부었을 때, 늑막염, 생리불순, 심한 생리통	뿌리째 캔 줄기와 꽃 9g에 물 약 700㎖를 붓고 달여 마신다.
심한 기침, 소변이 잘 안 나올 때, 신장염	꽃 9g에 물 약 700㎖를 붓고 달여 마신다.
고혈압	뿌리 9g에 물 약 700㎖를 붓고 달여 마신다.
치질, 종기	뿌리째 캔 줄기와 꽃을 날로 찧어 바른다.

주의사항

- 꽃이 피었을 때 채취하는 것이 가장 좋다.
- 몸 안에 뭉친 것을 밖으로 내보내는 차가운 성질의 약재이므로 임산부는 먹지 않는다.

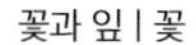
꽃과 잎 | 꽃

수선화과 127

특징 잎과 꽃이 따로 피고, 뿌리가 영양 많은 알뿌리로, 씨앗이 아닌 뿌리로 번식하는 풀 종류는 대개 수선화과 식물이다.

줄기와 잎 줄기가 길게 올라온다. 잎은 뿌리에서 나며 두껍고 길다.

꽃 봄꽃 종류는 노란색과 흰색으로 피며 간혹 잎과 함께 피는 종류도 있다. 여름과 가을에는 주로 붉은 꽃이 피는데, 잎이 다 진 상태에서 꽃대만 올라온다.

종류 여러해살이풀이 있다. 우리나라에는 수선화, 꽃무릇 등 5종이 자란다.

약효 수선화과 식물은 주로 독을 풀어준다.

꽃무릇

꽃무릇 *Lycoris radiata (L'Herit) Herb.*

약 독

■ 수선화과 여러해살이풀 ■ 분포지 : 남부 지방 산기슭과 절 근처 습한 곳

개화기 : 9~10월 결실기 : 없음 채취기 : 늦가을(뿌리)

- 별 명 : 꽃무릇, 절간풀, 노아산, 가을가제무릇
- 생약명 : 석산(石蒜)
- 유 래 : 가을에 산 속 습한 곳에서 잎이 다 져서 없어지고 길다란 줄기만 올라와 선명한 붉은색 꽃이 무리지어 핀 것을 볼 수 있는데, 바로 꽃무릇이다. 백합과의 하나인 무릇은 물기 많은 땅 위(웃)에서 자란다는 뜻의 '물웃'에서 나온 말인데, 꽃이 피는 무릇 종류라 하여 '꽃무릇'이라 부른다. 예로부터 꽃무릇 뿌리에서 얻은 풀은 탱화와 불경을 만드는 데 써왔고, 열매를 맺지 않기 때문에 절에 많이 심었다.

생태

높이 30~50cm. 뿌리는 둥근 덩이로 되어 있으며, 짙은 갈색을 띤다. 덩이뿌리 아래쪽에 굵은 잔뿌리가 나 있다. 잎은 겨울부터 뿌리에서 매우 가늘고 긴 잎이 수북이 올라오며, 잎 가운데가 길게 접혀 있다. 꽃은 잎이 모두 져버린 9~10월에 선명한 붉은색으로 피는데, 굵은 꽃대가 길게 올라와 짧은 우산살처럼 꽃줄기가 벌어진 끝에 여러 송이가 함께 달린다. 꽃잎은 가늘고 길며, 꽃술이 매우 길게 뻗어 나온다. 열매는 맺지 못한다.

*유사종 _ 상사화

새순

약용

한방에서 덩이뿌리를 석산(石蒜)이라 한다. 가래를 없애고, 소변을 잘 나오게 하며, 독을 풀어주고, 잘 토하게 하는 효능이 있다.

풍으로 마비가 약간 왔을 때, 붉은 설사, 몸이 부었을 때, 기관지염, 폐결핵, 종기, 복막염에 걸려서 토하게 할 때 약으로 처방한다. 덩이뿌리는 그늘에 말려 사용한다.

민간요법

풍으로 마비가 약간 왔을 때, 붉은 설사, 몸이 부었을 때, 기관지염, 폐결핵, 복막염에 걸려서 토하게 할 때	➡	뿌리 1g에 물 약 1 *l* 를 붓고 달여 마신다.
림프선에 멍울이 생겼을 때, 종기, 치질		뿌리를 삶은 물을 바른다.

주의사항

- 뿌리는 꽃이 진 뒤 채취하는 것이 좋다.
- 독을 독으로 풀고, 몸에 고인 것을 밖으로 내보내는 성질의 약재이므로 임산부는 먹지 않는다.

꽃 | 겨울 뿌리

난초과 128

특징	뿌리는 굵거나 뿌리줄기가 있으며, 잎이 홑잎으로 나는 종류는 대개 난초과 식물이다.
줄기와 잎	줄기가 가늘고 길다. 잎에 세로 잎맥이 있다.
꽃과 열매	꽃의 암술이 끈적끈적하다. 열매에는 얇은 껍질이 있다.
종류	여러해살이풀이 있다. 우리나라에는 자란, 타래난초 등 80종이 자란다.
약효	난초과 식물은 주로 폐를 윤택하게 한다.

자란

자란 *Bletilla striata(Thunberg) Reichenbach fil.* 약

■ 난초과 여러해살이풀 ■ 분포지 : 남부 지방 낮은 산 습한 풀밭이나 바위 근처

개화기 : 5~6월 결실기 : 10월 채취기 : 가을(뿌리)

- 별 명 : 대암풀, 주란, 미려골절초, 백급(白給), 백근(白根), 감근(甘根), 자혜근, 군구자, 죽속교, 연급초
- 생약명 : 백급(白笈), 백약(白藥)
- 유 래 : 초여름에 산 속 양지쪽에서 매우 넓고 긴 잎에 세로 잎맥이 길게 있고, 붉은 자주색 꽃이 핀 풀을 볼 수 있는데, 바로 자란이다. 자줏빛 꽃이 피는 난초라 하여 붙여진 이름이다.

생태

높이 약 40cm. 뿌리는 매우 굵게 덩어리져 있고, 옆으로 뻗어 나가며, 짙은 갈색이다. 굵은 잔뿌리가 무성하고, 덩이뿌리를 잘라보면 끈적끈적한 유액이 나온다. 잎은 넓고 길며, 뿌리쪽 줄기를 감싸듯이 포개져 나온다. 잎 앞면에는 세로로 잎맥이 있다. 꽃은 5~6월에 붉은 자주색 으로 피는데, 검붉은 색을 띤 꽃대가 길게 올라와 짧은 가지를 치고 그 끝에 모여 달린다. 열매는 10월에 여문다.

* 유사종 _ 흰꽃자란, 복륜자란

꽃봉오리 | 꽃

약용

한방에서 덩이뿌리를 백급(白笈)이라 한다. 폐를 보하고, 피를 멎게 하며, 부기와 통증을 가라앉히고, 고름을 빼주며, 새살을 돋게 하는 효능이 있다.

폐결핵, 기침에 피가 섞여 나올 때, 호흡 곤란, 코피, 위궤양이나 위출혈, 가슴앓이, 상처에서 피가 날 때, 종기, 타박상이나 화상을 입었을 때 약으로 처방한다. 덩이뿌리는 솥에 쪄서 햇빛에 말려 사용한다.

민간요법

호흡 곤란, 코피, 위궤양이나 위 출혈, 가슴앓이	덩이뿌리 10g에 물 약 700㎖를 붓고 달여 마신다.
폐결핵, 기침에 피가 섞여 나올 때	말린 덩이뿌리 5g을 가루로 내어 먹는다.
상처에서 피가 날 때, 종기, 타박상이나 화상, 기미나 여드름	말린 덩이뿌리를 가루로 내어 바른다.

주의사항

• 열감기로 기침이 심할 때는 먹지 않는다.

뿌리

봉선화과 129

특징 줄기가 투명하고, 열매 꼬투리가 터져 씨앗이 튀어나오는 종류는 대개 봉선화과 식물이다.

줄기와 잎 줄기가 통통하고 물이 많다. 잎은 갸름하고 길다.

꽃과 열매 꽃잎이 얇고 부드럽다. 열매는 콩꼬투리처럼 달린다.

종류 한해살이풀, 여러해살이풀이 있다. 우리나라에는 봉선화, 물봉선, 노랑물봉선 등 3종이 자란다.

약효 봉선화과 식물은 주로 상처를 아물게 한다.

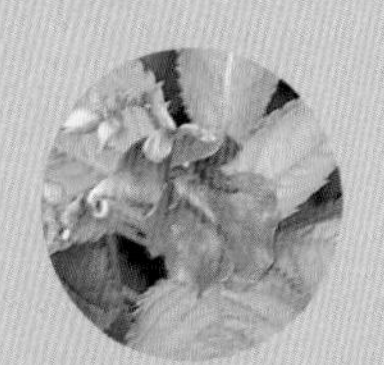

물봉선

물봉선 *Impatiens textori Miq.*

■ 봉선화과 한해살이풀 ■ 분포지 : 산골짜기 물기 많은 곳
개화기 : 8~9월 결실기 : 10월 채취기 : 여름~가을(전체)

- 별 명 : 물봉숭, 물봉숭아, 야봉선(野鳳仙)
- 생약명 : 야봉선화(野鳳仙花)
- 유 래 : 늦여름에 산 속 개울가에서 꿀주머니가 뿔나팔 모양으로 돌돌 말려 있고, 아래쪽 꽃잎이 유난히 넓은 붉은 자주색 꽃이 무리지어 핀 것을 볼 수 있는데, 바로 물봉선이다. 물가에 피는 봉선화라 하여 붙여진 이름이다.

생태

높이 60~80cm. 줄기는 연하고 곧게 자라며, 잎이 난 자리마다 마디가 있다. 잎은 넓은 타원형으로 어긋나며, 잎 앞면에 연한 얼룩이 있고, 잎 가장자리에 뾰족한 톱니가 있다. 꽃은 8~9월에 붉은 자주색으로 피는데, 꽃잎 3장 중 아래쪽 꽃잎이 제일 크고, 뿔나팔 모양의 커다란 가짜 꿀주머니가 달려 있어 벌과 나비를 끌어들인다. 열매는 10월에 길고 뾰족하게 여무는데, 얇은 껍질이 갑자기 터지면서 씨앗이 튀어나와 번식한다.

*유사종 _ 노랑물봉선, 흰물봉선

군락

약용

한방에서 뿌리째 캔 줄기를 야봉선화(野鳳仙花)라 한다. 몸을 차게 하고, 독을 풀어주며, 살이 썩는 것을 막는 효능이 있다.

종기가 곪았을 때, 살이 짓물렀을 때, 욕창이 생겼을 때 약으로 처방한다. 뿌리째 캔 줄기는 햇빛에 말려 사용한다.

민간요법

종기가 곪았을 때	뿌리째 캔 줄기를 날로 찧어 바른다.
살이 짓물렀을 때, 욕창이 생겼을 때	뿌리째 캔 줄기를 달인 물로 씻어낸다.

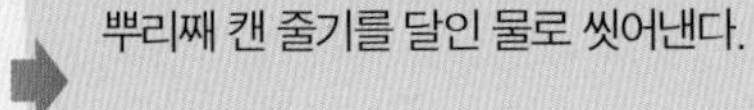

주의사항

• 독성이 있는 약재이므로 외용으로만 사용하고 먹지 않는다.

꽃 | 열매

속새과 130

특징	잎이 가늘고 비늘처럼 생겼으며 포자낭이 있는 풀 종류는 대개 속새과 식물이다.
줄기와 잎	줄기가 뻣뻣하며 선명한 마디가 있다. 잎은 비늘모양이다.
꽃과 열매	포자낭이 있어 꽃이나 열매 없이 포자로 번식한다.
종류	양치식물, 여러해살이풀이 있다. 우리나라에는 속새, 쇠뜨기 등 7종이 자란다.
약효	속새과 식물은 주로 열을 내린다.

쇠뜨기

쇠뜨기 *Equisetum arvense L.*

약 식

■ 속새과 여러해살이풀 ■ 분포지 : 산과 들과 논둑 양지바른 곳

개화기 : × 결실기 : 5월(포자) 채취기 : 봄~여름(전체)

- 별 명 : 뱀밥, 즌솔, 토필(土筆), 필두엽(筆頭葉), 필두채(筆頭菜)
- 생약명 : 문형(問荊)
- 유 래 : 산이나 들에서 줄기에 마디가 있고 바늘 모양의 긴 잎이 줄기에 돌려나는 풀이 무리지어 자라는 것을 볼 수 있는데, 바로 쇠뜨기다. 소가 많이 뜯어 먹으면 설사를 한다 하여 '쇠뜯기'라 하다가 '쇠뜨기'가 되었다.

생태 높이 30~40cm. 뿌리는 길게 뻗고, 잔뿌리가 뒤엉켜 있으며, 번식력이 매우 강하다. 봄에 생식줄기인 새순이 먼저 올라와 포자가 들어 있는 포자낭을 만드는데, 줄기는 두껍고, 연한 갈색이며, 포자낭이 모여 머리가 굵다. 포자낭은 5월에 무르익어 녹색 포자를 날려 보낸다. 영양줄기는 생식줄기가 나온 다음 나오는데, 속이 비고, 여러 마디가 있으며 모나다. 줄기는 처음에는 땅 쪽으로 누워 자라다가 성장하면 곧게 선다. 잎은 줄기를 둘러싸고 마디마다 돌려나면서 층층이 나는데, 모양이 가늘고 길며, 비늘처럼 겹처진 자리가 있다.

*유사종 _ 속새

전체 모습

약용 한방에서 뿌리째 캔 줄기를 문형(問荊)이라 한다. 열을 내리고, 심장을 튼튼히 하며, 피가 맑아지고, 혈압을 내리며, 피가 멎고, 상처가 아물며, 소변을 잘 나오게 하고, 면역력을 높이는 효능이 있다.

당뇨, 납중독, 심장이 약할 때, 생리량이 많을 때, 피를 토할 때, 코피가 날 때, 몸이 부었을 때, 결핵이나 천식, 동맥경화증, 상처에서 피가 날 때 약으로 처방한다. 뿌리째 캔 줄기는 그늘에 말려 사용한다.

당뇨, 납중독, 심장이 약할 때, 생리량이 많을 때, 피를 토할 때, 코피, 몸이 부었을 때, 결핵이나 천식, 고혈압, 치질, 소변을 보기 힘들 때	뿌리째 캔 줄기 20g에 물 약 700㎖를 붓고 달여 마신다.
신장이 안 좋을 때	생식줄기(포자줄기) 20g에 물 약 700㎖를 붓고 달여 마신다.
상처에서 피가 날 때, 상처가 덧났을 때, 치질, 종기	뿌리째 캐어 말린 줄기를 가루로 내어 바른다.
피부나 머릿결이 거칠 때	줄기를 달인 물을 바른다.

새순(생식줄기) | 포자낭

식용

비타민 B1, 사포닌, 규산, 알칼로이드, 사과산, 플라보노이드, 탄닌, 카로틴을 함유한다.

봄에 갈색 생식줄기(포자줄기)를 살짝 데쳐 초장에 찍어 먹거나 조림, 볶음, 장아찌, 튀김을 한다. 영양줄기(녹색줄기)는 말려두었다가 차를 끓여 마신다. 약간 쌉쌀하면서도 담백한 맛이 있다.

주의사항

- 몸을 차게 하고 혈압을 내리는 약재이므로 오래 먹지 말고 정량만 복용한다.
- 임산부, 혈압이 낮은 사람, 비만한 사람, 당뇨가 있는 사람은 먹지 않는다.

매자나무과 [131]

특징 뿌리가 노랗고, 작고 딱딱한 열매가 달리는 종류는 대개 매자나무과 식물이다.

줄기와 잎 풀 종류는 밑동에 잎이 달리며, 나무 종류는 잎자루 끝에 잎이 3장씩 달린다.

꽃과 열매 꽃은 노란색이 많으며, 연한 보라색도 있다. 열매는 작다.

종류 여러해살이풀과 작은키나무가 있다. 우리나라에는 매자나무, 삼지구엽초, 깽깽이풀 등 9종이 자란다.

약효 매자나무과 식물은 주로 눈이 좋아진다.

깽깽이풀

전체 모습 | 포자낭

포자낭 | 뿌리

깽깽이풀 *Jeffersonia dubia Benth.* 약

■ 매자나무과 여러해살이풀 ■ 분포지 : 산중턱 반그늘
개화기 : 4~5월 결실기 : 7월 채취기 : 가을(뿌리)

- 별　명 : 황련(黃蓮), 모황련(毛黃連), 정황련(淨黃連), 조선황련, 왕련(王連), 수련(水連), 지련(支連), 천련(川連), 산련풀(북한명)
- 생약명 : 선황련(鮮黃蓮)
- 유　래 : 산중턱에서 길다란 잎자루에 연잎처럼 단단한 둥근 심장모양의 잎들이 수북하게 올라온 풀을 아주 드물게 볼 수 있는데, 바로 깽깽이풀이다. 길다란 잎자루가 달린 잎모양이 해금(깽깽이)를 닮았다 하여 붙여진 이름이다.

생태

높이 20~30cm. 뿌리는 노랗고, 잔뿌리가 무성하게 엉켜 자란다. 줄기는 매우 짧고 땅 속에 묻혀 있어 잘 보이지 않는다. 꽃은 잎보다 먼저 4~5월에 피는데, 길다란 꽃대에 연한 보라색 꽃이 1송이씩 달린다. 잎은 꽃이 필 무렵에 올라오는데, 잎자루가 매우 길고, 둥근 심장모양이다. 잎 가장자리에는 불규칙한 물결모양의 큰 톱니가 있고, 잎 앞면은 물기를 튕겨낸다. 어린잎은 약간 붉다. 열매는 7월에 타원형으로 검게 여문다.

*유사종 _ 한계령풀

새순 | 잎

약용

한방에서 뿌리를 선황련(鮮黃蓮)이라 한다. 열을 내리고, 독을 풀어주며, 위를 튼튼하게 해주는 효능이 있다.

설사, 열이 나고 얼굴이 달아오를 때, 편도선이 부었을 때, 결막염, 입 안 염증, 입맛이 없을 때, 구토, 코피가 날 때, 장염이 있을 때 약으로 처방한다. 뿌리는 햇빛에 말려 사용한다.

민간요법

증상	요법
설사, 열이 나고 얼굴이 달아오를 때, 편도선이 부었을 때, 입 안의 염증, 입맛이 없을 때, 속이 쓰리고 아플 때, 구토, 코피, 장염	뿌리 5g에 물 약 400㎖를 붓고 달여 마신다.
결막염	뿌리를 달인 물로 씻어낸다.

주의사항

- 멸종위기 야생식물 2급인 식물이므로 야생으로 채취하지 않는다.
- 차가운 성질의 약재이므로 속이 차거나 위장병이 있어 토할 때는 먹지 않는다.

열매

꽃과 잎 | 뿌리

범의귀과 132

특징 잎이 평평하고, 작은 꽃이 여러 송이 모여 달리는 종류는 대개 범의귀과 식물이다.

잎 잎 앞면이 평평하다.

꽃과 열매 꽃받침이 크고, 헛꽃이 피어 열매를 맺지 못하는 종류도 간혹 있다. 열매 속 씨앗이 많다.

종류 여러해살이풀과 작은키나무가 있으며, 큰키나무도 간혹 있다. 우리나라에는 범의귀, 수국, 산수국 등 60종이 자란다.

약효 범의귀과 식물은 주로 열을 내린다.

산수국

산수국

Hydrangea serrata for. acuminata (S. et Z.) Wils.

약 식

■ 범의귀과 잎지는 작은키나무 ■ 분포지 : 중부 이남 산골짜기 자갈밭이나 계곡가, 절
개화기 : 7~8월 결실기 : 9~10월 채취기 : 여름(꽃 · 잎)

- 별 명 : 도체비고장, 돗채비고장, 물파리, 자양화(紫陽花), 수구화(繡毬花), 수국화(繡菊花)
- 생약명 : 토상산(土常山)
- 유 래 : 여름에 산 속 반그늘진 곳에서 자잘한 보라색 꽃들이 한데 모여 피어 있는데, 그 바깥쪽에 벌과 나비를 유혹하는 하얀 헛꽃이 함께 붙어 핀 나무를 볼 수 있는데, 바로 산수국이다. 인공으로 재배하는 수국과 달리 산에 자생하는 수국이라 하여 붙여진 이름이다.

생태

높이 약 1m. 뿌리는 굵고 옆으로 뻗으며, 잔뿌리가 뒤엉켜 있다. 뿌리는 노란 갈색이다. 줄기는 뿌리에서 여러 개가 올라온다. 가지는 여러 갈래로 무성하게 갈라진다. 잎은 둥근 타원형으로 마주나는데, 잎맥에 잔털이 붙어 있고, 잎 가장자리에 잔톱니가 있다. 꽃은 7~8월에 암술과 수술이 없는 헛꽃과 열매를 맺는 진짜 꽃이 함께 피는데, 헛꽃은 크고 하얀 색이며 바깥쪽에 듬성듬성 달린다. 진짜 꽃은 크기가 매우 작고 여러 송이가 함께 모여 달리는데, 시간이 지나면서 꽃색이 분홍, 파랑, 보라로 변한다. 열매는 9~10월에 작은 타원형으로 여무는데, 다 익으면 갈색으로 변한다. 열매는 겨울에도 가지에 붙어 있다.

*유사종 _ 꽃산수국, 떡잎산수국, 탐라산수국

약용

한방에서 꽃과 잎을 토상산(土常山)이라 한다. 열을 내리고, 심장을 튼튼히 하며, 심신을 편안하게 하는 효능이 있다.

말라리아에 걸렸을 때, 열이 올랐다 내렸다 할 때, 심한 기침, 심장이 두근거리고 불안해할 때 약으로 처방한다. 꽃과 잎은 햇빛에 말려 사용한다.

민간요법

말라리아, 열이 올랐다 내렸다 할 때, 심한 기침, 심장이 두근거리고 불안해 할 때, 입냄새, 당뇨	꽃과 잎 4g에 물 약 400㎖를 붓고 달여 마신다.

식용

감미 성분인 필로둘신, 루틴, 알칼로이드를 함유한다.

감차(甘茶)라 하여 꽃과 잎을 말렸다가 차를 끓여 마신다. 달달한 맛이 있고 입 안이 개운하다.

꽃
열매 | 뿌리 | 겨울 열매

십자화과 133-134

특징 꽃이 작고, 꽃잎과 꽃받침이 십자모양인 풀 종류는 대개 십자화과 식물이다. 겨자과 · 배추과라고도 한다.

줄기와 잎 줄기가 가늘고 곧게 자란다. 잎은 작고 갸름하다.

꽃과 열매 꽃이 매우 작고, 가지 끝에 여러 송이가 뭉쳐 달린다. 열매는 꼬투리 모양이다.

종류 한해살이풀, 여러해살이풀이 있다. 우리나라에는 겨자, 갓, 미나리냉이, 황새냉이 등 51종이 자란다.

약효 십자화과 식물은 주로 균을 없앤다.

미나리냉이

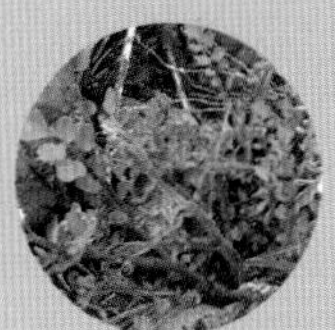
황새냉이

미나리냉이 *Cardamine leucantha (Tausch) O. E. Schulz*

약 식

■ 십자화과 여러해살이풀 ■ 분포지 : 산골짜기나 숲 속 개울가 그늘진 곳
개화기 : 6~7월 결실기 : 7~8월 채취기 : 봄~여름(뿌리)

- 별 명 : 미나리황새냉이, 백화쇄미제(白花碎米薺)
- 생약명 : 채자칠(菜子七)
- 유 래 : 여름에 산 속에서 잎은 미나리와 비슷한데 줄기가 단단하고 냉이꽃 모양의 꽃이 핀 풀을 볼 수 있는데, 바로 미나리냉이다. 미나리와 냉이를 닮았다 하여 붙여진 이름이다. 식용으로 즐겨 먹는 미나리는 속이 비어 있고 물 속에 뿌리를 내리므로, 요즘은 줄기 속에서 가끔 거머리가 나온다는 뜬소문 때문에 밭에서 재배되는 밭미나리가 인기를 얻고 있다. 그러나 이 미나리냉이는 속이 차 있고 줄기도 연약하지 않다.

생태

높이 40~70cm. 뿌리는 가늘고 길게 뻗으며, 잔뿌리가 무성하다. 줄기는 곧게 서는데, 속이 꽉 차고 힘이 있으며, 하얀 잔털이 붙어 있다. 가지는 위쪽에서 드물게 갈라진다. 잎은 긴 타원형이며, 잎자루가 길고, 잎 가장자리에 뾰족한 톱니가 있다. 꽃은 6~7월에 하얗게 피는데, 길다란 꽃대에서 갈라진 가지 끝에 꽃잎이 십자로 갈라진 작은 꽃들이 우산처럼 모여 달린다. 열매는 7~8월에 짙은 갈색으로 작게 여문다.

＊유사종 _ 통영미나리냉이

새순 | 전체 모습

약용

한방에서 뿌리를 채자칠(菜子七)이라 한다. 기침을 가라앉히고, 염증을 가라앉히는 효능이 있다.

아이가 백일해에 걸렸을 때, 기관지염, 타박상일 때 약으로 처방한다. 뿌리는 햇빛에 말려 사용한다.

민간요법

아이가 백일해에 걸렸을 때, 심한 기침 가래	뿌리 20g에 물 약 700㎖를 붓고 달여 마신다.
타박상	뿌리를 날로 찧어 바른다.

식용

비타민, 단백질, 칼슘, 철분을 함유한다. 봄에 어린순을 살짝 데쳐 나물로 먹거나 된장국을 끓여 먹는다. 아삭하게 씹히는 맛이 있다.

꽃 | 뿌리 / 군락

황새냉이

Cardamine flexuosa With.

약 식

■ 십자화과 두해살이풀 ■ 분포지 : 들판 습한 곳이나 논밭 옆
개화기 : 4~5월 결실기 : 6월 채취기 : 여름(씨앗)

• 생약명 : 제(薺)
• 유 래 : 냇가에서 줄기가 통통하고 잎이 동글동글하며 작은 흰 꽃이 피어 있는 풀을 볼 수 있는데, 바로 황새냉이다. 황새냉이는 열매가 황새 다리처럼 가늘고 길다 하여 붙여진 이름이다.

생태

높이 20cm. 뿌리가 가늘고 길게 자라며, 잔뿌리가 무성하다. 줄기는 길게 자라는데, 줄기에 힘이 없어 약간 옆으로 눕듯이 자란다. 가지는 줄기 위쪽에서 여러 갈래로 갈라져 나온다. 잎은 긴 잎자루에 작은 잎들이 깃털처럼 모여 달리는데, 황새냉이와는 달리 잎모양이 둥글고, 맨끝에 달리는 잎은 매우 크다. 잎 가장자리에는 물결 모양의 불규칙한 톱니가 있다. 꽃은 4~5월에 흰색으로 피는데, 길다란 꽃대 끝에 작은 꽃들이 10~20송이 달린다. 열매는 6월에 뭉툭한 대바늘처럼 가늘고 길쭉하게 여무는데, 다 익으면 껍질이 갈라지면서 씨앗이 가까운 곳에 떨어져 번식한다.

* 유사종 _ 큰황새냉이

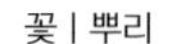
꽃 | 뿌리

약용

한방에선 씨앗을 제(薺)라 한다. 폐를 튼튼히 하고, 염증을 가라앉히며, 소변을 잘 나오게 하는 효능이 있다.

폐렴이나 천식, 몸이 부었을 때 약으로 처방한다. 씨앗은 햇빛에 말려 사용한다.

민간요법

폐렴이나 천식, 신장이 안 좋아 몸이 부었을 때, 소변을 보기 힘들 때	잎과 줄기, 씨앗 10g에 물 약 700㎖를 붓고 달여 마신다.

식용

비타민, 단백질, 칼슘, 철분을 함유한다.

봄에 어린순을 살짝 데쳐 나물로 먹거나 된장국을 끓인다. 칼칼한 맛이 있다.

열매

석송과 135

특징	잎모양이 솔잎처럼 뾰족하며 꽃이나 열매가 맺히지 않는 풀 종류는 대개 석송과 식물이다.
줄기와 잎	줄기가 가늘고 곧게 선다. 잎은 사방으로 돌려난다.
꽃과 열매	포자로 번식하므로 꽃과 열매가 맺히지 않는다.
종류	여러해살이풀이 있으며, 늘푸른 종류도 있다. 우리나라에는 석송, 다람쥐꼬리 등 11종이 자란다.
약효	석송과 식물은 주로 염증을 가라앉힌다.

다람쥐꼬리

다람쥐꼬리 *Lycopodium chinense Christ.*

약

■ 석송과 늘푸른 여러해살이풀 ■ 분포지 : 높은 산 그늘진 곳
개화기 : × 결실기 : × 채취기 : 수시(전체)

- 별 명 : 암석송(岩碩松), 용호자(龍胡子), 권백상석송(卷柏像碩松), 소산란
- 생약명 : 소접근초(小接筋草)
- 유 래 : 겨울에 산 속 나무그늘 아래에서 푸른 바늘처럼 생긴 잎이 사방으로 나 있는 작은 풀을 볼 수 있는데, 바로 다람쥐꼬리다. 줄기에 잎이 달린 모양이 다람쥐꼬리처럼 생겼다 하여 붙여진 이름이다.

생태

높이 5~15cm. 줄기는 곧게 서며, 겨울에는 땅쪽으로 누워 자란다. 가지는 V자로 갈라지며, 위쪽에 난 싹이 땅에 떨어져 뿌리를 내린다. 잎은 바늘처럼 가늘고 딱딱하며, 줄기에 촘촘하게 둘러나고, 어릴 때는 약간 노란빛을 띤다. 꽃과 열매는 맺히지 않으며, 잎 아랫부분에 달린 포자낭에서 포자가 나와 번식한다.

새순

약용

한방에서는 뿌리째 캔 줄기를 소접근초(小接筋草)라 한다. 풍을 없애고, 힘줄을 이어주고, 피를 멎게 하며, 염증을 가라앉히는 효능이 있다.

근육을 다쳤을 때, 상처에서 피가 날 때, 타박상, 류머티즘성 관절염, 종기가 났을 때 약으로 처방한다. 뿌리째 캔 줄기는 그늘에 말려 사용한다.

류머티즘성 관절염, 근육통, 풍기	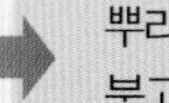	뿌리째 캔 줄기 5g에 물 약 400㎖를 붓고 달여 마신다.
근육을 다쳤을 때, 상처의 출혈, 타박상, 종기		뿌리째 캔 줄기를 날로 찧어 바른다.

꽃

아욱과[136]

특징 커다란 꽃잎이 5장씩 달리며, 꽃술이 뿔처럼 길게 나오는 종류는 대개 아욱과 식물이다.

줄기와 잎 줄기가 길게 올라오고, 잎은 어긋나게 달린다.

꽃 꽃이 넓적하면 잎이 작고, 잎이 넓적하면 꽃이 작다.

종류 한해살이풀, 여러해살이풀, 작은키나무, 큰키나무가 있다. 우리나라에는 아욱, 무궁화, 접시꽃 등 10종이 자란다.

약효 아욱과 식물은 주로 염증을 가라앉힌다.

접시꽃

접시꽃 *Althaea rosea Cav.* 약

■ 아욱과 두해살이풀 ■ 분포지 : 들판과 마을 근처
개화기 : 6~9월 결실기 : 9~10월 채취기 : 봄(새순), 여름(꽃), 가을(뿌리 · 열매)

- 별 명 : 덕두화, 떡두화, 가지깽이고장, 힌채키아, 접중화, 촉규(蜀葵), 촉교화, 촉계화, 단오금
- 생약명 : 촉규근(蜀葵根), 촉규묘(蜀葵苗), 촉규화(蜀葵花), 촉규자(蜀葵子)
- 유 래 : 여름에 들판에서 붉거나 하얀 꽃이 아기 손바닥만 하게 피고 꽃술이 끈적거리는 큰 풀을 볼 수 있는데, 바로 접시꽃이다. 열매가 접시 안에 담긴 것처럼 맺힌다 하여 붙여진 이름이다. 중국 융촉(戎蜀)에 많이 나는 아욱(葵)이라 하여 '촉규' 라고도 부른다.

생태

높이 2~2.5m. 줄기는 곧고 푸르며, 잔털이 있다. 잎은 넓고 길쭉한 타원형으로 잎모양이 평평하고, 잎자루가 굵고 길다. 잎 가장자리는 불규칙하게 갈라진다. 꽃은 6~9월에 붉은색, 흰색, 분홍색으로 피는데, 꽃잎 5장이 넓게 겹쳐지고, 꽃술이 원뿔모양으로 뭉쳐서 올라온다. 열매는 9~10월에 그릇에 담긴 모양으로 갈색으로 여문다.

약용

한방에서 뿌리를 촉규근(蜀葵根), 새순을 촉규묘(蜀葵苗), 꽃을 촉규화(蜀葵花), 열매를 촉규자(蜀葵子)라 한다. 피를 잘 돌게 하고, 장과 위를 윤택하게 하며, 밖에서 들어온 열을 내보내고, 열을 내리며, 고름을 없애고, 소변과 대변을 잘 나오게 하는 효능이 있다.

이질 설사, 더위를 먹어 설사를 할 때, 피를 토할 때, 소변이 잘 안 나오거나 붉을 때, 방광염이나 요도염, 변비, 급성 충수염, 베인 상처에서 피가 날 때, 몸이 부었을 때, 피부병에 약으로 처방한다. 뿌리, 새순, 꽃, 열매는 햇빛에 말려 사용한다.

민간요법

방광염이나 요도염, 소변이 붉게 나올 때, 급성 충수염	뿌리 40g에 물 약 800ml를 붓고 달여 마신다.
더위를 먹어 설사를 할 때	새순 10g에 물 약 700ml를 붓고 달여 마신다.
이질 설사, 피를 토할 때, 소변이 잘 안 나올 때, 변비	꽃 6g에 물 약 700ml를 붓고 달여 마신다.
몸이 부었을 때	열매 10g에 물 약 700ml를 붓고 달여 마신다.
베인 상처에서 피가 날 때	말린 새순을 가루로 내어 바른다.
피부병	뿌리를 날로 찧어 바른다.

- 몸을 차게 하고 피를 세게 돌게 하는 약재이므로, 빈혈이나 설사가 있는 사람은 먹지 않는다.
- 조산을 하게 하는 약재이므로 임산부는 절대 먹지 않는다.

줄기 · 잎 · 꽃 | 꽃

질경이과 137

특징 길가에 흔히 자란다. 키가 작은 데 비해 잎이 넓고, 벼이삭 같은 꽃이 곧게 서는 종류는 대개 질경이과 식물이다.

줄기와 잎 잎은 보통 뿌리에서 바로 나오며, 잎 가장자리에 물결처럼 주름이 있다. 생명력이 강하여 사람이 밟아도 다시 되살아난다.

꽃과 열매 꽃과 열매가 서로 모양이 비슷하여 구분이 쉽지 않고, 꽃대에 조그맣게 붙어 있다.

종류 한해살이풀과 여러해살이풀이 있다. 우리나라에는 질경이 등 7종이 자란다.

약효 질경이과 식물은 주로 간에 좋다.

질경이

질경이 *Plantago asiatica L.*

약 식

■ 질경이과 여러해살이풀 ■ 분포지 : 전국 들판과 길가
개화기 : 6~8월 결실기 : 7~9월 채취기 : 봄~가을(잎 · 뿌리), 여름~가을(열매)

- 별 명 : 질갱이, 배뿌쟁이, 삐뿌쟁이, 빠꾸제미, 베차기
- 생약명 : 차전(車前), 차전자(車前子)
- 유 래 : 여름 들판이나 사람이 지나다니는 땅에서 5개의 홈이 세로로 깊게 패인 잎들이 많이 나 있고, 벼이삭처럼 길쭉한 꽃대가 올라온 풀을 볼 수 있는데, 바로 질경이다. 아무리 짓밟혀도 질기게 다시 살아난다 하여 '질경이'라 부른다. 마차바퀴에 깔려도 죽지 않는 풀이라 하여 '차전초(車前草)'라고도 한다.

생태

높이 10~50cm. 뿌리는 가늘고 질기다. 잎은 뿌리에서 여러 장이 올라오며, 키에 비해 잎이 넓다. 잎에는 여러 개의 홈이 세로로 패여 있고, 잎 가장자리는 물결모양이다. 꽃은 6~8월에 깨알 같은 하얀 꽃이 벼이삭처럼 긴 꽃대에 두툼하게 뭉쳐서 핀다. 열매는 7~9월에 갈색으로 여무는데, 꽃모양과 열매모양이 비슷하다. 열매가 다 익으면 껍질이 벌어져 작고 검은 씨앗이 나온다.

* 유사종 _ 가지질경이, 털질경이, 창질경이, 갯질경이

잎

약용

한방에서는 잎을 차전(車前), 씨앗을 차전자(車前子)라고 한다. 소변이 잘 나오고, 열을 내리며, 눈이 밝아지고, 가래를 없애는 효능이 있다. 〈동의보감〉에도 "질경이는 소변이 잘 나가게 하고, 눈을 밝게 하며, 간의 풍열과 풍독이 위로 치미는 것을 치료한다"고 하였다.

소변이 안 나올 때, 황달, 열이 나고 설사를 할 때, 코피, 급성 결막염이나 편도선염, 심한 기침 가래, 피부 궤양, 눈의 충혈, 신장염이나 방광염에 약으로 처방한다. 뿌리째 캔 잎과 열매를 그늘에 말려 사용한다.

민간요법

증상	방법
세균성 설사, 구토, 변비	잎으로 생즙을 내어 마신다.
고혈압, 심한 기침 가래, 아이의 기침, 늑막염, 관절염	말린 잎 20g에 물 약 400㎖를 붓고 달여 마신다.
오래된 간염, 부기	씨앗 15g에 물 약 400㎖를 붓고 달여 마신다.
신장염, 숙취	뿌리 10g에 물 약 400㎖를 붓고 달여 마신다.
종기가 나서 아플 때	생잎을 불에 구워 붙인다.
벤 상처에서 피가 날 때, 곪은 상처	생잎을 찧어 바른다.
심한 치통	생잎을 소금에 비벼 문다.

꽃

식용 비타민 B1, 비타민 C, 무기질, 단백질, 당분을 함유한다.

봄에 연한 잎을 쌈으로 먹거나, 살짝 데쳐 갖은 양념으로 무치거나 기름에 볶아 나물로 먹는다. 국을 끓이거나 튀김도 한다. 조금 큰 잎은 찹쌀풀을 쑤어 김치를 담그거나, 고추장에 박아 장아찌를 만든다. 달달하면서도 씹히는 맛이 좋고, 향이 독특하여 봄철 입맛을 돋운다. 열매는 기름을 짜는데, 이 기름으로 메밀국수를 반죽하면 잘 끊어지지 않는다. 잎과 씨앗으로 차를 끓여 마시기도 한다.

주의사항

- 성질이 차가우므로 세균성 설사 이외에 일반 설사에는 쓰지 않는다.
- 몸이 피로한 사람, 신장이 약한 사람은 먹지 않는다.
- 국산은 씨앗이 크고 겉에 윤이 나며 알이 꽉 차 있는 반면, 중국산은 씨앗이 작고 겉에 윤기가 없다.

열매

뿌리

쇠비름과 138

특징 키가 작고, 잎과 줄기가 통통하며, 채송화처럼 생긴 종류는 대개 쇠비름과 식물이다.

줄기와 잎 줄기는 붉고 매끄럽다. 잎은 통통하고 물이 많다.

꽃과 열매 꽃은 붉은색, 노란색으로 핀다. 열매는 매우 작고 씨앗이 많이 들어 있다.

종류 한해살이풀과 여러해살이풀이 있으며, 작은키나무도 간혹 있다. 우리나라에는 쇠비름, 채송화 등 2종이 자란다.

약효 쇠비름과 식물은 주로 열을 내린다.

쇠비름

쇠비름 *Portulaca oleracea L.*

약 식

■ 쇠비름과 한해살이풀 ■ 분포지 : 전국 들판 풀밭

개화기 : 6~10월 결실기 : 8~10월 채취기 : 여름~가을(줄기 · 잎 · 뿌리)

• 별 명 : 쐬비눔, 말비름, 씨엄씨풀, 도둑풀, 돼지풀, 오행초(五行草), 마치채(馬齒菜), 산산채(酸酸菜), 장명채(長命菜)

• 생약명 : 마치현(馬齒莧), 마치현자(馬齒莧子)

• 유 래 : 밭 근처나 빈터에서 가뭄에도 붉은 줄기가 지렁이처럼 기어가고, 잎이 작고 통통한 키 작은 풀을 흔히 볼 수 있는데, 바로 쇠비름이다. 쇠붙이에 다친 상처를 낫게 한다 하여 붙여진 이름이다. 잎이 말 이빨(馬齒)처럼 생긴 나물(菜)이라 '마치채'라 하며, 잎은 푸르고 줄기는 붉으며 꽃은 노랗고 뿌리는 희며 씨앗은 검어 오행의 색을 모두 가졌다 하여 '오행초(五行草)'라고도 부른다.

생태

높이 약 30cm. 뿌리는 희고 길며, 잔뿌리가 있다. 뿌리를 손으로 비비면 붉게 변한다. 줄기는 매끄럽고 붉은색을 띠며, 땅 위로 기어가며 자란다. 가지도 붉은색이며, 여러 개로 갈라져 나온다. 몸 전체에 물과 살이 많아 가뭄에도 잘 말라죽지 않는다. 잎은 긴 타원형으로 매끄럽고 통통하며, 잎 가장자리가 밋밋하다. 꽃은 6~10월에 노랗게 피는데, 크기가 매우 작고 낮에만 핀다. 열매는 8~10월에 검게 여무는데, 깨알처럼 작은 씨앗이 매우 많이 들어 있다.

쇠비름과 비름은 이름이 비슷하지만 쇠비름은 쇠비름과, 비름은 비름과로 종류와 약효가 전혀 다르고, 모양도 다르다. 비름은 쇠비름과는 달리 잎이 통통하지 않고 얇다.

*유사종 _ 채송화

한방에서는 뿌리째 캔 줄기를 마치현(馬齒莧), 씨앗을 마치현자(馬齒莧子)라 한다. 열을 내리고, 갈증을 없애주며, 소변을 잘 나오게 하고, 염증과 독을 풀어주며, 눈이 밝아지고, 낡고 묵은 것을 내보내는 효능이 있다.

뱀이나 벌레에 물렸을 때, 식중독, 악성 종기, 시력 저하에 약으로 처방한다. 줄기는 살짝 데쳐서 햇빛에 말리고, 씨앗은 그대로 햇빛에 말려 사용한다.

민간요법

식중독으로 배가 아플 때, 열이 나고 설사를 할 때, 아이가 설사를 하거나 백일해에 걸렸을 때, 풍기, 직장암	뿌리째 캐어 말린 줄기 20g에 물 약 700㎖를 붓고 달여 마신다.
눈이 침침하고 잘 안 보일 때	씨앗 2g을 갈아서 먹는다.
암, 신장이 좋지 않을 때	뿌리째 캔 줄기를 달인 물에 엿기름을 넣고 조청을 만들어 먹는다.
뱀이나 벌레에 물렸을 때, 종기의 고름, 베인 상처가 덧났을 때, 습진, 여드름, 살이 짓물렀을 때	줄기와 잎을 날로 찧어 바른다.
아토피가 잘 낫지 않을 때	줄기와 잎을 달인 물에 소금을 섞어 바른다.

우리 몸의 오장육부에는 음양오행이 있으며, 해당 부위에 따라 목(木), 화(火), 토(土), 금(金), 수(水)의 색깔이 들어 있는 음식을 먹는 것이 좋다. 심장은 화에 속하므로 구기자, 대추, 오미자처럼 붉은색이 이롭다. 간은 목에 속하므로 나물처럼 녹색이 이롭다. 신장은 수에 속하므로 목이버섯처럼 검은색이 이롭다. 위는 토에 속하므로 감처럼 노란색이 이롭다. 폐는 금에 속하므로 도라지, 연근처럼 흰색이 이롭다.

식용

녹말, 비타민B1, 비타민 C, 토코페롤, 카로틴, 사포닌, 항산화효소를 함유한다.

봄철에 어린순을 날로 고추장에 찍어 먹거나, 살짝 데쳐 갖은 양념에 무쳐 나물로 먹는다. 데친 것을 말려두었다가 묵나물로도 먹는다. 맛이 시원하고 개운하여 입맛을 돋운다.

주의사항

- 잎이 큰 것은 약효가 떨어지므로 작은 것만 사용한다.
- 열을 식히는 약재이므로 장이 약하여 설사할 때는 먹지 않는다.

새순 | 줄기와 잎

뿌리

비름과 139

특징 잎이 부드럽고, 향기 없는 작은 꽃들이 벼이삭처럼 뭉쳐 달리며, 열매가 많이 달리는 종류는 대개 비름과 식물이다.

줄기와 잎 줄기가 밋밋하고 매끄럽다. 잎은 식물 크기에 비해 크고, 부드럽고 연하다.

꽃과 열매 꽃은 녹색, 흰색, 붉은색, 노란색으로 핀다. 향기가 없어 곤충이 접근하지 않으며, 꽃가루가 바람을 타고 날아간다. 열매가 작고 많이 맺힌다.

종류 한해살이풀과 여러해살이 풀이 있으며, 작은키나무도 간혹 있다. 우리나라에는 비름, 쇠무릎 등 7종이 자란다.

약효 비름과 식물은 주로 열을 내리고, 눈과 간에 좋다.

비름

비름 *Amaranthus mangostanus L.*

약 식

■ 비름과 한해살이풀 ■ 분포지 : 전국 들판과 집 근처

개화기 : 7월 결실기 : 10~11월 채취기 : 봄~여름(잎 · 뿌리), 가을(열매)

- 별 명 : 비듬나물, 새비름, 참비름, 비놈, 비눔, 비늠, 현채(莧菜)
- 생약명 : 현(莧), 현근(莧根), 현실(莧實)
- 유 래 : 여름에 집 근처 빈터나 거름기 많은 밭에서 잎이 부드럽고, 푸른 벼이삭 같은 꽃이 핀 풀이 무성하게 자란 것을 볼 수 있는데, 바로 비름이다. 꽃대를 훑으면 잔꽃이 비듬처럼 떨어진다 하여 '비듬나물'이라 하다가 '비름'이 되었다.

생태

높이 약 1m. 뿌리는 짧고 통통하며, 잔뿌리가 많다. 줄기는 곧게 서며, 가지도 굵게 뻗는다. 잎은 넓적한 긴 타원형이며, 잎 가장자리가 매끈하지 않지만, 톱니가 없다. 꽃은 7월에 피는데, 아주 작은 녹색 꽃들이 벼이삭처럼 뭉쳐 줄기 곳곳에 꼿꼿하게 서 있다. 열매는 10~11월에 여무는데, 열매 안에 검고 길쭉한 씨앗이 하나씩 들어 있다.

* 유사종 _ 눈비름, 청비름, 털비름

잎

약용

한방에서는 잎을 현(莧), 뿌리를 현근(莧根), 열매를 현실(莧實)이라 한다. 열을 내리고, 간과 눈을 맑게 하며, 막힌 것과 독을 풀어주고, 젖과 변을 잘 나오게 하며, 종기를 삭히고, 회충을 없애는 효능이 있다.

치질, 이질, 대변이나 소변이 안 나올 때, 소변색이 뿌옇거나 피가 섞여 나올 때, 치통, 타박상을 입었을 때, 눈앞이 침침하거나 백태가 끼었을 때 약으로 처방한다. 잎은 날로, 뿌리와 열매는 햇빛에 말려 사용한다.

민간요법

이질, 더위를 먹었을 때	잎으로 생즙을 내어 마신다.
치질	뿌리 30g에 소주 1.8 *l* 를 붓고 1개월간 숙성시켜 마신다.
음낭이 아플 때, 타박상	뿌리를 날로 찧어 바른다.
이가 쑤시고 아플 때	말린 뿌리를 갈아서 입 안에 뿌린다.
눈앞이 어른어른하며 잘 안 보일 때, 소변이 탁하거나 피가 섞여 나올 때, 대변이나 소변이 잘 나오지 않을 때	열매 9g에 물 약 400*ml*를 붓고 달여 마신다.

뿌리

식용

비타민 A, 비타민 C, 단백질, 섬유소, 칼슘, 철, 칼륨을 함유한다.

봄철에 어린순과 잎을 살짝 데쳐 간장이나 고추장에 무쳐 나물로 먹는다. 조금 질긴 것도 데치면 부드러워져서 먹기 좋다. 흔할 때 말려두었다가 묵나물로 먹는다. 씹히는 맛이 좋고 담백한 맛이 있다.

주의사항

- 자라와는 상극이므로 함께 먹지 않는다.
- 윤기가 없고 잎이 큰 개비름은 억세어서 나물로 먹지 않는다.
- 몸 안의 것을 내보내는 성질이 있으므로 임산부는 먹지 않는다.

꽃

명아주과 140

특징	주로 풀 종류로 줄기가 곧게 서고 잎이 1장씩 붙어 있는 종류는 대개 명아주과 식물이다.
줄기와 잎	줄기는 길게 올라오고, 잎은 대개 어긋난다.
꽃과 열매	꽃은 크기가 아주 작다. 열매 껍질은 딱딱하다.
종류	한해살이풀와 여러해살이풀이 대개이며 작은키나무도 간혹 있다. 우리나라에는 명아주, 댑싸리, 솔장다리 등 82종이 자란다.
약효	명아주과 식물은 주로 열을 내린다.

명아주

명아주 *Chenopodium album var. centrorubrum Makino*

약 식 독

■ 명아주과 한해살이풀 ■ 분포지 : 전국 야산이나 들판

개화기 : 6~7월 결실기 : 8~9월 채취기 : 봄(줄기 · 잎 · 뿌리)

- 별 명 : 며아주, 맹아대, 는장이, 제쿨, 도트라지, 공쟁이대, 개비름, 학정초(鶴頂草), 회채(灰菜)
- 생약명 : 여(藜)
- 유 래 : 야산 풀밭에서 길다란 줄기에 홈이 패여 있고 잎이 삼각형인 큰 풀을 볼 수 있는데, 바로 명아주다. 줄기 가지가 남자 목처럼 굵고 힘줄이 도드라졌다 하여 '멱아지'라 하다가 '명아주'가 되었다. 경상도에서는 줄기가 도드라져 있다 하여 '도트라지'라고도 부른다. 예부터 굵게 자란 줄기를 뿌리째 말린 뒤 옻칠을 하여 청려장(青藜杖)이라는 지팡이를 만들기도 하였다.

생태

높이 1~2m. 뿌리는 길게 뻗으며, 잔뿌리가 듬성듬성 나 있다. 줄기는 곧게 서고, 세로로 긴 홈이 있다. 잎은 크고 어긋나며, 잎끝이 긴 역삼각형으로 잎 가장자리에 들쑥날쑥한 톱니가 있다. 잎 뒷면은 조금 하얗다. 꽃은 6~7월에 꽃잎 없는 작은 꽃들이 촘촘하게 모여 달린다. 열매는 8~9월에 검고 동글납작하게 여문다.

＊유사종 _ 흰명아주

잎

약용 한방에서는 뿌리째 캔 줄기를 여(藜)라 한다. 열을 내리고, 기와 혈을 이롭게 하며, 벌레를 죽이는 효능이 있다.

설사, 위를 튼튼히 할 때, 기력을 보충할 때, 습진, 두드러기가 났을 때, 벌레에 물렸을 때 약으로 처방한다. 꽃이삭이 달리기 전 뿌리째 캔 줄기를 그늘에 말려 사용한다.

민간요법

이질 설사, 장염, 위나 간이 안 좋을 때, 기력이 쇠했을 때, 풍기, 천식	뿌리째 캔 줄기 30g에 물 약 700㎖를 붓고 달여 마신다.
습진이나 두드러기, 벌레에 물렸을 때	뿌리째 캔 줄기를 날로 찧어 바른다.
피부가 가려움증, 관절이 쑤시고 아플 때	뿌리째 캔 줄기를 달인 물로 찜질한다.
잇몸에서 피고름이 날 때	말린 잎을 검게 구운 다음 가루로 내어 양치질을 한다.
사마귀	말린 잎을 검게 구운 다음 가루로 내어 바른다.

잎 앞뒤

식용

비타민 A, 비타민 B, 비타민 C, 아미노산, 지방산을 함유한다.

봄에 어린잎을 살짝 데쳐 갖은 양념을 하여 나물로 먹거나 된장국을 끓여 먹는다. 데친 것을 말려두었다가 묵나물로도 먹는다. 뿌리째 캔 줄기를 황설탕에 재운 다음 1개월간 숙성시켜 효소를 만들어 먹는다.

• 독성이 약간 있으므로 많이 먹으면 피부가 짓무를 수 있다.

뿌리(위) | 열매(아래)

겨울 줄기(위) | 씨앗(아래)

제비꽃과 141-142

특징	키가 작고 꽃잎이 위로 2장, 아래로 3장씩 붙어서 피는 풀 종류는 대개 제비꽃과 식물이다.
줄기와 잎	줄기 없이 뿌리에서 바로 잎이 올라온다.
꽃과 열매	꽃잎이 5장씩 나온다. 열매 속에 씨앗이 많이 들어 있다.
종류	여러해살이풀이 있으며, 작은키나무도 간혹 있다. 우리나라에는 제비꽃, 노랑제비꽃, 남산제비꽃 등 42종이 자란다.
약효	제비꽃과 식물은 주로 열을 내리고, 독을 풀어준다.

노랑제비꽃

남산제비꽃

노랑제비꽃 *Viola orientalis (Maxim.) W.Becker* 약

■ 제비꽃과 여러해살이풀 ■ 분포지 : 높은 산 풀밭
개화기 : 4~6월 결실기 : 8~9월 채취기 : 봄~가을(전체)

- 별 명 : 노랑오랑캐꽃
- 생약명 : 소근채(小根菜), 단화근(短花根)
- 유 래 : 봄에 높은 산에서 제비꽃과 비슷한 노란 꽃들이 무리지어 핀 것을 볼 수 있는데, 바로 노랑제비꽃이다. 제비가 돌아오는 봄에 핀다는 제비꽃 종류 중에서도 노란 꽃이 핀다고 하여 붙여진 이름이다.

생태

높이 10~20cm. 뿌리는 매우 길고 곧으며, 밝은 갈색이고, 잔뿌리가 드문드문 나 있다. 줄기는 없다. 잎은 작은 심장모양으로 뿌리에서 바로 나오는데, 잎자루가 길고, 잎 가장자리에 작은 톱니가 있다. 꽃은 4~6월에 샛노랗게 피는데, 짧은 꽃대가 올라와 1송이씩 달리며, 꽃잎이 모두 5장이다. 열매는 8~9월에 작은 달걀모양으로 여문다.

*유사종 _ 제비꽃

군락

약용 한방에서 뿌리째 캔 줄기를 소근채(小根菜)라 한다. 열을 내리고, 피를 보하며, 독을 풀어주고, 염증을 가라앉히며, 통증을 없애는 효능이 있다.

부인병, 생리불순, 관절염, 풍기, 설사, 피부에 발진이 났을 때, 타박상이 있을 때 약으로 처방한다. 뿌리째 캔 줄기는 햇빛에 말려 사용한다.

민간요법

증상	요법
부인병, 생리불순, 관절염, 풍기, 설사	뿌리째 캔 줄기 10g에 물 약 700㎖를 붓고 달여 마신다.
피부의 발진, 타박상, 관절이 쑤시고 아플 때	뿌리째 캔 줄기를 날로 찧어 바른다.

주의사항

- 몸을 차게 하는 약재이므로 몸이 찬 사람은 먹지 않는다.

열매 | 뿌리

남산제비꽃

Viola dissecta var. chaerophylloides (Regel) Makino

약

■ 제비꽃과 여러해살이풀 ■ 분포지 : 산 속 그늘진 숲 속
개화기 : 4~5월 결실기 : 7~8월 채취기 : 봄~가을(전체)

- 별　명 : 세근엽근채(細根葉根菜)
- 생약명 : 정독초(淨毒草)
- 유　래 : 봄에 산 속 수풀에서 잎이 잘게 갈라지고 향기가 아주 좋은 흰색 제비꽃을 볼 수 있는데, 바로 남산제비꽃이다. 제비꽃 종류 중에서 표본을 서울 남산에서 채취하여 학명을 붙였기 때문에 붙여진 이름이다.

생태

높이 10~20cm. 뿌리는 매우 길고 곧으며, 밝은 갈색이다. 잔뿌리는 여러 갈래로 갈라져 나온다. 줄기는 없다. 잎은 뿌리에서 바로 올라오는데, 여러 갈개로 깊게 갈라진다. 꽃은 4~5월에 하얗게 피는데, 꽃잎에 자줏빛 선이 있으며, 꽃잎은 모두 5장이다. 꽃에서 짙은 향기가 난다. 열매는 7~8월에 타원형으로 여문다.

*유사종 _ 흰제비꽃

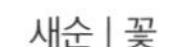

약용

한방에서 뿌리째 캔 줄기를 정독초(淨毒草)라 한다. 열을 내리고, 어혈을 풀어주며, 독을 없애고, 염증을 가라앉히는 효능이 있다.

신장염, 소변이 탁하게 나올 때, 감기, 간이 안 좋을 때, 종기가 났을 때 약으로 처방한다. 뿌리째 캔 줄기는 햇빛에 말려 사용한다.

민간요법

증상	요법
신장염, 소변이 탁하게 나올 때, 감기, 간이 안 좋을 때	뿌리째 캔 줄기 10g에 물 약 700㎖를 붓고 달여 마신다.
종기, 림프선에 멍울이 생겼을 때	뿌리째 캔 줄기를 날로 찧어 바른다.

주의사항

- 몸을 차게 하는 약재이므로, 몸이 찬 사람은 먹지 않는다.

뿌리

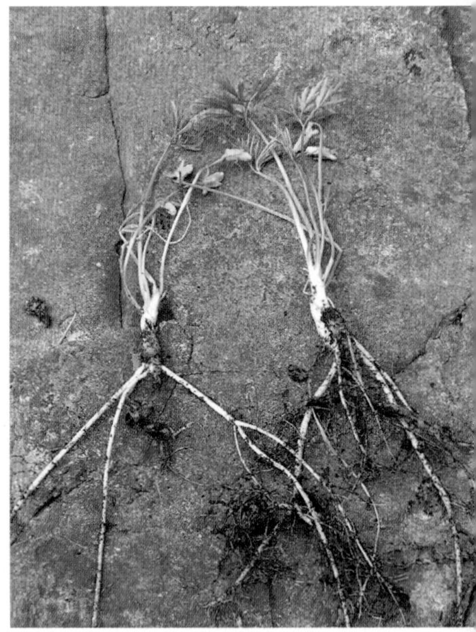

버섯

143-150

송이과 143-144

특징 나무 그늘 아래에서 자라고, 갓이 호빵처럼 둥글게 펴지는 종류는 대개 송이과 버섯이다.

종류 우리나라에는 송이류, 뽕나무버섯류 등 20종류가 자라며, 독성이 있거나 약효가 밝혀지지 않은 것도 있다.

약효 송이과 버섯은 주로 기력을 북돋운다.

송이

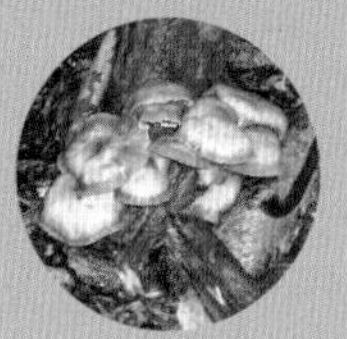
뽕나무버섯부치

송이 *Tricholoma caligatum (Viviani)*

약 식

■ 송이과 한해살이버섯 ■ 분포지 : 산 속 살아 있는 소나무 뿌리 근처
채취기 : 가을

- 생약명 : 송이(松茸)
- 유 래 : 가을에 소나무숲에서 호빵처럼 생긴 갈색 버섯을 볼 수 있는데, 바로 송이다. 소나무(松) 아래에서 자란다 하여 붙여진 이름이다.

생태

자루 높이 10~25cm. 갓지름 8~25cm. 20~30년생 소나무가 숲을 이룬 산 속에서 흙은 마사토이고 이끼가 있는 축축한 곳에서 자란다. 단풍이 산 아래로 내려오는 것처럼 송이도 북쪽에서 남부지방으로 내려온다. 예를 들어 '태백 → 봉화 → 청송' 식으로 내려온다. 갓은 어릴 때 노란빛이 나는 갈색에서 다 자라면 짙은 갈색으로 변하며, 모양은 호빵처럼 둥글다. 갓 표면부터 자루까지 섬유질의 비늘조각 같은 것이 붙어 있다. 갓 뒷면은 주름살이 촘촘히 잡혀 있고, 속살이 하얗다.

전체 모습 | 핀 모습

한방에서 버섯을 송이(松茸)라 한다. 피를 맑게 하고, 위와 폐를 튼튼히 하며, 염증을 없애고, 기를 북돋우며, 설사를 멎게 하는 효능이 있다. 〈동의보감〉에도 송이를 "산중의 늙은 소나무에 나는 송기"라 하여 최고의 버섯으로 쳤다.

혈관질환, 기관지염이나 장염, 기력이 떨어졌을 때 약으로 처방한다.

증상	요법
고혈압, 목이 아프고 기침과 가래가 나올 때, 거친 피부, 산후에 배가 아플 때, 설사, 변비	버섯 10g에 물 700㎖를 붓고 달여 마신다.
입맛이 없을 때, 심한 피로	버섯 350g에 소주 1.8ℓ를 붓고 2개월간 숙성시켜 마신다.

송이에는 두 종류가 있는데, 갓이 퍼진 것을 갓송이라 하고, 아직 땅 속에 있는 송이를 동자송이라 한다. 송이가 나는 땅은 송이에 양분을 빼앗겨 흙이 부석부석하고 허옇게 변한다. 송이가 발견된 곳에서는 한 달 동안 계속해서 난다. 송이는 한나절 만에 자라므로 매일 채취할 수 있으며, 그 다음 해에도 그 부근에서 채취할 수 있다. 송이가 난 자리에 사람이 많이 다녀서 땅이 단단해지면 버섯이 소멸된다. 송이를 채취할 때는 기구를 이용하여 아래쪽을 살살 흔들어 뽑아낸 다음 다시 흙을 덮어주어야 다음에 또 채취할 수 있다. 송이는 난 자리에서 포자가 날아가 자리를 옮기므로 주변을 잘 살펴보는 것이 좋다.

식용

비타민B1 · B2, 비타민D, 단백질, 지방, 탄수화물, 칼륨, 무기질을 함유한다.

버섯을 채취하여 물에 씻지 말고 불순물만 살짝 제거한 뒤 잘게 찢어 생으로 먹거나 불고기 양념을 하여 팬에 구워 먹는다. 참기름에 볶아 밥이나 죽을 하거나 국, 튀김, 구이, 산적, 찜, 전골, 꼬치구이를 만들기도 한다. 버섯향을 살리려면 껍질을 벗기거나 물에 오래 담가두지 말고, 양념도 약하게 하는 것이 좋다. 향이 좋고 씹히는 맛이 쫄깃하다.

주의사항

- 송이는 갓이 펴지지 않고, 은백색이며, 살이 두껍고, 향이 강한 것이 가장 좋다.

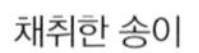
채취한 송이

뽕나무버섯부치

Armillariella tabescens (Scop.) Sing.

약 식

■ 송이과 한해살이버섯 ■ 분포지 : 산 속 살아 있는 나무 그늘
채취기 : 여름~가을

- 생약명 : 양균(亮菌)
- 유　래 : 가을에 산 속 참나무 줄기나 밑둥에서 노란 갈색을 띤 우산모양의 버섯이 무리지어 자라는 것을 볼 수 있는데, 바로 뽕나무버섯부치다. 뽕나무버섯과 비슷한 일가붙이라 하여 붙여진 이름이다.

생태

자루 높이 5~20cm. 갓지름 4~10cm. 나무줄기나 밑동, 죽은 나무 그루터기에 난다. 뽕나무버섯과는 달리 무리지어 자란다. 자루는 아래쪽이 검으며, 뽕나무버섯과 달리 자루에 고리가 없다. 갓은 노란 갈색이고, 평평한 우산모양으로 퍼지며, 뽕나무버섯보다 작다. 갓 한가운데가 납작하게 들어가 있으며, 갓 가장자리는 색이 조금 어두운 편이다. 갓 뒷면은 붉은빛이 도는 흰색이며, 주름살이 촘촘하게 잡혀 있다.

*유사종 _ 뽕나무버섯

전체 모습 | 아랫면

약용 한방에서 버섯을 양균(亮菌)이라 한다. 피와 설사를 멎게 하고, 통증을 없애며, 어혈을 풀어주는 효능이 있다.

설사, 오줌소태, 생리불순에 약으로 처방한다. 버섯은 햇빛에 말려 사용한다.

오줌 소태, 심한 설사, 생리불순	말린 버섯 4g을 가루로 내어 먹는다.
코피	말린 버섯 가루를 물에 개어 바른다.

단백질, 미리틴산, 팔미틴산, 올레산, 리노류산을 함유한다. 소금물에 삶아 초장에 찍어 먹는다. 쫄깃한 맛이 있다.

• 날로 많이 먹으면 두통이 생길 수 있으므로 반드시 익혀서 먹는다.

버섯이 자랄 때 사람이 건드리면 순간적으로 몸 안에 있던 방어물질이 위쪽으로 올라오는데, 이 때 맨손으로 채취하면 간혹 피부에 알레르기가 생길 수 있으므로 반드시 장갑을 끼는 것이 좋다. 채취한 후 시간이 조금 지나면 위쪽에 몰려 있던 방어물질이 희석되어 맨손으로 만져도 괜찮다. 또한 자연산 식용 버섯은 재배산과는 달리 독성이 소량 들어 있을 수 있으므로 굵은 소금을 한줌 넣은 물에 삶는 것이 안전하다.

꽃송이버섯과 145

특징 침엽수 아래에서 자라고, 갓이 산호초처럼 주름진 버섯은 대개 꽃송이버섯과 버섯이다.

종류 우리나라에는 꽃송이버섯류 1종류가 자란다.

약효 꽃송이버섯과 버섯은 주로 면역력을 높인다.

꽃송이버섯

꽃송이버섯 *Sparassis crispa Wulf. ex. Er.*

약 식

■ 꽃송이버섯과 한해살이 버섯 ■ 분포지 : 높은 산 침엽수 아래
채취기 : 가을

• 유 래 : 가을에 높은 산 침엽수 아래에서 하얀 꽃처럼 주름이 뭉쳐 있는 버섯을 드물게 볼 수 있는데, 바로 꽃송이버섯이다. 꽃처럼 생기고 송이버섯 향이 난다 하여 붙여진 이름이다.

생태

자루 높이 2~4cm. 지름 10~30cm. 죽은 침엽수 그루터기나 뿌리 쪽에 자란다. 자루가 짧고 단단하다. 가지가 많이 벌어진다. 갓은 물결처럼 주름져서 둥글게 뭉쳐 있고, 옆으로 넓게 퍼진다.

약용

최근 면역력을 높이고, 노화를 방지하는 효능이 있다는 것이 밝혀졌다.

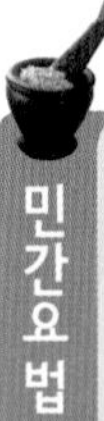

민간요법

암 예방, 노화 방지

말린 버섯 10g에 물 약 800㎖를 붓고 달여 마신다.

식용

베타글루칸을 함유한다.

버섯을 살짝 데쳐서 초장에 찍어 먹거나 죽, 탕을 끓여 먹는다. 씹히는 맛이 쫄깃하고 송이 향이 그윽하다.

주의사항

• 약 성분이 잘 우러나오도록 재탕을 하고, 6개월 이상 오래 복용하는 것이 좋다.

구멍장이버섯과 146

특징 갓이나 속살에 구멍이 많은 버섯 종류는 대개 구멍장이버섯과 버섯이다.

종류 우리나라에는 구멍장이버섯류, 잔나비버섯류, 잔나비걸상버섯류 등 26종류가 자라며, 독성이 있거나 약효가 밝혀지지 않은 종류도 있다.

약효 구멍장이버섯과 버섯은 주로 면역력을 높인다.

초록구멍장이버섯

전체 모습

초록구멍장이버섯

Polyporus caeruleoporus Peck

약 식

■ 구멍장이버섯과 한해살이 버섯 ■ 분포지 : 산 속 소나무숲 그늘
채취기 : 가을

- 별 명 : 소캐버섯, 솜버섯
- 유 래 : 가을에 소나무숲 응달진 곳에서 호빵처럼 두툼한 갓들이 뭉글뭉글 붙어 자라는 큰 버섯을 볼 수 있는데, 바로 초록구멍장이버섯이다. 갓 표면이 점점 초록색으로 변한다 하여 붙여진 이름이다. 경상도에서는 솜뭉치처럼 생겼다 하여 '소캐버섯' 이라고도 한다.

생태

자루 높이 3~5cm. 갓지름 10~20cm. 자루가 짧고 둥글거나 타원형 등 여러 모양으로 자란다. 갓은 서로 붙어 자라는데, 모양이 둥글고 가장자리가 제멋대로 비틀려 있으며, 크기가 아주 크다. 갓은 처음에는 갈색이 도는 흰색을 띠다가 점차 겉이 초록빛으로 변한다.

식용 버섯은 주로 땅에서 나기 때문에 채취해 보면 흙이나 이물질이 많이 붙어 있다. 하지만 생것인 채로 이물질을 제거해버리면 버섯 형태가 망가지고 살도 잘게 부스러진다. 그러므로 반드시 끓는 물에 삶아 찬물에 담근 후 살살 다듬듯이 손질하는 것이 좋다. 그런데 자연산 버섯에는 약하게나마 독이 들어 있어서 그냥 먹으면 설사를 하는 경우가 간혹 있다. 그래서 자연산 버섯은 찬물에 몇 시간 담갔다가 요리하는 것이 좋다. 버섯을 따서 곧바로 먹고 싶을 때는 물에 굵은 소금을 한줌 넣고 삶으면 된다. 찬물에 우려낸 것만큼 해독이 된다.

민간요법

피로를 풀 때	삶아서 말린 버섯 10g에 물 약 800㎖를 붓고 달여 마신다

식용

베타글루칸을 함유한다.

버섯을 삶은 후 잘게 찢어 초고추장과 함께 깻잎에 싸 먹는다. 잘근잘근 씹히는 맛이 있으며 그윽한 향이 난다.

주의사항

• 자연산 버섯은 독성이 약간 있으므로 반드시 버섯을 삶은 뒤 물에 담가 우려낸 뒤 먹어야 한다.

채취한 모습

그물버섯과 147

특징 갓이 호빵처럼 말랑말랑하고, 갓 뒷면에 주름살 대신 가는 구멍이 늘어서 있는 버섯 종류는 대개 그물버섯과 버섯이다.

종류 우리나라에는 그물버섯류, 민그물버섯류 등 9종류가 자라며, 독성이 있거나 약효가 밝혀지지 않은 종류도 있다.

약효 그물버섯과 버섯은 주로 성인병에 좋다.

흑자색그물버섯

147

흑자색
그물버섯

식

흑자색그물버섯 *Boletus violaceofuscus Chiu*

식

■ 그물버섯과 한해살이 버섯 ■ 분포지 : 산 속 활엽수 그늘

채취기 : 여름~가을

- 별 명 : 검은쓴맛그물버섯, 가지색그물버섯, 가지그물버섯
- 유 래 : 가을에 산 속 활엽수림 그늘에서 호빵처럼 둥글고 검은 버섯을 볼 수 있는데, 바로 흑자색그물버섯이다. 그물버섯 종류 중에서 검은 자주색을 띤다 하여 붙여진 이름이다.

생태

자루 높이 7~9cm. 갓지름 5~10cm. 자루가 짙은 자주색이며, 밑동이 매우 굵고, 자루 전체에 그물모양의 주름이 있다. 갓은 둥글고 약간 끈적거리며, 손으로 문지르면 파란 물이 묻어나온다. 갓 뒷면은 주름이 없고, 작은 구멍이 뚫려 있다. 속살은 하얗다.

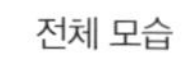
전체 모습

민간요법

성인병 예방 → 버섯 10g에 물 약 700㎖를 붓고 달여 마신다.

식용

비타민, 엘고스테롤, 다당류를 함유한다.

버섯을 삶아 초장에 찍어 먹거나 된장국을 끓여 먹는다. 쫄깃하면서도 감칠맛이 있다.

뒷면

채취한 버섯

싸리버섯과 148

특징 갓이 산호초처럼 잘게 갈라져 나는 버섯은 대개 싸리버섯과 버섯이다.

종류 우리나라에는 싸리버섯, 붉은싸리버섯, 노란창싸리버섯, 방망이싸리버섯, 자주색부분싸리버섯, 노랑싸리버섯, 다박싸리버섯 등 7종류가 자라며, 독성이 있거나 약효가 밝혀지지 않은 종류도 있다.

약효 싸리버섯과 버섯은 주로 혈압을 낮춘다.

붉은싸리버섯

붉은싸리버섯 *Ramaria formosa (Fr) Quel.*

식 독

■ 싸리버섯과 한해살이 버섯 ■ 분포지 : 산 속 활엽수 그늘
채취기 : 가을

• 유 래 : 가을에 산 속 활엽수 그늘에서 싸리버섯과 비슷한데 색깔이 불그스름한 버섯을 볼 수 있는데, 바로 붉은싸리버섯이다. 싸리버섯 중에서도 붉은빛을 띤다 하여 붙여진 이름이다.

생태

자루 높이 7~15cm. 지름 5~15cm. 자루 아래쪽은 흰색에 가까우며, 위로 올라갈수록 붉은빛이 돈다. 갓은 산호처럼 잘게 갈라지는데, 아래쪽은 뭉툭하고 위쪽은 가늘게 갈라진다. 갓은 처음에는 붉은빛이 도는 노란색을 띠다가 점점 칙칙해지며, 상처가 난 곳은 갈색으로 변한다.

* 유사종 _ 싸리버섯

전체 모습

식용

비타민 B, 비타민 D를 함유한다.

버섯을 소금물에 삶은 다음 찬물에 담가 쓴 맛을 우려낸 뒤 초장에 찍어 먹거나 된장찌개를 끓여 먹는다. 싸리버섯보다 약간 퍽퍽하며 씁쌀한 맛이 있다.

주의사항

- 독성이 약간 있어 제대로 삶지 않으면 설사할 수 있으므로, 반드시 소금물에 삶았다가 찬물에 담가 우려내어 먹는다.

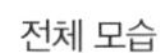
전체 모습

동충하초과 149

특징 살아 있는 곤충에게 먹힌 뒤 겨울잠을 자는 곤충의 몸에서 양분을 얻어 자라는 버섯은 대개 동충하초과 버섯이다.

종류 우리나라에는 동충하초류, 눈꽃동충하초류 등 2종류가 자라며, 곤충 종류에 따라 다시 노린재동충하초, 매미동충하초, 붉은동충하초, 눈꽃동충하초, 나방동충하초, 나방꽃동충하초, 균핵동충하초, 붉은자루동충하초 등 여러 종류로 나뉜다. 독성이 있거나 약효가 밝혀지지 않은 종류도 있다.

약효 동충하초과 버섯은 주로 기력을 보충한다.

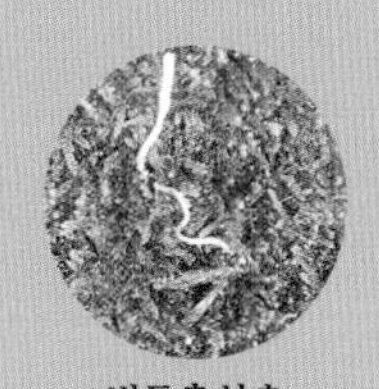

벌동충하초

벌동충하초 *Cordyceps sphecocephala Klotsch* 약

■ 동충하초과 한해살이 버섯 ■ 분포지 : 숲이나 개울가 습한 곳

• 생약명 : 동충하초(冬蟲夏草)
• 유 래 : 숲이나 개울가에서 벌 번데기에 콩나물처럼 가늘고 길게 붙어 자라는 버섯을 볼 수 있는데, 바로 벌동충하초다. 동충하초란 겨울잠을 자던 곤충 안에서 나는 버섯이라는 뜻을 가지고 있는데, 이 버섯은 벌 속에서 나온다 하여 붙여진 이름이다.

생태

자루 높이 6cm. 지름 0.5cm. 자루가 가늘고 길게 올라오며, 약간 구부러져 자란다. 자루 끝의 머리 부분에는 포자 덩어리가 뭉쳐 있는데, 자루가 두껍고, 그물무늬가 있다. 자루와 머리 전체가 노란빛을 띤다.

약용

한방에서 버섯을 동충하초(冬蟲夏草)라 한다. 인체의 맥과 기를 보하고, 양기를 북돋우며, 신장을 튼튼히 하고, 노화를 막아주는 효능이 있다.

몸이 허하고 기력이 없을 때, 결핵, 간염, 천식, 빈혈이 있을 때 약으로 처방한다. 버섯은 햇빛에 말려 사용한다.

민간요법

병후에 몸이 쇠약할 때, 나이 들어 기력이 없을 때, 간이 좋지 않을 때, 어지럽고 식은땀이 날 때, 결핵이나 천식, 얼굴이 누렇게 떴을 때	말린 버섯 30g에 물 약 1.8 l 를 붓고 달 마신다.
자양강장제	말린 버섯 50g에 소주 1.8 l 를 붓고 2개월간 숙성시켜 마신다.

전체 모습

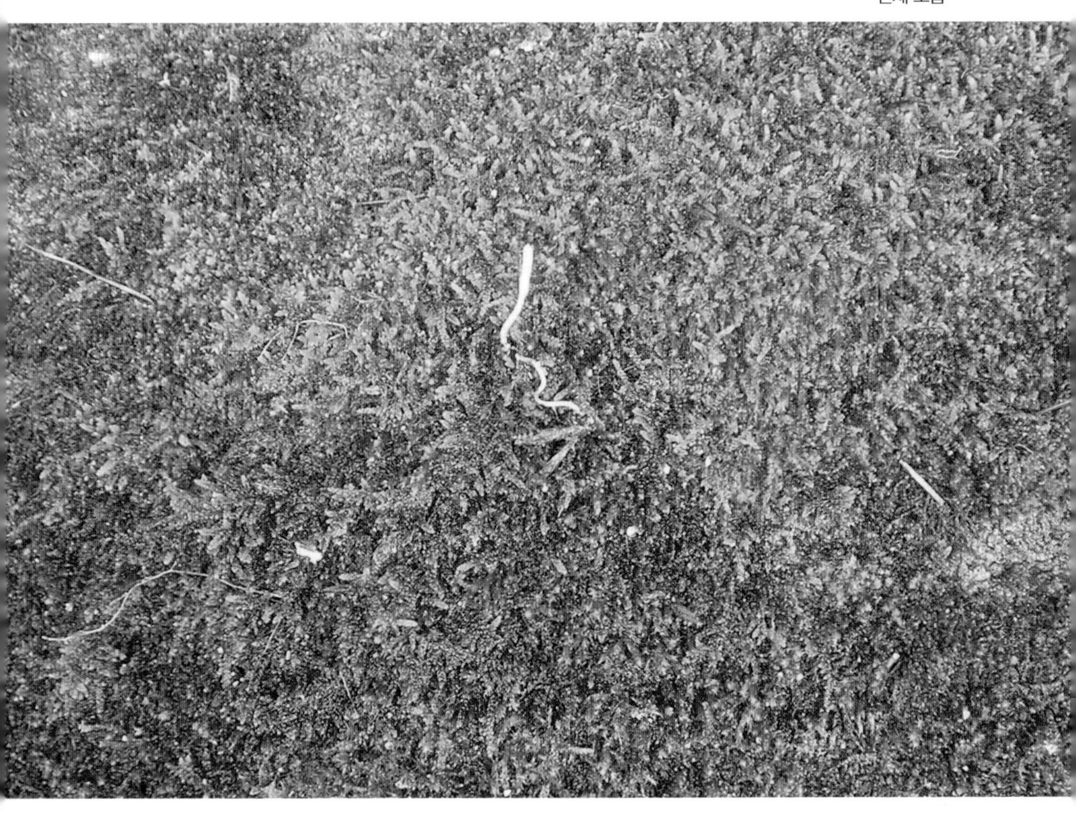

진흙버섯과[150]

특징 나무에 붙어 자라며 속살이 마른 진흙처럼 딱딱한 종류는 대개 진흙버섯과 버섯이다.

종류 우리나라에 찰진흙버섯류, 상황버섯류 등 2종류가 자라며, 약효가 밝혀지지 않은 종류도 있다.

약효 진흙버섯과 버섯은 주로 항암 작용을 한다.

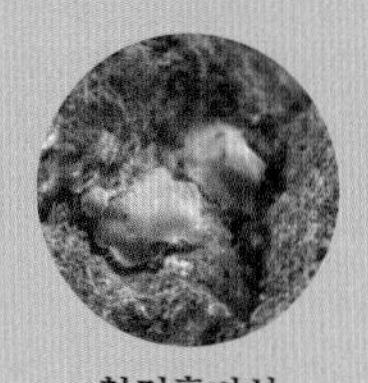

찰진흙버섯

찰진흙버섯 *Phellinus robustus* 약

■ 진흙버섯과 여러해살이 버섯 ■ 분포지 : 산 속 참나무 고목
채취기 : 수시

- 별　명 : 희경목층공균(稀硬木層孔菌)
- 생약명 : 점토상황(粘土桑黃)
- 유　래 : 산 속 참나무에서 진흙처럼 노랗고 딱딱한 버섯이 붙어 자라는 것을 볼 수 있는데, 바로 찰진흙버섯이다. 버섯모양이 찰진 진흙을 반죽해 붙여놓은 것 같다 하여 붙여진 이름이다.

생태

두께 1~10cm. 갓지름 3~10cm. 자루 없이 갓이 바로 붙어 자라며 연한 갈색을 띤다. 갓 한가운데는 약간 부풀며, 가장자리는 얇게 패어 있고 약간 회색빛을 띤다. 전체가 매우 딱딱하다.

*유사종 _ 상황버섯

졸참나무에 붙은 모습

약용

한방에서 버섯을 점토상황(粘土桑黃)이라 한다. 면역력을 높이고, 독을 없애며, 피를 맑게 하고, 몸을 보하며, 위를 튼튼히 해주고, 장을 깨끗하게 하는 효능이 있다. 〈동의보감〉에도 "성질이 평이하고 맛이 달며 독이 없다. 위장의 딱딱한 멍울(암)을 치료하고, 정신을 맑게 하며 음식을 잘 먹게 하고, 구토와 설사를 멎게 한다"고 하였다.

암, 당뇨, 고혈압, 설사를 할 때 약으로 처방한다. 버섯은 햇빛에 말려 사용한다.

민간요법	
암, 백혈구 수치가 높을 때, 당뇨, 고혈압과 동맥경화, 여성 질환이나 자궁암, 생리불순	말린 버섯 50g에 물 약 1.8ℓ를 붓고 달여 마신다 물의 양을 반으로 줄여 2~3번 재탕한다.
암 예방	말린 버섯 100g에 술 1.8ℓ를 붓고 1개월간 숙성시켜 마신다.

전체 모습

〈솔뫼 선생과 함께 시리즈〉 1~4권 통합 색인

동그라미 번호 ❶~❹는 책이름

❶ 산 속에서 만나는 몸에 좋은 식물 148
❷ 산 속에서 배우는 몸에 좋은 식물 150
❸ 모양으로 바로 아는 몸에 좋은 식물 148
❹ 알면 약이 되는 몸에 좋은 식물 150